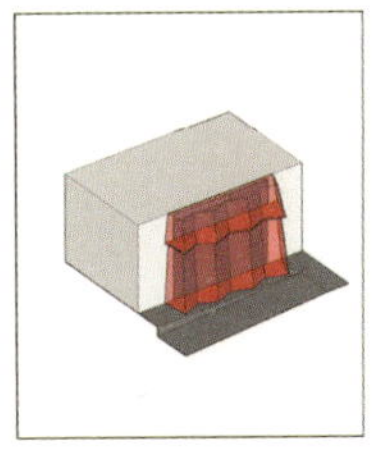

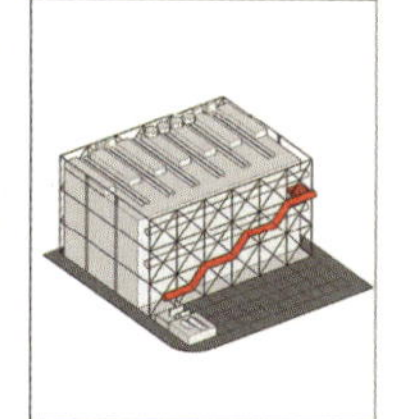

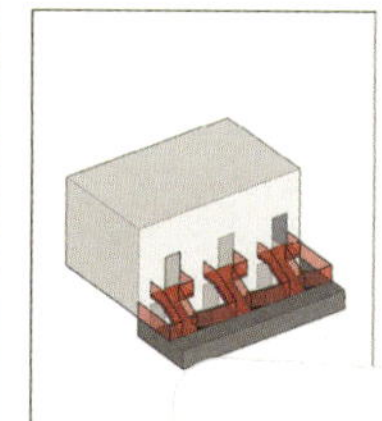

小王子
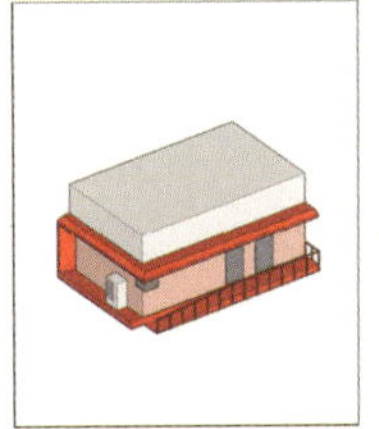

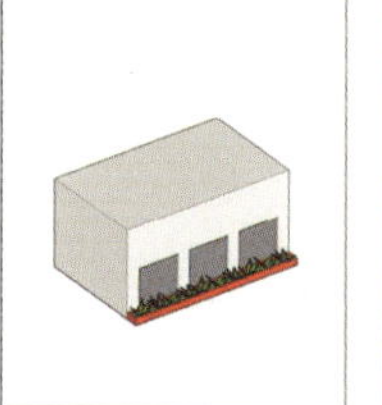

THE SUIT COMPANY
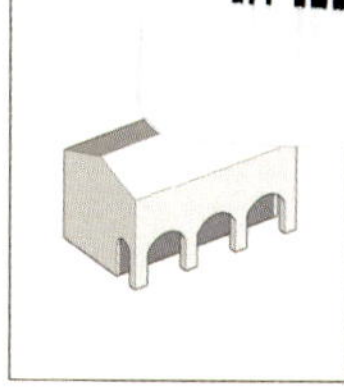

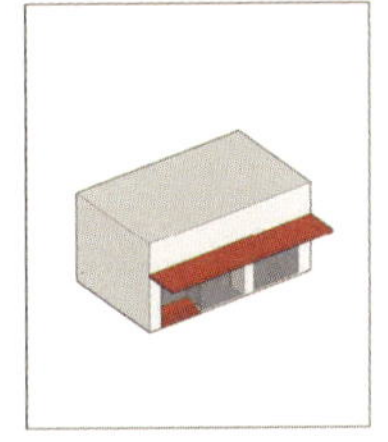

TAGHeuer
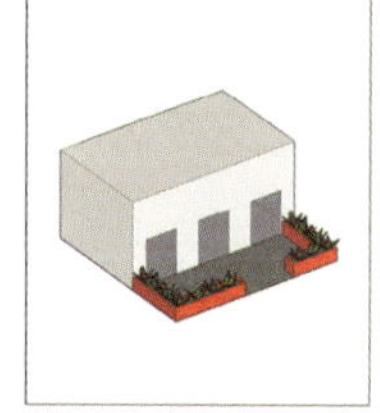

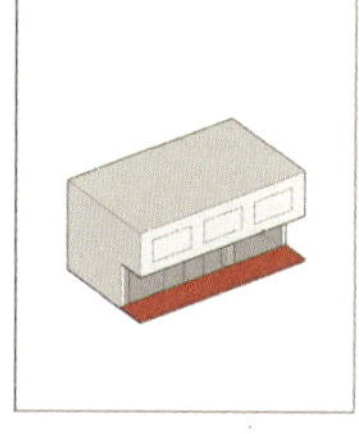

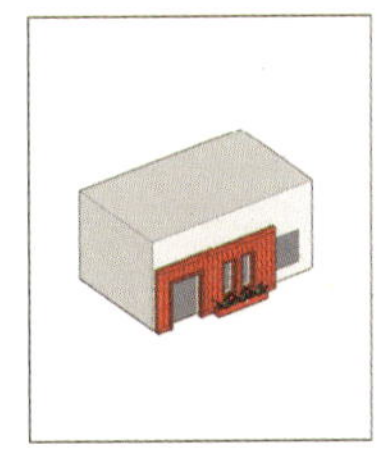

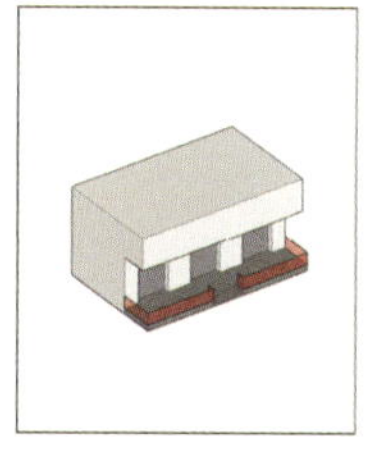

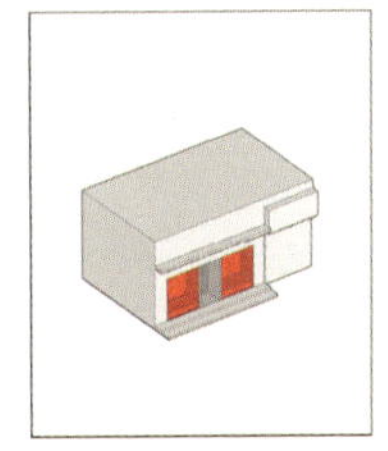

THE CORNER·CHANCE
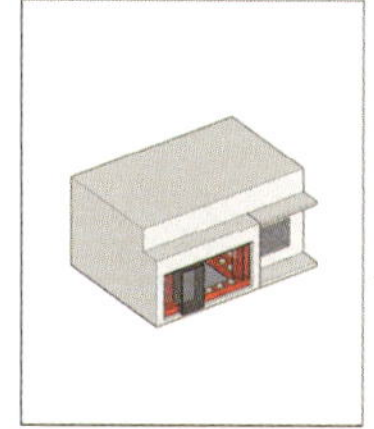

U MAH

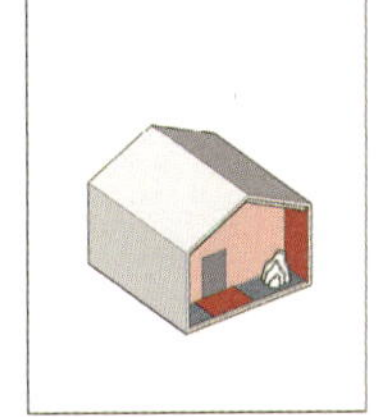

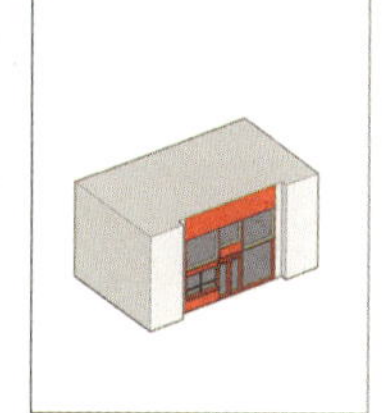

KFC

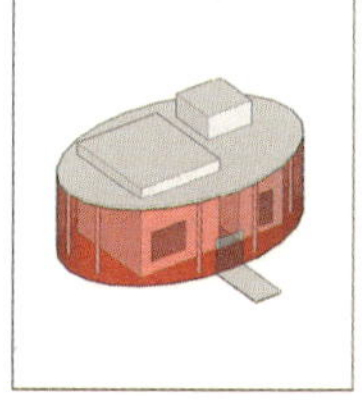

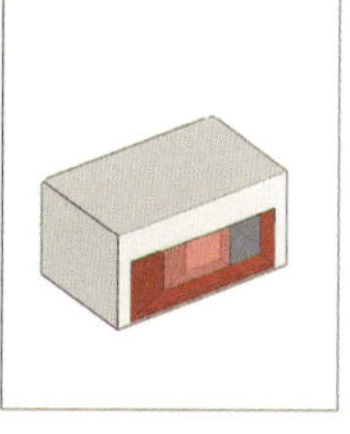

天津市教委科研计划项目成果，项目批准号：2024SK143，
项目名称：建筑改造中商业建筑表层空间优化方法研究。

天津仁爱学院—天津大学教师发展基金合作项目成果，
项目编号：FZ231009，项目名称：城市更新中临街建筑
表层空间优化方法研究——以天津市为例。

国家自然科学基金重点项目成果，项目编号：52038007，
项目名称：基于中华语境“建筑-人-环境”融贯机制的
当代营建体系重构研究。

宋睿琦
胡一可
著

建筑表层空间设计

·北京·

内容简介

本书以“城市 - 建筑”边界立论，提出建筑边界不仅仅是以物理环境界定的建筑表皮，而是以人的体验为核心的建筑表层空间。将与街道、广场、庭院及外部空间相连接的建筑表层空间视为重要媒介，并将城市空间功能及人群行为纳入其中，形成“建筑 - 人 - 环境”一体化的研究视角，探究“空间 - 要素 - 行为”三者之间的影响机理与作用机制，深入解析建筑表层空间设计规律及设计方法。本书试图解决建筑周边公共空间视觉吸引力低、利用率低，以及空间活力度差，与人群行为不匹配等问题，进而提升商业建筑及周边公共空间的利用率和空间活力，从而打造城市高品质形象，对于城市更新、既有建筑改造及公共服务设施建设具有理论意义与实践价值。

图书在版编目（CIP）数据

建筑表层空间设计 / 宋睿琦，胡一可著. -- 北京 : 化学工业出版社，2025. 1. -- ISBN 978-7-122-46746-1

Ⅰ. TU2

中国国家版本馆CIP数据核字第2024JC4183号

责任编辑：林　俐
文字编辑：邹　宁
责任校对：杜杏然
装帧设计：孙　沁

出版发行：化学工业出版社
（北京市东城区青年湖南街 13 号　邮政编码 100011）
印　　装：北京宝隆世纪印刷有限公司
787mm×1092mm　1/16　印张 15　字数 418 千字
2025 年 1 月北京第 1 版第 1 次印刷

购书咨询：010-64518888　　售后服务：010-64518899
网　　址：http://www.cip.com.cn
凡购买本书，如有缺损质量问题，本社销售中心负责调换。

定　　价：98.00元

序言

建筑的立面一直是设计师关注的重点，而在今天这个强调整体控制和一体化设计的时代，对建筑立面的关注已经转向对建筑表皮的关注。表层空间的提出，无疑在建筑表皮的基础上又有了新的进展。作者宋睿琦在博士就读期间便关注建筑的边界问题，并将其延伸至城市更新中建筑的表面和表层空间问题。研究建筑表层空间需要有建筑空间及要素的基本知识，也需要有近建筑尺度公共空间的研究积累。作者硕士期间曾在德国慕尼黑工业大学（TUM）就读，也在卡尔斯鲁厄理工学院有过学习经历，在《DETAIL》（细部）杂志的德国总部和德国 KSP 建筑师事务所总部的实习和工作经历对其影响巨大，对于结构、细部、材料及微观尺度空间营造有丰富经验。

本书从空间及其中的业态和人群行为的角度提出表层空间的概念，有助于提升空间的吸引力，推动城市公共空间更新、促进建筑改造向复合式发展迈进，有利于高品质建筑空间和城市空间的打造。本书理论结合实际，搜集整理了近百个世界范围内表层空间设计的案例。作者用了近两年的时间进行了数十次现场考察——平日、周末、节假日，早上、中午、晚上，甚至在特殊天气、大型公共活动期间仍然不遗余力地到现场采集相关数据。作者从视觉景观分析、视觉注意力分析、可达性分析等方面求证空间的吸引力和使用效率，进而确定如何进行空间布局以及在场地中如何协调物质空间资源。

在存量时代，建筑的表层空间成为城市的表情，这种表情是真实的、可参与的，展示的不仅是建筑的形象，更是人的生活。本书不仅有很好的概念和策略，也在传授技巧和经验。未来中国面临大量的、针灸式的建筑表层空间改造，尤其是临街商业建筑的表层空间改造，这是宋睿琦博士近五年一直聚焦的领域。本书中开展的几个小设计具有很好的落地性和示范性。希望在充满想象的未来的城市空间中，宋睿琦博士可以做出更多有趣的研究，为专业和社会贡献更多的学术成果！

天津大学建筑学院原院长、讲席教授

2024 年 6 月于敬业湖畔

前言

在城市更新的背景下，城市治理过程中公共空间与私密空间的交界处，是引发问题、触发机会的重点区域。建筑表层空间更新是当下我国推动城市公共空间结构优化、功能完善和品质提升，并形成可复制、可推广经验的重要途径之一。建筑表层空间作为城市的表情，是人在城市中体验空间的最主要的媒介，在城市更新中具有重要作用。本书以“城市－建筑”边界立论，从人的视觉感知视角提出：建筑边界不仅仅是以物理环境界定的建筑表皮，更是以人的体验为核心的建筑表层空间。建筑表层空间是连接建筑与街道、广场、庭院等外部公共空间的重要媒介，也是空间功能和空间中人群行为的重要载体，在城市的改造和发展中扮演着重要角色。临街建筑改造目标不应仅关注立面或形象，更应与空间功能和人群行为建立具体关联。

本书从建筑边界的角度出发，结合实际建筑空间及结构，对表层空间进行了全面定义，并选取临街商铺作为研究对象，通过案例分析、现场调研进一步将建筑表层空间分为商业型、生活型和旅游型三大类。通过人群行为观察、注记、问卷等方法采集信息并选取指标，构建建筑表层空间综合评价体系，分析表层空间不同视觉环境指标对停留人群行为的影响，探讨建筑表层空间与人群分布的关联性。笔者调研了人群对街道空间的环境感知情况，将其与表层空间视觉环境指标数据展开相关性分析，探讨不同环境属性对街道氛围塑造的贡献情况。通过调整界面尺度、形式、开敞度、透明度，增减表层要素等，并以视域分析为优化依据，全面改进和优化了表层空间方案设计。

本书主要从以下三方面进行了研究。

1．界定建筑表层空间概念，明确分类及属性，探明建筑表层空间的相关机理

从建筑学视角剖析“边界是‘空间体’”，提出了皮骨分离形成表层空间；同时跨越学科边界，提出建筑表层空间的概念和以人群感知为主体的建筑表层空间研究思路。从建筑的物理环境边界、功能边界、结构边界、空间心理边界及空间体验边界五方面梳理建筑表层空间的理论框架。在传统的涂黑、层透、廊空间的建筑空间分类基础上，增加空间操作、功能属性、界面透明度三个层面，对表层空间进行多维度分类，并深入分析其属性特征，揭示了内外结合的表层空间影响机制。

2．提取建筑表层空间要素，明确视觉环境对表层空间的影响，探寻建筑表层空间与人群行为之间的相关性，构建建筑表层空间评价体系

通过问卷调查、行为注记分析，结合建筑表层空间视域分析，明确临街商业建筑表层空间的功能属性。在此基础上，从建筑表层空间的功能属性和人群空间体验的视角出发，提取空间功能、空间路径、人群感知三个研究层次，构建临街商业建筑表层空间多角度综合评价体系，对不同研究地点的表层空间进行评价，实现表层空间从定性研究到定量研究的突破。

3．改进和完善建筑表层空间优化设计流程，建立空间、要素与人群行为三位一体的空间设计体系，提出建筑表层空间优化方法及策略

与传统由内而外的“设计建造”流程相比，建筑表层空间设计是由表及里地重塑已有建筑边界的过程，进一步引发建筑内部空间的重组。建筑表层空间的提出使得“立面是最后一道工序”的传统设计流程改变。设计者重新思考人的需求及建筑与环境之间的关系，系统构建了室内外空间联动的表层空间优化方法。采用新的设计方法实现多个案例的建筑表层空间优化设计，充分发挥创新优势、体现实际意义，从微观尺度为城市更新提供新思路。

本书提出建筑表层空间概念。表层空间是建筑空间的重要组成部分，具有提升建筑空间吸引力、拓展室内外人群驻留空间、优化建筑形象等作用。在城市更新中，建筑表层空间的视觉吸引力对提升城市公共空间活力有着重要的影响。建筑表层空间的改造更新将带来城市空间与建筑空间的双向改变，构建引发新的建筑设计与城市设计的方法，从微观尺度为未来城市的更新改造及服务设施建设提供新的理论依据。

全书结构框架如下图所示。

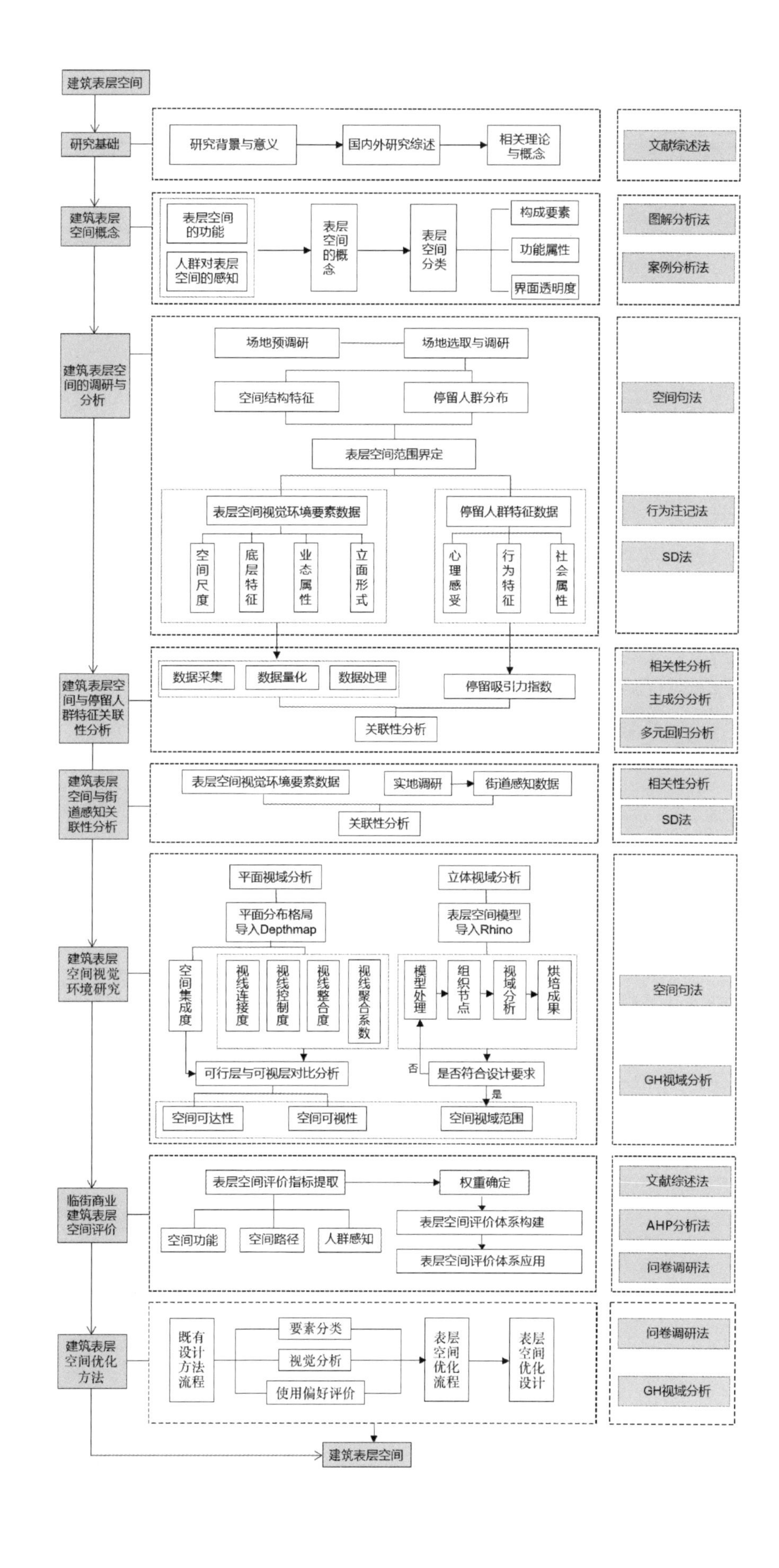
建筑表层空间
研究基础
研究背景与意义
国内外研究综述
相关理论与概念
文献综述法
建筑表层空间概念
表层空间的功能
人群对表层空间的感知
表层空间的概念
表层空间分类
构成要素
功能属性
界面透明度
图解分析法
案例分析法
建筑表层空间的调研与分析
场地预调研
场地选取与调研
空间结构特征
停留人群分布
表层空间范围界定
表层空间视觉环境要素数据
停留人群特征数据
空间尺度
底层特征
业态属性
立面形式
心理感受
行为特征
社会属性
空间句法
行为注记法
SD法
建筑表层空间与停留人群特征关联性分析
数据采集
数据量化
数据处理
停留吸引力指数
关联性分析
相关性分析
主成分分析
多元回归分析
建筑表层空间与街道感知关联性分析
表层空间视觉环境要素数据
实地调研
街道感知数据
关联性分析
相关性分析
SD法
建筑表层空间视觉环境研究
平面视域分析
立体视域分析
平面分布格局导入Depthmap
表层空间模型导入Rhino
空间集成度
视线连接度
视线控制度
视线整合度
视线聚合系数
模型处理
组织节点
视域分析
烘培成果
可行层与可视层对比分析
否
是否符合设计要求
是
空间可达性
空间可视性
空间视域范围
空间句法
GH视域分析
临街商业建筑表层空间评价
表层空间评价指标提取
权重确定
空间功能
空间路径
人群感知
表层空间评价体系构建
表层空间评价体系应用
文献综述法
AHP分析法
问卷调研法
建筑表层空间优化方法
既有设计方法流程
要素分类
视觉分析
使用偏好评价
表层空间优化流程
表层空间优化设计
问卷调研法
GH视域分析
建筑表层空间

目录

第 1 章

建筑表层空间的研究基础

在城市更新的背景下，城市建设主要聚焦在建筑物的形象设计上，传统街区改造、老旧建筑的立面维护等过程往往是从建筑实体构件的形式组织出发，考虑立面造型，或是从城市风貌控制视角，对街道侧界面的风格、色彩、比例，配套设施完善，地域文化融入等制订更新改造原则。城市更新中，临街建筑改造目标并非仅关注立面或形象，更应从经济效益、社会效益等方面，关注沿街空间人的行为和体验，与空间功能和人群行为建立具体关联[1]。不仅是老旧城区亟须进一步地改造焕新以满足现代社会的物质文化需求，新建城区也存在着空间结构失配、发展活力不足等严峻问题。建筑外部空间与内部空间具有很强的关联性，但学科和专业的划分使二者之间很难形成对话。“表层空间”概念的提出是对建筑边界当今作用与意义的重新梳理，也试图为城市设计、景观设计、建筑设计的一体化提供新的视野与思路——建筑边界位于何处成为亟待重新探索的问题。

我国“十四五”规划明确提出实施城市更新行动，推动城市结构空间优化和品质提升。近年来，我国发布和实施了一系列政策与指导意见，为城市更新行业提供了财政、技术等多方面的支持，促进了国内城市更新行业的快速发展。我国住房和城乡建设部在《关于扎实有序推进城市更新工作的通知》中指出，要强化精细化城市设计引导，创新城市更新可持续实施模式。天津在《天津市城市更新行动计划（2023—2027年）》提出了宜居城市建设、城市更新治理等8项工作目标以及相应的量化指标。

目前，城市建设多关注建筑物的外观设计，建筑设计的常规流程造成设计师缺乏超越建筑学领域的营造城市街道空间的必要思考，多数研究基于内部空间或外部空间，如“建筑结构外部与建筑表皮之间的空间如何有效利用”“近建筑尺度的外部空间其价值如何重新界定”等仍未得到必要的关注，而在空间资源稀缺的今天，人群行为与该类型空间的匹配关系更是有价值的课题。表层空间是人在城市中体验空间的最主要的媒介，对人产生吸引力，给人提供服务，其媒介往往为人的视觉体验。街道是容纳各种公众行为的容器，是研究行为-空间关联的绝佳场所，界面作为“容器壁”，涵盖了街道空间形体中物质空间的基本内容，通过连续性、围合性、适配性与多样性等特征引导着街道空间内人群行为的发生。

在当前的时代背景下，人与城市的关系在城市形态的研究中逐渐受到重视，而视觉是人感知客观世界的主要途径，是接收信息的主要来源，极大地影响了人们对于场所的感知[2]。视觉感知的研究在实现街道高效利用和提升城市品质方面具有重要价值。建筑表层空间的视觉吸引力直接影响整个街道的活力。良好的建筑表层空间设计有助于解决街道中存在的视觉障碍和视觉冲突等问题。

1.1 研究背景

“空间-边界”是个古老的议题，承载着人类对“诗意栖居”的美好夙愿。海德格尔（Martin Heidegger）从哲学层面思考边界与空间的内涵，分析二者的区别与联系。他认为边界并不是某物停止的地方，而是某物开始其本质的地方。空间的本质是可被放置的，可进入其边界的[3]。海德尔格的空间观是：边界应是有活力的地方，具有分隔与连通空间的双重属性，即边界的原型价值[4]。在德语中“Raum”一词兼具房间之意，指有边界的空间。海德格尔认为由于技术超越时间、空间，导致“近”的事物其实离人并不近，从而映射出当代“空间性”的困境。中国古代建筑的边界多在大尺度与小尺度之间转换，对内与外空间的认知也因院、廊等空间类型的不同而存在差异。从汉代的“闾里”，到唐代的“里坊”，再到今天的“大院”，均体现出“边界原型”的特征[5]。空间的边界的主要特质是使人可以感知到周边环境。在物质空间基础上以使用者的视角研究建筑边界的空间特质，正是本书研究的根本动机。

讨论内外之间的关系不仅要关注建筑内部空间，还应关注建筑外部空间。建筑外部空间包括街道以及其中的外向型庭院、街头绿地、广场。街巷格局自古有之，中国古代城市居住空间所经历的里坊制、街巷制、邻里单位制、社区制等多种形态都包含了承载生活的空间体系。我国春秋战国开始采用“里坊制”作为封建社会主要的居住制度并长期沿用，“里”（居住区封闭，四周设有围墙）与“市”（商业与手工业）相分离。到了宋代，“里坊制”的封闭格局被打破，取而代之的是“街巷制”，形成了商业空间与居住空间相混合且连通的街巷格局。居民向街开门，并且沿街布置商业空间。从北宋画家张择端所绘制的《清明上河图》中（图1-1），便可领略到当时热闹的市井生活和繁华的街道景象：临街店铺界面完全开放，商业街热闹非凡。凯文·林奇认为“街道是一种真正的社区空间，是任

图1-1 《清院本清明上河图》仿本全图局部

何城市景观的视觉前景。”宋代出现的沿街商业建筑已经形成了开敞式的建筑边界。这种来源于商业空间的表层空间设计手法不仅创造出新奇、宜人的室内空间环境，而且还改善了建筑与城市的外部空间环境，从而促成了一些具有启发性的建筑形式的出现。底层商铺多采用半开敞或是完全开敞的廊空间（以柱廊或挑檐形式为主）。除去此类“灰空间”的处理，由于技术条件的限制，建筑界面透明度不高，封闭空间表层部分的价值并未显现。中国古代城市并没有将街道作为单一的交通空间来处理，街道与建筑室内空间彼此流通、相互渗透。街道是建筑的延展，是生活空间的延续。夏夜，这些街道上聚满了纳凉的人群。中国人的设计观自古就是一种追求整体和谐的设计观，“建筑-人-环境”一体化的特征十分明显。

1.1.1 城市发展中的建筑空间营造

城市的快速发展已经成为当今建筑学、规划学、地理学等关注的热点问题。快速的扩张必然影响建筑空间的合理性和有效性。城市，尤其是特大城市，是经济转型和发展的引领者。在当前城市的高质量发展中，保持“总量不变、增量递减”已经成为主要趋势。随着经济的快速发展，我国的城市化进程也日益加快，然而目前城市发展规划管理工作往往只是从经济和科技的发展出发，缺乏总体性考量和对社会发展需求的关注。不仅是老旧城区亟须进一步改造焕新以满足现代社会的物质文化需求，新建城区也存在着空间结构粗糙、发展活力不足等严峻问题。这将从经济、文化、环境、居民生活品质等多方面限制城市的进一步发展。

柯司特（Castells）认为城市是社会在空间上的投射，空间是一种具体的社会形式，物质空间应与社会实践结合起来加以认识。空间最主要的作用是满足有意识的、人类基本生存的体验。“捕获空间是生物的第一要义，……占有空间是生存的首要证据。”建筑是改造环境的劳动，而不只是在世界上放置一个容器的劳动（1989）。他认为空间是由限定要素和界定元素组成的。空间的限定要素（如实墙、窗间墙或柱子等）设定边界、限制、包围、环绕、容纳，将数学-物理空间限定出来，空间的内与外，包括空间边界必须明确，才可以被感知，这样，人们就可以区分室内和室外、里面的和外面的空间以及处于物体之间的空间。空间界定元素使空间成为数学-物理空间某处的一个存在物，它占据空间，并让我们感受到空间的存在。

空间的阅读不是单纯地对形式的解码（社会行动凝结的痕迹）。空间形式是由其功能与意义共同决定的，是“空间功能中的社会与历史冲突”以及“空间意义的表现”二者物质化的结果，是二者历史叠合的象征性表现。空间原型（诸如模式语言、设计准则、符号学单位的形式范畴、操作性批评的类型学分析等）是实践中必要的元素，必须安置在空间的生产与消费之中，即空间的展现向度与空间论述的符号运动。它们应该被视为一种意识形态的最小单位，表现了一种目标与形式间的关系。当今，空间以及其中的使用者共同呈现了建筑和城市的形式特征，"功能"正在向具体行为承载的"活动"方向精准化发展。

五十岚太郎基于日本传统建筑中的"缘侧"提出了"缓冲区"（Buffer Zone）的理念。它不仅是指温度的缓冲、视觉的缓冲，而且往往也是从闹市区走入属于住户的私人领域时的空间体验的缓冲：让亮与暗、喧闹与宁静、紧张与放松之间的过渡更自然与从容。缓冲区是容纳人的活动和感受，建立与人的体验关联的场所空间。就像日本的建筑、和服以及工具，都有意识地未与身体合拍，而是与身体"之间"设置了"游戏"。人群行为与空间相互依存。依存并非依赖，而是通过关联激活创造力[6]。

20世纪90年代中后期，日本文化显现出"Super Flat"的迹象。"Super Flat"是日本当代艺术家村上隆对日本文化特质的提炼和归纳。伴随着动漫、网络文化的发展，无视角、无进深、无阶层，甚至没有"人"，成为日益凸显的特征，但是有视点、有网络、有运动、有自由的"水平意识"逐渐呈现。五十岚太郎在评价当代年轻建筑师作品中的"超级扁平（Super Flat）"现象时，特别归纳了两点：一是将建筑表现集中在其表层；二是秩序的改变不再区分或强调建筑中的主与次，而是呈现分布式特征。比如妹岛和世与西泽立卫在纽约新当代艺术博物馆（New Museum of Contemporary Art）的设计中就体现了这一点。

当前，城市建筑正在由增量向存量进行转变，大规模的新建活动大幅减少，建筑改造已经成为未来城市更新的主要方式。需要对建筑的"内"与"外"进行重新认知，提出并探究表层空间的功能及意义，发掘城市中建筑表层空间更新与改造的技术途径。建筑改造多发生于建筑边界，并非表象改变，而是内涵更新，即在有限的空间环境中有效提升空间品质。在中微观尺度改造案例增多的背景下，建筑边界向外拓展形成空间层，既能增加使用面积，又能激发空间活力，同时又能使内与外双向更新。西方古典建筑多以石料砌筑，墙体厚实，建筑边界为结构体。现代主义建筑框架体系的出现使建筑的结构、功能与形式开始分离。随着新材料、新结构形式和新建造方式的出现，建筑边界开始呈现层状化的特征，结构与表皮向轻量化与透明化方向发展。如何延续并发展先人智慧，结合使用和体验进行设计是当前研究的关键所在。如何从人的感知视角出发，界定和优化城市建筑空间，进一步促进城市发展活力，已经成为建筑师和相关研究人员思考和探索的重要话题。

1.1.2 从建筑边界到表层空间

边界是“空间体”的观念，暗示了皮骨分离形成的建筑表层空间。边界层（Boundary Layer）又称剪切层（Shearing Layers），其理论是由弗兰克·达菲（Frank Duffy）率先提出的，为表层空间原型的提取提供了依据。边界层理论借用了跨学科的理论，源自Robert V. O'Neill的著作《生态系统等级组织理论》（*A Hierarchical Concept of Ecosystems*）。奥尼尔及其合著者指出，通过观察生态系统不同组成部分的更新速率，可以更好地理解它们。蜂鸟和花的生长速度很快，而红杉则生长缓慢。大多数互动发生在速率相同的事物之间——蜂鸟和花彼此关注，而忽视红杉，红杉也同样不关注它们。同时，红杉林对气候变化很敏感，并不会留意其他树种的生死。蕴含其中的道理就是：“系统的动力是由慢速的组成部分主导的，而快速的组成部分只是跟随者而已。”建筑因不同的变化速度，被分为多个层次（空间分层）。当把建筑物作为一个整体——不仅是空间上的整体，也是时间上的整体——进行审视时，其中的商业建筑、居住建筑和公共机构建筑这三类建筑的变化方式各不相同。居住建筑中有更多的空间，意味着更多的自由。在商业建筑中，更多空间意味着更多利润。在公共机构建筑中，更多空间则意味着更大的权力。商业建筑必须快速地、彻底地调整以应对激烈的竞争压力。受生态学和系统理论学的相关理论影响，达菲认为建筑各部分的变动速度存在很大差异，因此要求边界空间采用不同的研究视角和研究方法。

当然，发现表层空间存在的缘由并不仅仅是机能性的或者科学性的，“艺术性”是不可或缺的，艺术性是建筑边界向表层空间发展的重要例证和驱动力，艺术为认知建筑边界提供了新视角。当整个建筑被布包裹，人们仍能识别出被隐藏的物体和包裹之下的结构，建筑边界被物化，呈现出实体边界。当外界面采用镜面材料，建筑映射外部环境，实体边界被消隐，产生视觉感知边界。建筑边界也可以向内拓展，物质实体和热工性能不变，但在感知层面产生内外互动，边界变得模糊（图1-2）。从以上研究可以发现以“界面”探讨建筑边界的倾向。瑞典建筑师黑塞尔格伦·斯文（Hesselgren.S）提出“被封闭的空间”（restricted space）

（a）实体边界：德国议会大厦

（b）视觉感知边界：镜之屋

（c）空间体验边界：盲亭

图1-2 建筑的边界

概念，认为建筑应给人被限定的空间的感觉。哈迪·亚瑟（Hardy.A.C）也持有同样的立场，认为封闭（Enclosure）同样应发生在外部空间，过去强调防御及应对气候变化，而现在则更强调获得个人领域以及视觉、听觉感知上的私密性。当从与环境关系的角度认知建筑边界时，开放与封闭是相互依存的[7]。

回望建筑空间发展的过程，其公共社会属性一直伴随着城市近代和现代的历史发展。信息时代的到来，不仅带来了技术革命，更使人类的思想与行为方式发生了巨大的改变。人的认知开始与信息技术与互联网整合，随时随地使用网络获取所需要的信息，满足自身需求，以至于实体空间逐渐丧失了吸引力。建筑空间开始呈现虚拟化的趋势，并具有灵活性的特征。在这样一个泛化的时代，表层空间的人群行为体验尤为重要：面向未来，除了通过沉浸式体验或新的支付体验提升实体店吸引力外，物质空间本身如何呈现其内部的功能与活动具有重要意义[8]。在此背景下，建筑立面设计已不是重点，建筑设计的主要任务已经转向如何呈现生活场景。网络化、智能化、空间复合化等特点使得空间本身被更灵活的使用模式所代替。人们在生活变得更便捷的同时，对邻近城市公共空间的建筑空间的使用频率也得到了提高[9]。

为提高城市实体店对人们的吸引力，使实体店更多地满足人们使用建筑内部空间时的要求，建筑表层空间将成为实体店吸引客户的关键。研究表明，餐饮店的表层空间对营业额的增加有着积极影响。从经济效益上讲，未来商铺实体空间与虚拟空间的抗争主要靠表层空间，这就不得不让我们关注表层空间，研究现实中最有吸引力的临街商铺表层空间的组织方式，重新思考建筑边界的意义：在实践层面，未来的“新城更新”最主要体现在建筑边界，会带来城市与建筑空间的双向改变；在理论层面，提出“边界为空间”的假设及以人为主体的研究建筑边界的视角。海德格尔不是唯一强调“之间”核心性的人。如果没有间隙，过程、实体或建构等就没有意义。

目前，尚未有建筑表层空间的明确概念，多是对边界、界面、中介空间、灰空间、街道表层等相关概念的探讨。表层空间研究对象多以城市街道、文化类建筑、开放式公园为主，较少学者对商业建筑的表层空间（针对封闭而又通透的建筑空间）进行研究。本书通过实地调研对建筑表层内外空间的人群行为进行相关研究，根据表层空间人群行为规律，结合街道尺度和人的视觉尺度，将建筑表层空间定义为介于建筑与环境之间的空间体，包括建筑内部空间和外部空间，探讨具有中国传统空间思维方式的内外空间互动关系。

我国现阶段部分商业建筑外部空间的规划发展不合理：邻近市中心的商业区周边的许多街道无法承载日益增多的机动车停车需求；人、车、物相互交叉、混杂，交通矛盾日益激化；缺乏综合管理，容易对人群形成干扰；广告牌、招牌等商业建筑空间要素与建筑空间不匹配。我国现阶段部分商业建筑外部空间规划的不合理主要集中表现在以下三个方面：第一，城市、建筑、景观存在严重割裂，空间使用品质和使用效率低，现有表层空间并未充分发挥沟通媒介作用；第二，建筑表层空间被视为“尽端”，没有得到充分重视，使用方式及功能布局不合理；第三，经济效益和社会效益较低，难以满足城市高质量发展需求。

1.2 表层空间的概念界定

“边界”在诸多学科中都是重要理论的基础概念。物理学中有边界效应；大气物理学中有“边界层”概念；在流体力学中，边界层是一个重要的概念，是指黏附效果显著的边界表面附近的流体层；地理学中有国家和地域之间的边界划分；生物学中，细胞壁或细胞膜即为边界，是保护细胞体并与外界进行能量交换的媒介；景观学中，景观边界是构成相邻系统边界的区域，它是“景观”的皮肤，具有过渡性和阻滞功能；哲学中，存在巴赫金的边界思想与康德的二元思维模式；语言学中，语言边界表示语言单位的对立和差别；在心理学方面，边界是用以区分自我和外界的一条界线，是人与人交往及与外界互动的基础。无论是具体的还是抽象的边界的概念，其在各个学科理论中的探讨都为建筑边界研究提供了跨学科的理论参考。

1.2.1 表层空间的发展历程

在城市空间中，边界指两个区域之间的界限，是将不同区域相连起来的线型组织要素[10]，涉及街道表层、边界空间、临街空间等概念。街道的边界空间不仅包括建筑边界，还包括与外部空间相衔接的过渡区域，即场所。建筑产生于内部与外部之间的交会处[11]。“建筑边界”是城市与建筑的边缘空间内与外的分界，是二者的“中间过渡”，如同人的表皮+外套（服装）一样，共同形成一层表层空间体。建筑边界具有内、外双重属性。建筑边界包括空间与实体部分，其概念容易与边界空间、灰空间、中介空间、街道表层及建筑表皮、界面等概念相混淆。为了明确建筑边界的定义，有必要将其与相关概念进行对比分析（表1-1）。

表1-1　建筑边界相关概念比较分析

概念名称		概念定义	内与外比较
空间	边界空间	涉及街道边界的空间概念，是与城市空间相衔接的过渡性空间，包括场所	室外空间
	灰空间	由黑川纪章提出：是一种介于室内与室外的空间，有顶盖可以算是内部空间，但若开敞的话又是外部空间的一部分。它是一种过渡、连接、互相渗透、融合共济的空间	建筑化的外部

续表

概念名称		概念定义	内与外比较
空间	中介空间	是建筑空间与周边道路、建筑等环境要素的综合体。较早由范·埃克提出，又称过渡空间、模糊空间	过渡空间
	建筑前空间	是指从城市空间到进入建筑内部的过渡性空间。包括由单体建筑自身变化形成的前空间以及建筑群组合围合形成的前空间	室内和室外
实体	一般表皮	是指位于建筑最外层的围护结构，是包裹建筑空间，并分割内部空间和外部环境的物质，可以不承重	外表皮
	双层表皮	两层异质或同质的材料，以明晰的空间层次层叠布置，按层叠顺序分为外表皮和内表皮	内、外表皮
	结构性表皮	建筑表皮系统具有结构属性，承担建筑的全部荷载	外表皮及其结构
	界面	指限定和划分空间的实体要素	内界面与外界面
空间+实体	表层空间	介于建筑与环境（城市环境或自然环境）之间的空间（界面和要素），包括建筑内部空间和外部空间	室内和室外
	界面空间	指建筑界面辐射范围内所有物和相关因素存在的场域，是建筑界面对其所在的空间进行再次限定得到的空间	室内和室外
	街道表层	介于建筑与道路之间，从道路到建筑沿街外立面之间包含的空间以及诸多要素的复合体	室内和室外

1.2.1.1 国内建筑表层空间历时性

边界空间在中国古代传统建筑中就已出现，如宋代《营造法式》中描述的传统的廊空间及室内外结合的檐下空间，再如园林中建筑与环境间的廊空间，所形成的主要体验就整合在表层空间里[12]。国内研究多从物理空间和社会空间的角度探讨中介空间，较少从建筑空间形式领域出发，将中介空间的概念用于建筑界面，从人的体验视角研究表层空间[13]。早期的相关研究主要基于中国传统文化思想，从空间与营建两方面探索中国古代建筑思维模式[14]。朱文一用“边界原型”解释中国传统城市空间，“墙”作为实体边界是中国传统建筑的“边界原型”；杨思声等[15]将“中介空间”的概念应用于中国传统建筑中，进一步对其不同结构层级进行探讨。21世纪以来，国内开始从边界、界面、中介空间、街道表层等角度对现代建筑表层空间的相关概念进行探讨。谢祥辉[16]分析了沿街建筑边界的双重性，包括双重参与性、双重身份性、双重归属性、双重压力、双重文化功能；戴志中等[17]对城市中介空间进行研究，强调建构建筑与城市有序的空间体系，承担起建筑与城市的双重职能；罗芪[18]总结了街道空间复合界面的特性与构成方法，并提出整体性设计策略；刘英[19]从城市视角研究中介空间的概念及构成要素；邹晓霞[20]用街道“表层”概念来重新定义沿街空间，并进一步解析表层与城市深层构造的关系，提出从“建筑表皮论”到“街道表层论”；李静波[21]借鉴界壳论的理论视角，提出建筑界面是有厚度的中间领域；沈晓恒等[22]概述了弗兰克·达菲的建筑思想及办公建筑的4S分类法，即边界层理论。国内建筑表层空间的研究经历了：建筑边界作为实体外部——建筑边界作为空间——将建筑边界作为“之间”的“空间”的过程。

1.2.1.2 国外建筑表层空间的历时性

国外研究并未明确提出建筑表层空间的概念，但有较多中介空间的相关理论研究对其概念成因、构成要素及空间特性等方面进行探讨。如1889年卡米诺·西特（Camillo Sitte）[23]在《城市建设艺术》一书中提出建筑师应重视外部空间的研究，使规划与建筑相协调。1923年，勒·柯布西耶（Le Corbusier）[24]提出“三项备忘”（体块、表面、平面）：将表面定义为体块的外套，可以消除或丰富人们对体块的感觉。1948年，伊利尔·沙里宁（Eliel Saarinen）将建筑描述为“空间中的空间艺术”，隐喻出建筑边界的双重性矛盾；1959年，阿尔多·凡·艾克（Aldo Van Eyck）提出中介理论和孪生现象的概念[25]；罗伯特·文丘里（Robert Venturi）在《建筑的复杂性与矛盾性》（1966）中对现代主义建筑表皮形式进行了批判，将内外之间的冗余空间作为化解内外矛盾性的领域；黑川纪章（Kisho Kurokawa）[26]在《共生的思想》（1976）一书中提出了“灰空间”的概念，在《新共生思想》（1996）中将中介空间视为联结内外的关键部分；克里斯托弗·亚历山大（Christopher Alexander）在《建筑模式语言》中论述了边界空间的重要性，认为：“如果边界不复存在，场地活力也将大幅度降低；边界并非简单的线，而是空间体，是人们活动的场所。”[27]藤本壮介（Sou Fujimoto）在《建筑诞生的时刻》（2013）提出“间隔建筑”的概念，认为建筑是在内部与外部之间营造出丰富内涵的场所[28]。

中介空间相关概念的逐渐发展成熟使建筑学对空间形式的研究不再只是一个空间，或是内与外的二元问题，而应发展成由“内部-中间-外部”构成的三元问题，即空间与周边环境的关联性。一些学者在概念界定的基础上研究了体现中介性的建筑界面形式与构成要素。如柯林·罗（Colin Rowe）等在《透明性》（1964）[29]中关注界面“围合程度”对“内外关系”的影响；文丘里[30]将解决内外矛盾性的“涂黑”分为实心结构的封闭涂黑和空心结构的开放涂黑，并在以后的研究中逐渐延伸和发展；柯林·罗（Colin Rowe）在《拼贴城市》（1978）[31]中将“涂黑”的概念拓展到城市领域；冢本由晴（Tsukamoto Yoshiharu）研究室[32]对“窗”进行了广泛的调查研究，其中的“窗”已被视为容纳行为活动的中介空间，而不只是一般意义上的窗。

日本学者较早开展表层空间与城市空间关系的研究。槙文彦从20世纪80年代开始关注日本的“门面房”现象，将城市“表层”定义为沿街建筑室内空间与街道空间之间的一部分[33]；大野秀敏提出“表层”的概念，对东京江户时期的传统住宅表层空间进行解析并分为四类：一次面、二次面、空间、物体，对城市公共空间及建筑表层领域进行系统研究[34]；陣内秀信（1992）在“江户东京研究”中，探讨了城市历史深层结构与表层空间的关系[35]。

综上所述，传统建筑学以明确的功能分区为基础，而当今城市及建筑的发展强调复合型空间，弱化空间界限，形成了边界是空间体的观念（图1-3）。国外更早关注建筑边界处人的体验，认为边界是人的活动场所。中国传统空间就表现出了边界的观念，国内学者从哲学观、传统建筑观以及传统园林组织方式层面阐述传统建筑空间及要素的关系。近年来，国内学者从对表皮及双层表皮形式操作的关注，到研究建筑边界的空间性及使用效率，再到从空间的物理属性和社会属性两个层面重新思考表面的文化性[36]。可以发现，建筑边界将走向模糊、互动、复合功能的“空间”，从某种意义上讲是对中国传统空间认知的一种回归。对“之间”的关注取代对“实体”的关注是当代中西方建筑与城市空间研究范式的重要转变，其结合点就是建筑表层空间[37]。

建筑物由两种类型的空间构成：内部空间和外部空间。内部空间，全部由建筑物本身所形成；外部空间，即城市空间，由建筑界面和它周围的要素构成。使用者可以从外感受建筑的体量和材质，也可以进入其中，利用其内部的空间，并

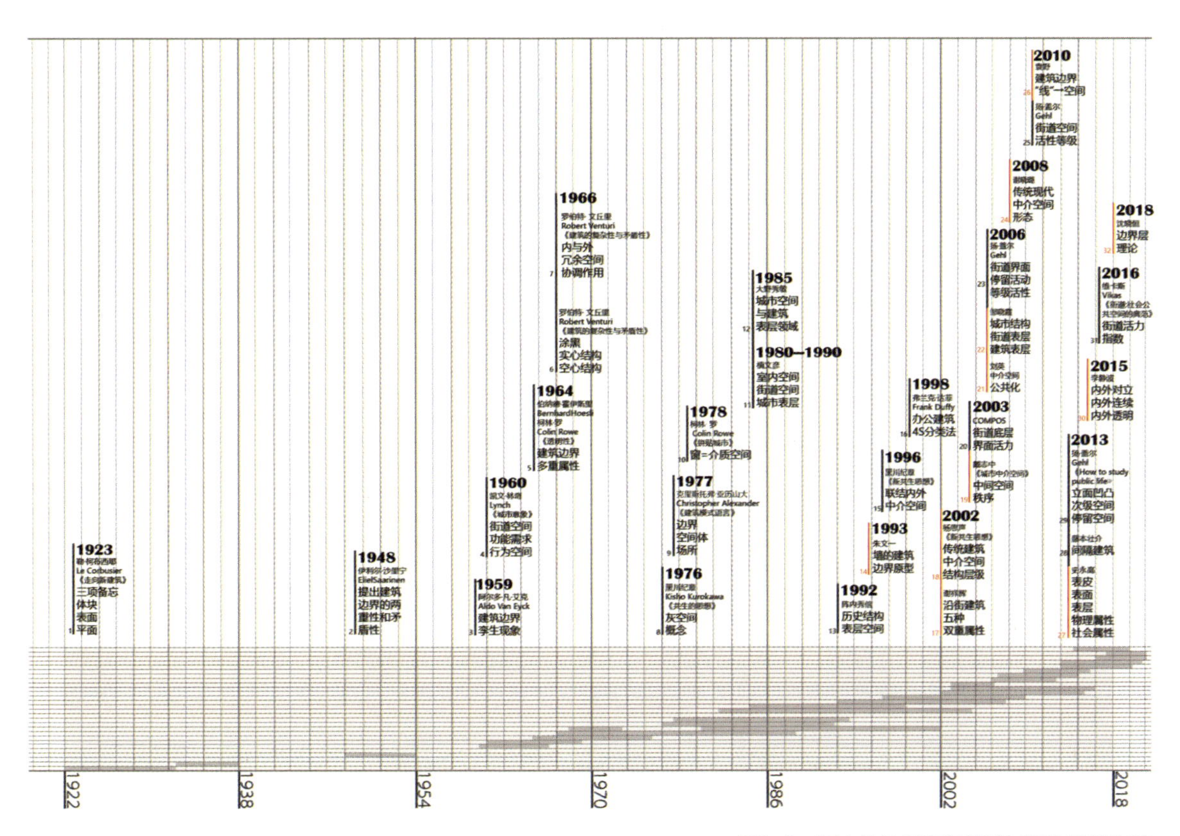

图1-3　国内外边界空间综述时间连续性比较

在行进中感受它的氛围。而广义的外部空间可以当作是狭义外部空间的一种无限制的延伸状态。这种延伸具有较强的伸缩性，能够扩展到山丘、田园、沙漠、海洋甚至宇宙。表层空间既包含建筑内部空间靠近建筑界面的一部分，又包含邻近建筑表面的外部环境空间。建筑表层空间的发展历程可以说是由界线到界面，最后形成边界层的过程。

（1）界线

法律法规中常用建筑控制线、建筑轮廓线、屋顶正投影线等概念划定建筑的内与外；建筑面积计算规范常用边界线测量计算面积[38]；城市空间中使用街道界面贴线率、近线率等概念。虽然划地为界的开发模式严重影响空间整体布局的合理性，但明显可以看出“界线”更多地体现在法律意义上。但是，“界线”背后的空间内涵其实颇为丰富，在微观尺度上存在心理边界和三维空间概念。在测量学领域，建筑边界线作为研究对象用于表示地形图和三维（3D）城市模型的重要空间特征。采用LiDAR（激光探测及测距系统，Light Detection and Ranging）提取建筑边界线的新方法，主要用计算机技术从点云中提取建筑物的边界点，再构建边界线特征，提取的线型要素可用于城市空间3D模型的建立（图1-4）。

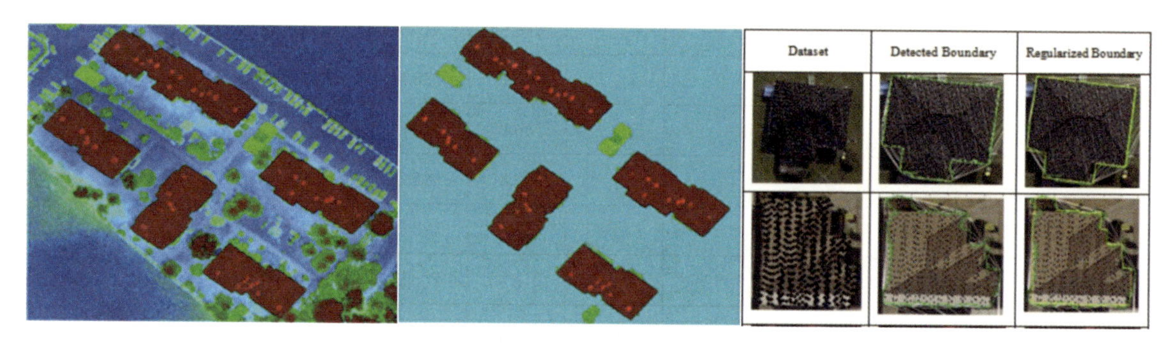

图1-4　用计算机技术提取建筑边界

（2）界面

界面是两种不同物质的交界处产生的面，是构成空间的主要要素。界面是实体的部分，如墙体、屋顶、地面等。

街道界面（Street Interface）是指界定街道空间的可以延展的面，由沿街两侧的建筑物塑造而成。街道空间作为一种线型空间，主要由底界面、侧界面、顶界面围合而成，其中侧界面是形成街道空间形态上的主要因素。但建筑物的形态和布局受到建设用地的大小、形状、位置、用地指标和城市各项法律法规的控制，这些因素对街道界面形态的形成都有着不同程度的制约。建筑侧界面的组成方式不同，形成垂直、倾斜、弯曲、折叠等形式的界面。建筑界面由于受内外力的作用而具有特殊的性质，主要包括：界面的封闭性、界面的通透性以及界面的双重性。

界面的封闭性指界面阻隔外部环境，对内部空间具有的保护作用。具体表现是界面在视线上或行为上的不可穿越性，可以维护建筑空间的稳定性和私密性。界面的通透性指与界面两侧的空间的交流与渗透，主要表现为视线的穿越和行为的通过。在城市街道空间中，建筑界面正是通过其通透性来实现建筑与街道的交流和互动，为人群聚集并开展相应活动提供了信息和路径[39]。人群透过门窗洞口了解到建筑内部的信息，通过入口进入建筑内部空间参与活动。建筑临街界面的通透也起到了丰富街道空间景观层次，增强街道空间活力的作用。界面的双重性指界面既分隔不同的区域，又是两个区域之间交流的平台。界面是室内外压力作用的结果，具有双重属性，既包含了建筑内部的特征，又包含了部分建筑外部（街道）的属性；既承担了内部功能产生的向外的推力，又影响了外部街道氛围和城市文化形象的形成。

（3）边界层及边界层原型

回溯历史，欧洲典型的城堡建筑以防御功能为主，通过在主要房间墙壁上打洞形成辅助房间，被称为“空间包涵体”[40]（图1-5）。现代主义重新由内而外思考建筑：柯布西耶提出多米诺体系，使结构、功能与形式开始分离；密斯用钢和玻璃实现“皮骨分离”，透明性的介入使内与外的概念变得模糊；新风系统的出现产生“皮+骨+设备空腔”。即，边界层的发展历程由“结构即表皮”到“结构与表皮分离”，再到“设备与结构、表皮一体化”，形成了边界空间体（表1-2）。

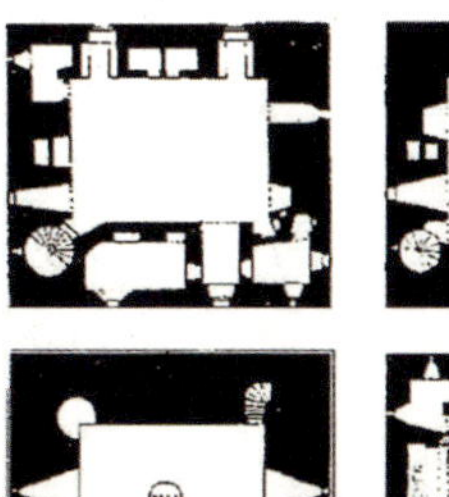
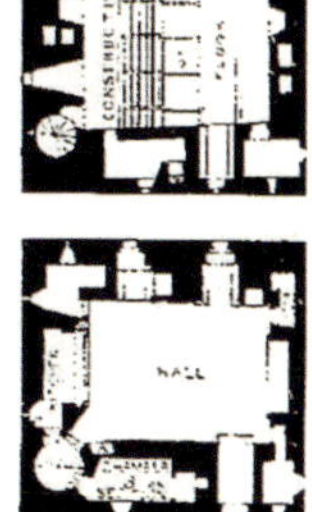
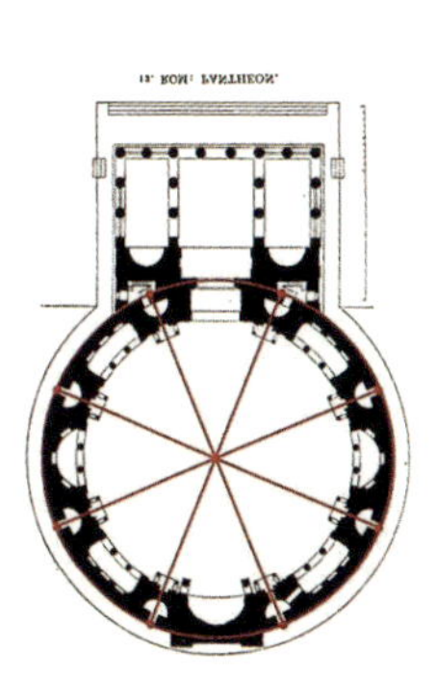

图1-5　西方古典建筑边界“空间包涵体”

（图片来源：德普拉泽斯．建构建筑手册[M]．任铮钺，等译．大连：大连理工大学出版社，2014：256-260．）

与西方边界的实体演变相比，中国传统建筑边界为体现“天人合一思想”以廊空间为主，更强调建筑与环境的融合，涉及院、廊等空间原型，始终关注建筑与外部环境的关系。其中，缘侧空间按开敞度依次递减，形成三个层次（图1-6）。传统文化语境下重重包裹的空间使人有安全感和稳定感，甚至成为一种建筑基因[41]。

表1-2　垂直向边界层模型

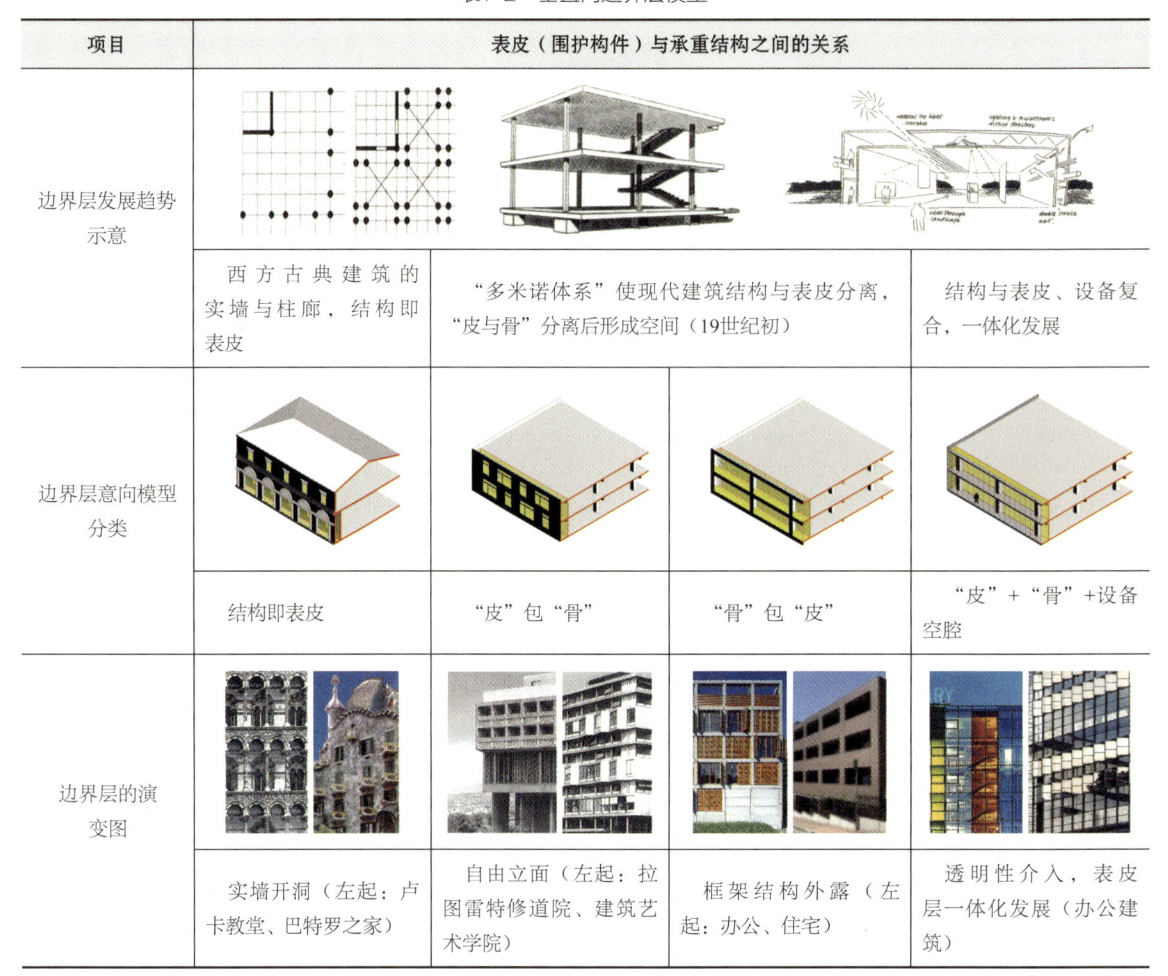

项目	表皮（围护构件）与承重结构之间的关系			
边界层发展趋势示意	西方古典建筑的实墙与柱廊，结构即表皮	“多米诺体系”使现代建筑结构与表皮分离，“皮与骨”分离后形成空间（19世纪初）		结构与表皮、设备复合，一体化发展
边界层意向模型分类	结构即表皮	“皮”包“骨”	“骨”包“皮”	“皮”+“骨”+设备空腔
边界层的演变图	实墙开洞（左起：卢卡教堂、巴特罗之家）	自由立面（左起：拉图雷特修道院、建筑艺术学院）	框架结构外露（左起：办公、住宅）	透明性介入，表皮层一体化发展（办公建筑）

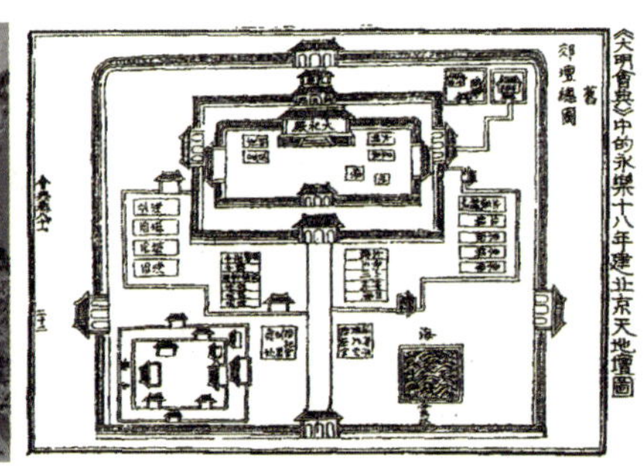

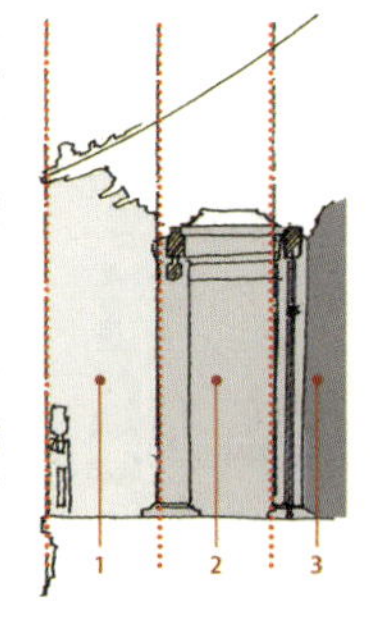

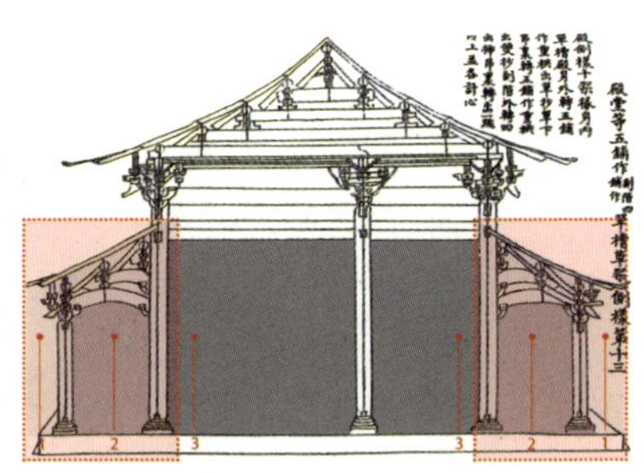

图1-6　桃源仙境图轴、缘侧空间开敞度示意

无论是塑造物质实体的有形边界，还是追寻空间关系的无形边界，边界空间使用和体验的主体都是人。建筑边界不仅仅是“空间”，更是可进入（路径）、可视和可用的建筑空间体系的组成部分。

要探讨建筑边界原型，首先要思考不同文化背景下的建筑空间原型。洞穴建筑是欧洲、中东多种建筑的原型。洞穴由墙壁建筑相连而成（图1-7）。在纷争激烈的欧洲，以狩猎为主的人们居住其中。他们在室内生活也穿着鞋子，发明椅子等家具，为了随时可以起身，出征打仗。因此，这是一种防御性很强的建筑。因为建筑与自然隔绝，所以空间本身独立于容易遭遇危险的外部空间。正因为壁的存在，所以会穿墙出现窗。通过窗将内部空间与外部的自然连接起来。欧洲的墙壁建筑隐藏着“壁的压抑”与“窗的解放”这样的文化特征。

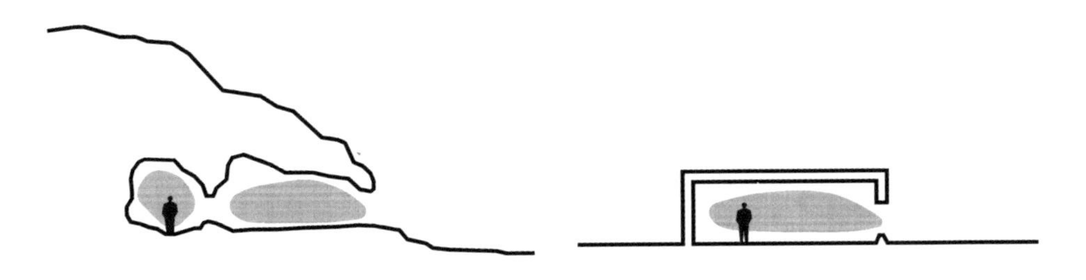

图1-7　洞穴建筑原型

洞穴建筑是因为将自然作为被惧怕的对象而诞生的，树木建筑则是与自然融为一体。东方建筑的原型是树木建筑，是一种开放的、与外界相连和相延续、不与自然为敌的建筑（图1-8）。根据中心概念规律，此类建筑没有明确的界线。像树林一样的日本建筑，由多根柱子和大屋顶构成其特征，伸展出的“庇（Hisashi）”形成了影子，柱子与柱子之间不存在墙壁。连续的明障子（Akarishouji）将空间围绕起来。日本民居并没有明确定义下的内部空间，因为其从一开始内与外就连接在一起。“缘侧（Engawa）”与榻榻米形成连续的空间。缘侧的上部是向外延伸的屋檐，如同大树伸展出的枝叶，形成了一个既非室内又非室外的暧昧空间。从缘侧到庭院、再延伸到院外远山的外部空间，这些空间的性质并非“墙壁式的包围”，而是向外的“与外部空间相连接的发散”。视线以家为起点，朝向宇宙。以树木造就“家”，家的中心概念就是树木。树荫为树的根部，要逐渐使树荫的感觉扩大，家的感觉也就经由缘侧、庇延伸到庭院，直到篱笆、土塀等暧昧之处。这些暧昧之处正是日本民居的妙趣所在，日本民居之美就在于此。

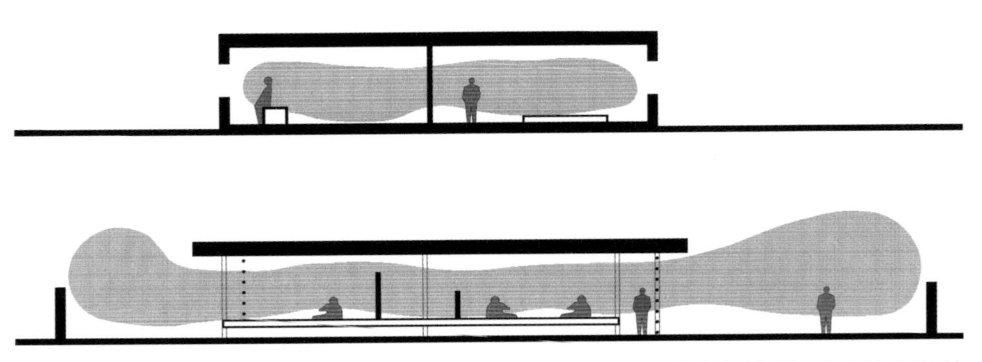

图1-8　墙壁建筑与树木建筑的原型比较

（图片来源：黑川雅之．依存与自立[M]. 张颖，译．石家庄：河北美术馆出版社，2014.5:30. 作者改绘）

西方的洞穴建筑历史影响了由东亚的气候风土形成的树木建筑历史。由于东亚建筑通透，容易受到外族、盗贼入侵，于是形成了由墙环绕的街市、民居。为防止外敌入侵，在面向街道的外部设壁，在通往内庭处设门。内庭院保留从屋内向内庭院延伸的树木建筑式样，即由柱子和庇组成的“通风建筑”。这样就诞生了通风建筑与墙壁建筑相结合的复合型建筑（图1-9）。老北京城由城墙、城门围合而成，城内的主要大街多与城门相通。房间一般不直接面向大街，而是先进胡同，再进门楼，穿过院子，才登堂入室。“城墙、城门、街道、胡同、四合院形成一套严谨有序的城市空间场所序列。”墙壁建筑的目的是将人与自然相隔绝。因惧怕“自然”，将自然视作敌人而筑起屏障。同时，墙壁建筑也具有将人与人相隔绝的作用，改变了建筑的可进入性，因此有人将墙壁建筑称作一种饱含悲伤的自立型建筑。自立是敌对的，自立源于惧怕。而树木建筑是一种无论到哪儿都谋求人与自然相融合的建筑。

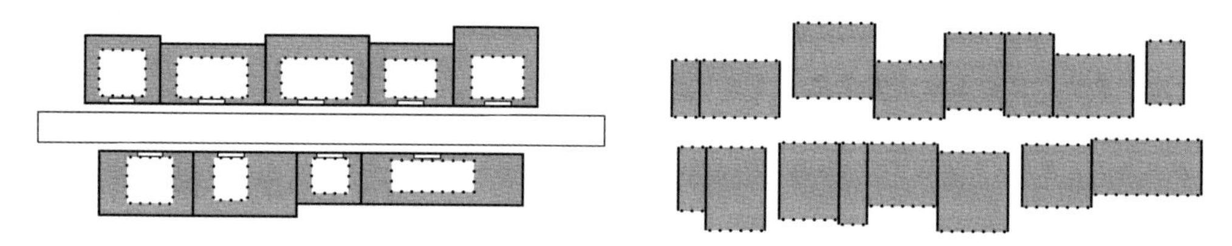

图1-9　复合型建筑原型及组合方式

（图片来源：黑川雅之．依存与自立[M]. 张颖，译．石家庄：河北美术出版社，2014.5:36. 作者改绘）

从空间类型进行划分，由墙壁建筑、树木建筑及复合型建筑的原型将建筑表层空间归为“涂黑空间”“层透空间”和“廊空间”三种空间原型（图1-10）。“涂黑空间”是指以墙壁建筑为主要特征的封闭式建筑空间，多以实墙面开窗洞的形式使室内外连通。“廊空间”多指由顶界面覆盖，由柱子或墙体等垂直结构构件支撑的介于建筑室内与室外的这部分空间，包括柱廊和挑檐两种形式。廊在建筑中具有交通联系、空间组织、容纳公共活动以及调整建筑形态、调节微气候等功能。在建筑单体中廊的形式可划分为：内廊、外廊、双面空廊、单面空廊、檐廊、复廊、双层廊等[42]。有顶盖、廊台、支柱或一侧为围护墙体的建筑物，可供人在建筑与城市空间的交界处休憩或通行。“层透空间”是指由于侧界面的虚实对比变化形成的，由墙体或透明玻璃在纵向上层层递进产生的空间形式。

边界还可以产生互动，具有可变性。一方面从全生命周期角度，随着功能的演变，边界空间在不同时期产生相应的改变。另一方面，边界还具有瞬时性变化特征，例如由建筑物理环境驱动的动态表皮等。传统街道空间有不可见的边界、动态边界、出入口边界、装饰及标识性边界、“阈”结点等[43]。随着中西方建筑边界的演化，“表层空间”的价值日益凸显，介入与多元并存是其重要特征。

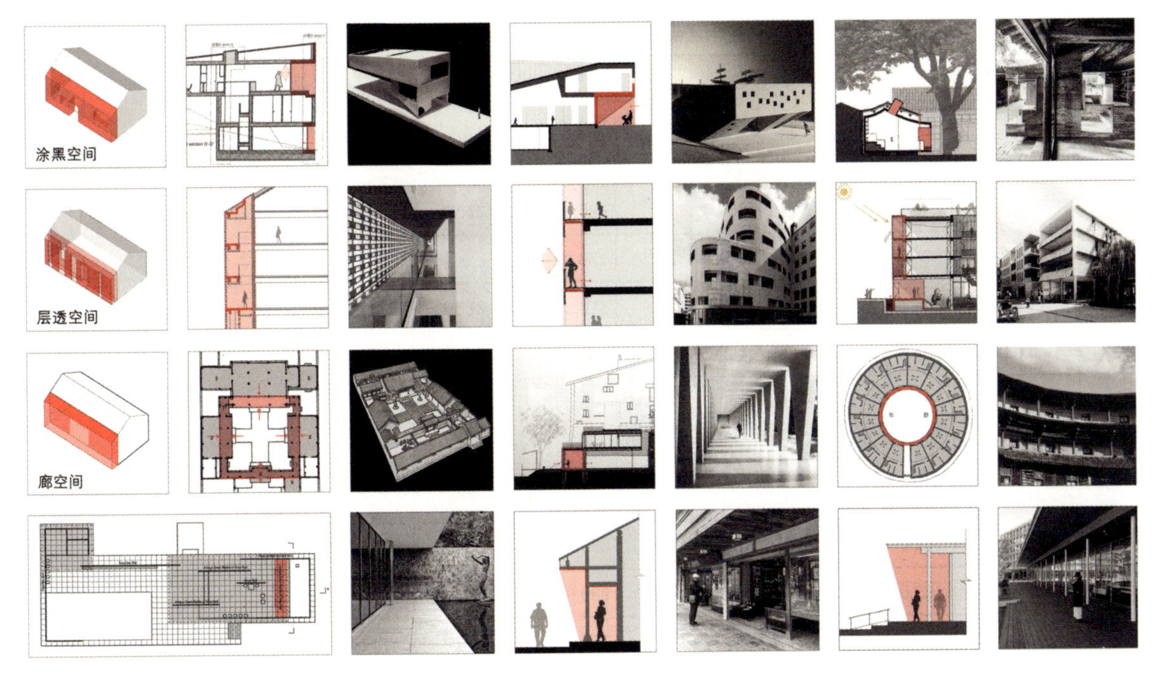

图1-10　边界层的三种原型

1.2.2　表层空间的相关概念

（1）建筑边界概念

建筑边界非线、非面，而是体，存在法规边界、心理边界、功能边界等多个层次，分为有形边界和无形边界。根据边界的实体要素使用周期的不同，边界层的结构随时间变化，可满足人的诸多需求。笔者通过对边界属性和边界原型的探讨阐释建筑边界的概念，从建筑物理环境边界（热工性能）、功能边界（设备及家具）、结构边界（表层结构中的空腔）、空间心理边界（集体意识）及空间体验边界（视觉感知与行为体验）五方面建立边界概念的理论基础。

从建筑的角度而言，建筑边界向外与城市空间或自然环境接触，形成“城市-建筑”（建筑与外部环境）的表层空间；向内与建筑室内空间相连，形成空间的渗透和过渡。边界是双向的，实体与空间并存，更强调内外之间的关系，具有分隔与连通空间的双重属性。

（2）建筑表层空间概念模型

所有建筑都有表层空间，就好比所有的建筑都有表皮一样。本书不能面面俱到地探讨所有类型建筑的表层空间。本书试图从空间角度关注表层空间的空间功能和承载的人群行为，提出建筑表层空间的概念：建筑表层空间是介于建筑内部空间与外部环境之间的空间，是由围合空间的界面及要素所形成的整体，包括部分建筑内部与外部空间。建筑话语以前多探讨建筑立面，然后关注界面，而现在是表层空间，其实质是对建筑边界的讨论。

从人的感知和体验而言，建筑为人提供生活场所，建筑表层空间的空间特征往往会影响人对整个建筑的体验。人可以通过五感体验建筑，建筑融入智能化和虚拟仿真的技术手段，集成“空间信息”与“属性信息”，满足使用者更高层次的体验需求。表层空间有建筑和城市的双重属性，同时具有时间性，是一个有趣的缓冲区。从空间角度进行认知，建筑表层空间既是中介空间（自身构成），又体现出内与外的空间组织关系（图1-11）。从实体角度认知，表层空间各实体要素不同的组织方式与层级关系形成不同的边界类型。随着建筑功能的改变，要素也会更新重组，实体要素类型也因技术发展而产生变革，从而改变表层空间类型。

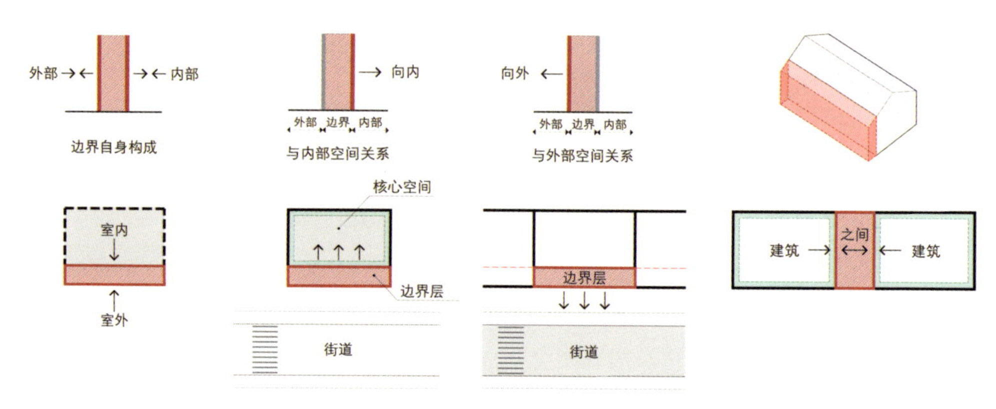

图1-11 建筑表层空间的概念模型

建筑表层空间不同于灰空间。灰空间是在黑、白、灰的体系下界定的建筑外部空间，强调空间的连续性。临街商业建筑表层空间是介于建筑与街道之间的空间，主要指封闭界面及界面内外空间共同形成的独立物理环境。

有形的物质边界可以通过表皮、围护结构这类实际存在的边界要素表示。表皮在生物领域是保护层和交换介质。建筑表皮是保护建筑体并使其与外界环境进行能量交换的围护结构的表层或围护结构本身。在当下中国建筑表皮设计中，关于表皮的探讨时常陷入与结构脱离的形式化境地，偏重于从物理环境、热工性能角度进行建筑自主性的探讨。笔者认为，忽视了空间体验的建筑边界研究会导致空间品质下降与场景缺失。

本书重点以连接内与外的表层空间为研究基础，由此引发人的感知体验。建筑表层空间是与两个区域（建筑与外部环境，建筑与内部空间）邻接的空间，是由围合空间的界面及空间本身形成的整体。建筑边界既包括结构体系在内的一切形成表层空间的物质实体，又包括由界面限定的，连接内与外的缓冲空间。它既是城市街道空间的内壁，又是建筑空间的外壁（图1-12）。

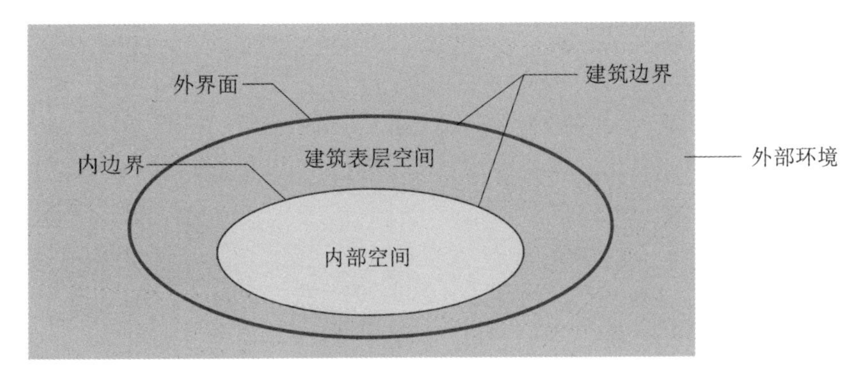

图1-12　建筑边界示意

（3）建筑表层空间的概念

建筑表层空间向外与城市空间或自然环境接触，形成建筑与外部环境的表层空间；向内与建筑室内空间相连，形成空间的渗透和过渡，而且是双向的。建筑表层空间并非从外部空间层面界定的街道边界空间，也非仅从建筑结构层面界定的“建筑表皮”，而是街道表层与建筑表皮相互交叠并与人群行为发生密切联系的这部分空间，即“建筑内层 + 建筑表皮 + 建筑外层”[44]。视觉是人在空间体验感知中最重要的知觉，本书从人的视觉体验角度提出建筑表层空间的概念：介于建筑内部空间与外部环境之间的空间，是由围合空间的界面及要素所形成的整体，包括建筑内部与外部空间。

以临街商业建筑表层空间为例，表层空间往往与业态功能相结合，具有开放性、交往性的特点。

建筑内部表层空间以商品展示、临窗就座、消费者参观路径等为主，在邻近建筑表皮1 ～ 2m处设置具有展示功能的橱柜、商品、桌椅等。在这些设施的1.5 ～ 2.0m 范围内的人群，较为频繁地产生驻足、交流、观赏等行为。因此，本书将建筑内部表层空间界定为邻近建筑表皮的3.5 ～ 4.0m的范围。

建筑外部空间是在近建筑尺度上，为人群提供休憩、活动、遮阳避雨等功能的空间，如街道、台阶、建筑檐下空间等。因为将行人的视觉感知引入建筑表层空间的研究体系中，所以本书将建筑外部表层空间范围界定为邻近步行道的平台、台阶、前院、边庭、雨篷等的空间宽度（图1-13，图1-14）。外部表层空间包含建筑界面及距界面5 ～ 10m的建筑表皮结构、阳台、通道、绿植、室外座椅、公共服务设施等空间要素。

（4）“表层空间”与“表皮”概念的辨析

“表层”的概念不等同于“表皮”。虽然“建筑表皮”一直是近年来建筑领域的热门话题，但也使得建筑的传统美学陷入失语的境地。表皮是从建筑物理环境视角界定建筑室内外空间，强调围护结构对建筑的保护性。表皮往往只表示一层，

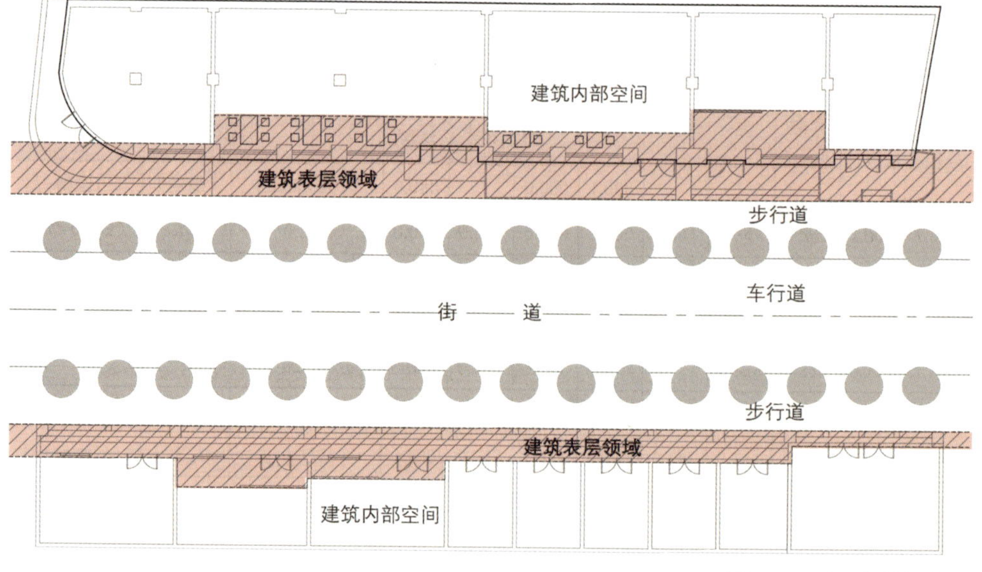

图1-13　表层领域概念图

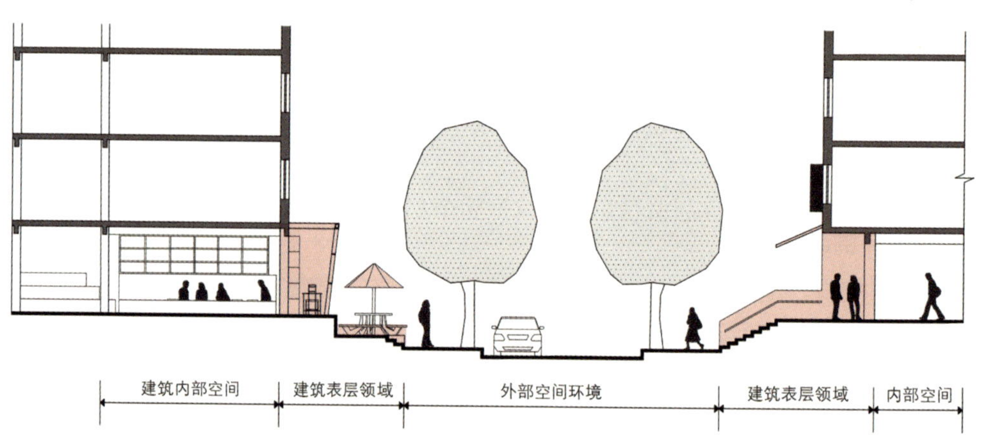

图1-14　生活型建筑表层空间结构示意图

或是双层；而表层可以是多层结构。本书从人的视觉感知视角提出建筑表层概念，辨析表层与建筑内部空间、表层与城市街道空间的关系，其重要内容“表层”是承载人群活动的空间。表层用空间取代实体，更强调建筑空间体验。现有研究中提到的“表层”概念是从街道和城市公共空间视角进行定义的：“表层”不仅仅包含沿街外立面，同时也包含近建筑尺度的街道空间和诸多要素，是空间复合体[45]，是内与外、虚与实相结合的空间类型。从城市公共空间视角研究建筑的外部空间，在建筑与街道或广场空间的相邻领域形成了具有一定厚度的表层空间——开放式的建筑边界。建筑表层空间既包括建筑内表层的界面、要素等室内部分，又包括建筑底层缘侧的柱廊、向外开敞的边庭、入口门厅、挑檐空间、凹凸的台阶、阳台、花台、半私密性的前院等。建筑表层空间既是外部空间向内的渗透，又是内部空间向外的延伸。

（5）“表层空间”与“灰空间”概念的辨析

灰空间作为一种最重要的建筑空间类型被广泛接受和应用。灰空间是一种室内外融合、二者并存的过渡空间，更强调具有东方建筑特质的室内外空间的渗透性和过渡性，如建筑的檐下空间、长廊、通道等[46]。从空间类型上常常以廊空间表现形式为主。灰空间作为一种空间观念被广泛运用到室内设计中，如住宅建筑中的入口玄关就是一种灰空间设计，既界定了空间，又是视线缓冲。如果把灰空间视作一种边界类型，其更强调边界的模糊性、渗透性、调和性、过渡性。中国古典园林建筑中的亭、台、榭、廊、舫、轩等就是灰空间的表现形式。

而建筑表层空间作为连接室内外的这一层过渡空间，与灰空间相比，既有相似之处，又有明显区别。

① 视角不同：灰空间更关注“虚”的部分，即空间；表层空间同时关注“虚”与“实”，整合了空间和实体要素，是空间复合体。

② 功能不同：灰空间更关注空间本身的构成方式；表层空间功能属性更广泛，关注人的使用方式及视觉体验。

③ 空间范围不同：灰空间的空间范围相对宽泛，指“亦内亦外”的复合空间；表层空间在建筑内部和外部都有明确的界面和要素进行限定，空间范围更精准。建筑表层空间不仅包括使室内外空间产生渗透性和连接性的这部分空间，如层透空间和廊空间，而且包括强调室内外差异性的空间，如涂黑空间。如果用颜色作比喻，灰空间是一种调和灰，而表层空间可分为黑色、渐变色和调和灰。

1.2.3 表层空间的研究内容

本书以建筑表层空间为切入点，向外呈现城市“表情”，向内连通建筑核心空间。随着空间功能、使用方式，甚至交通流线的改变，建筑表层空间的更新改造需求日渐凸显。为进一步界定研究对象，这里按照城市街道属性和建筑属性对建筑表层空间进行分类。

从街道属性上，根据《上海市街道设计导则》，街道分为交通型、生活服务型、商业型、景观休闲型四类；从平面形态上，街道分为直线型、折线型和曲线型。

从建筑属性上，按照使用功能，建筑分为民用建筑、工业建筑、农业建筑三大类。民用建筑又包含了公共建筑（包括教育、商业、办公、文化和医疗建筑等）和居住建筑。事实上，民用建筑、工业建筑、农业建筑中都包含大量商业建筑空间或商业建筑。由于商业建筑存量大，为追求经济效益、提升商业吸引力，所以有不断改造的需求，所以本书将其作为研究的重点。又因为民用建筑所包含的商业空间在城市商业空间中所占的比例最大，所以本书选取民用建筑中的商业建筑进行表层空间研究。根据民用建筑的属性分类，将民用建筑的商业表层空间分为居住建筑表层空间和公共建筑表层空间两大类。

居住建筑的表层空间更新绝大多数是临街商铺的改造。虽然有些改造的目的是住宅居住品质的提升，比如保温隔热等物理环境的改善，新材料和新技术的应用，达到绿色环保、节能低碳等目的，但是其变动频率不高、实质性变动不大。变动频率高且实质性变动大的实际上是临街商业服务设施的改造。

商业建筑的改造基本是在表层空间。工业建筑、办公建筑、居住建筑的改造绝大部分发生在商业表层。在城市空间环境中，线型的步行系统是唯一具有商业吸引力的领域。由于街道占比较大，广场、外向型庭院、绿地占比较小，所以表层空间的更新基本发生在临街商业建筑的表层空间。因此选取实地调研案例，并以临街商业建筑的表层空间为主要研究对象。

本书对表层空间的主要研究内容如下。

（1）表层空间概念、界定和分类

本书从边界层理论出发，结合实际建筑空间及结构，对表层空间进行了全面定义，并从空间构成和功能要素对其进行了分类和界定。研究主要集中在建筑“表层”的“薄”空间，确定临街商业建筑表层空间分为商业型（现代大型商业建筑的底层）、生活型（居住区住宅底商）和旅游型（传统街区和风景名胜区底层商铺）三大类。

（2）表层空间与建筑内部和外部的关系

本书探讨了表层空间与建筑内部空间、外部环境、人群行为等之间的关系，结合大量文献研究和案例分析，对表层空间的流线关系、空间拓扑关系、与结构的关系、功能分区关系等进行了全面剖析。

（3）表层空间的功能和构成要素

本书从空间操作要素、空间功能和界面透明度三个角度对表层空间进行了全面的分类，并对三种类型的空间属性、界面类型、要素构成及其组合方式进行了类型学研究。通过文献研究、注记、问卷等方法选取和测量指标数据，并使用层次分析法对表层空间进行系统性评价。

（4）人群对表层空间系统的感知体验

对表层空间展开详细调研，采集表层空间视觉环境指标数据，调研人群对街道空间环境的感知情况，与表层空间视觉环境指标数据展开相关性分析，探讨不同环境属性对街道氛围塑造的贡献情况；开展可见性分析，研究界面对室内空间可见性的影响，并利用视觉分析技术探究表层空间对人群的吸引能力；记录建筑表层空间人群的分布情况，探讨建筑表层空间与人群分布的关联性。

（5）表层空间优化设计方法

在原有建筑改造流程的基础上，以表层空间系统性评价结果为依据，优化表层空间布局。通过调整界面尺度、形式、开敞度、透明度，增减表层要素等手段，结合人群行为分析和可见性分析，多层次提升空间功能和活力，从而优化表层空间方案设计。

本书探究建筑表层空间环境要素如何影响人群对街道空间氛围的体验；通过研究表层空间类型对建筑内部空间可见性的影响，探究表层空间立面形式对空间可见性的感知情况；通过对表层空间视觉环境与停留人群行为的关联性研究，探讨不同要素对人群的吸引情况，揭示“表层空间界面-要素-行为三者在一定条件下互相关联、互相作用”的客观规律；在此基础上，建立建筑表层空间多因素综合的优化设计方法。从城市物理空间（宏观）、业态功能（中观）、人群行为舒适度（微观）三个维度分析、建立由表及里与由内而外结合的建筑表层空间设计流程和方法。

建筑边界在限定内外空间的作用的同时，其自身也是重要的空间形式，是皮骨分离形成的表层空间。从边界层探讨开来，界定与解析建筑边界的概念，分析其属性及特征，建立三种建筑边界原型，从建筑物理环境边界、功能边界、结构边界、空间心理边界及空间体验边界五个层面梳理建筑边界的理论框架具有重要价值。本书以连接内与外的表层空间为基础，讨论由此引发的人的视觉感知和体验。本书提出以下建筑边界概念：建筑边界是建筑与两个区域（建筑与外部环境，建筑与内部空间）相连的空间，是由围合空间的界面及空间本身形成的整体。建筑边界既包括包含结构体系在内的一切形成表层空间的物质实体，又包括由界面限定的，连接内与外的缓冲空间。它包括建筑底层缘侧的柱廊、向外开敞的边庭、入口门厅、挑檐空间、建筑物凹凸的台阶、阳台、花台、半私密性的前院等；既是外部空间向内的渗透，又是内部空间向外的延伸。与传统由内而外的“设计-建造”流程相比，边界层设计是由表及里重塑已有的建筑边界的过程，并由此引发建筑内部空间的重组，立面成为最后一道工序的传统设计流程将被改变。建筑边界设计重新思考人的需求及建筑与环境的关系，“建筑边界”可以为城市更新和城市风貌控制导则的制订提供新的解题思路。

本书对研究范围进行界定，选取临街商业建筑的表层空间进行研究。按照商业建筑所处的街道属性不同，“临街商铺表层空间”可分为三大类：商业型表层空间、生活型表层空间和旅游型表层空间（表1-3）。其中，商业型表层空间又称商场型，指邻近商业街道的现代大型商业建筑的底层商铺。商业型表层空间多以框架结构为主，商铺空间开间较大，层高较高，且与整体商业建筑立面相协调，底层与上层沿街立面一体化设计，整体性强。生活型表层空间又称老铺型，指邻近生活服务道路的住宅底商。沿街商铺呈水平向延伸，以廊空间为主，以挑檐或柱廊形式居多。沿街店铺突出招牌和雨篷设计，形式多样，且与上层建筑部分（住宅）明显呈分段式。旅游型表层空间又称为传统街区型，指邻近景观休闲街道的传统街区或风景名胜区的古建筑或仿古建筑的底层商业店铺。此类表层空间呈现店面长短有序、匾额楹联鳞次栉比的商业步行街效果，以体现地域民俗文化特色。

商场型商业属于集中式商业，一般采用统一招商运营管理的模式，规模较大，业态齐全，种类繁多，可以吸引不同类型的消费群体。老铺型商业属于传统社区底层商业，多采用自购自营的运营模式，为社区周边居民提供便利的购物场所和生活服务场所。传统街区型商业以体现地方特色，多吸引外地游客为目的。三种类型的商业运营模式和所面向的消费群体各有不同。

表层空间的功能，有购物、休闲、娱乐、餐饮、商务（在底层有出入口，楼梯连接二层）、住宿等。功能的不同、使用对象的不同、环境的不同和投资标准的不同都影响着商业空间设计的层次和风格。使用对象不同，比如儿童活动的画室专门吸引儿童，化妆品店铺主要吸引女性；环境不同，比如在街角或是在绿化旁边，有座椅和没座椅造成人群的聚集行为不同。空间成为传播、解读、体验、转化信息的一种媒介，使商业空间与消费者产生情感连接。本书目前只考虑视觉感受和出入口的可达性——有些设计并不单纯是视觉设计，比如创意很好的设计可以吸引人，或是跟创意和文化理念相关的商品品牌更有吸引力。本书所提及的“追求的体验感”应该不仅仅包括视觉的体验，还包括创意的体验，各种要素都可以参与其中，共同构建场景化空间的表层空间。比如，有年代感的设计会使人产生共鸣，如同回到40年、50年前。

表1-3　商业建筑表层空间的分类

项目	商业型表层空间	生活型表层空间	旅游型表层空间
调研对象	商场型	老铺型	传统街区型
体型特征	体量大、空间完整连续	分段式、空间类型单一	分段式、空间类型多样
界面特征	多采用玻璃幕墙	多为实墙开洞，或落地玻璃	多为实墙开洞，或开敞式、玻璃幕墙式

续表

项目	商业型表层空间	生活型表层空间	旅游型表层空间
界面开敞类型	采用全部、局部玻璃幕墙，开敞式	采用开敞式、局部玻璃幕墙	以开敞式为主，或半开敞，局部玻璃幕墙
结构	框架结构	以剪力墙结构或砖混结构为主	砖混结构、剪力墙结构
设备	以中央空调为主	分体式空调（空调室外机外露）	分体式空调
可视性	透明、通透	开敞、多样	开敞、空间层次丰富

建筑边界既包括实体，也包括空间，更强调实体界面，而建筑表层空间更强调被实体包裹的空间部分。建筑边界非线、非面，而是体，存在法规边界、心理边界、功能边界等多个层次，分为有形边界和无形边界（图1-15）。

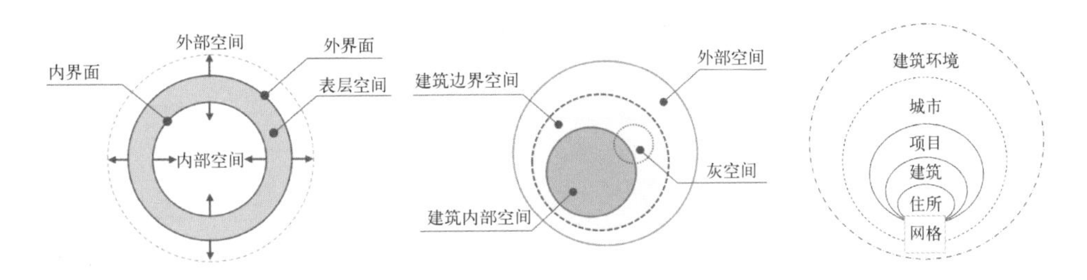

图1-15　建筑地理边界概念模型、建筑边界空间概念模型

（图片来源：李静波 . 内外之中间领域作为建筑界面的形式操作 [D]. 重庆：重庆大学，2015:44. 作者改绘）

1.3.1　边界层概述

根据不同系统的寿命和更换周期，达菲（Duffy）提出办公建筑4S分类法，将建筑分成外壳、设备、内隔墙和家具组合四部分，并指出不同寿命周期对办公建筑的设计和使用意义重大。他认为，外壳（结构和表皮）应在建筑物的整个生命周期内持续使用，使用寿命在英国约为50年。达菲研究提出组织行为与空间组织对应关系的理论假设模型。斯图尔特·布兰德（Stewart Brand）也认为建筑具有多层变化，他将达菲对办公楼的分类进一步扩展为6S分类法。在他的著作“建筑物如何学习：它们建造后会发生什么”（Brand，1994）中详细阐述了这一概念，并将建筑物视为由多层变化组成。许多技术供应商已采用该概念来描述组织内的不同系统层。2004年，荷兰SLA事务所将路径视为新要素，提出SLA体系[47]。

由4S→6S→SLA演变的边界层理论模型是抽象的概念模型，表达明晰的层状关系，展示出实体要素的类型及不同的使用周期，但对各要素之间的组织方式和层级关系缺乏进一步探讨。本书选取并重组其中的三要素（表皮、结构与设备），衍生出6种概念类型，并将其用于探讨边界空间的可能性（表1-4）。

表1-4　边界层理论模型

项目	4S分类法	6S分类法	SLA体系7要素
概念模型	1 2 3 4	1 2 3 4 5 6	1 2 3 4 5 7 6
	1.外壳 shell（结构+表皮） 2.设备 services 3.内隔墙 scenery 4.家具组合 set （家具+办公设备）	1.结构 structure 2.表皮 skin 3.设备 services 4.布局 space plan 5.用具 stuff（家具+可移动电气设备） 6.场地 site	1.结构 structure 2.立面 facade 3.设备 services 4.隔断 dividing elements 5.家具 furniture 6.位置 location 7.路径 access
边界层研究范围	1.表皮 2.结构 3.设备 建筑边界层范围		
	三要素重组：表皮、结构与设备		

1.3.1.1　从人的主体性思考边界层

以人为主体，根据使用者的需求提出边界层的三种假设（图1-16）。

（a）热工性能假设：港南区综合楼　（b）储物空间假设：KCC瑞士城模块住宅　（c）空间体验假设：小泉中日桥大厦

图1-16　边界层三种假设的示意
（图片来源：日本建筑杂志增刊作品选集2019，第134集）

① 热工性能假设：假设以人对物理环境性能的需求为边界层，如遮阴、避雨、防晒、保暖等方面。

② 储物空间假设：假设以人对设备、家具等人造物的储藏或展示需求为边界层。

③ 空间体验假设：从人的行为与视觉感知角度，对边界层空间进行研究，分析可用、可进入、可视三种“行为-空间”类型，以人的主体性视角补充与完善边界层理论模型。

在未来城市中，建筑是乐活地“居”的空间，建筑边界更多承载的是人的体验。为了满足使用者的活动需求，实现建筑的多重功能，边界空间变得更灵活、可变。数字时代，边界空间作为具有自身特征的空间体，可能成为设计的核心内容（物质的或感知的）（图1-17），建筑的功能布局也具有了不确定性[48]。良性地建成环境核心的内容不是区分内与外，而是如何以多类型、多体验、多尺度的复合空间承载生活。

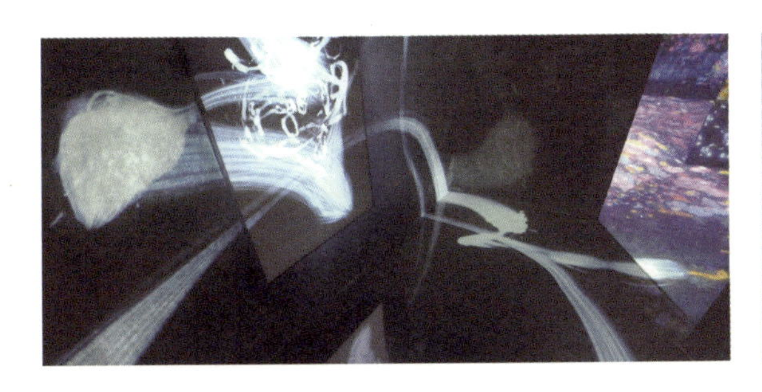

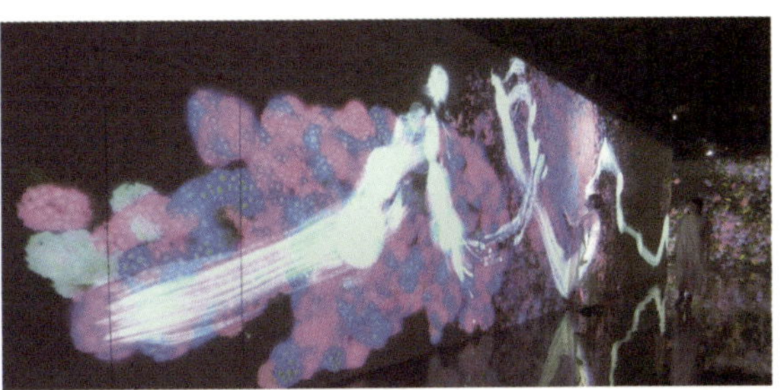

图1-17　边界空间承载人的感知体验
（图片来源：EPSON teamLab 无界美术馆）

1.3.1.2　边界层的空间要素

边界层理论不仅仅从建筑的全生命周期角度研究边界层的实体要素，也兼顾使用者的体验。边界层理论将边界层的空间要素分为三大类：界面要素（空间整体形态）、实体要素（空间中的实体）和物理环境要素（风、光、热、温度和湿度等）。这些要素又可细分为七小类：侧界面，顶界面，底界面，服务设施（可用），展示要素（可视），单元空间体（可进入）以及风、光、热等物理环境因素（表1-5）。

表1-5　边界层的空间要素分类

空间要素		说明	内容
界面	侧界面	在垂直向上的表皮、结构、设备内外组织关系	门、窗、墙体、柱、杆件、百叶、管道等
	顶界面	屋顶、遮阳板、雨篷、楼板等水平向的延伸	挑檐、挑梁、搁栅等

续表

空间要素		说明	内容
界面	底界面	路径：可进入、可驻留等的空间；可停留空间	楼梯、扶梯、阳台等底界面
实体	服务设施	以服务为导向的实体要素	指示牌、自助机、设备、街具、家具等
	展示要素	以行为主导的目标吸引物	雕塑、大型条幅、LED屏、绿植、视觉景观等
	单元空间体	容纳行为及体验的空间单元	结构与家具一体化、嵌入式模块化单元
物理环境	物理环境因素	风、光、声音、日照等	采暖、制冷、采光、通风、能源收集等设施

1.3.1.3 物质空间边界相关理论发展

从城市居住区边界论到公共场地边界论，由于室内外矛盾所产生的中介空间的研究逐步出现，凡艾克曾提出著名的“门槛”和“模糊空间”理论，认为内与外、公与私之间的交界处应该成为空间设计的重点。由此，边界成为后现代主义者关注的重点。门槛作为古代建筑普遍具有的建筑元素是建筑内外空间连接的交会处，诺伯格·舒尔茨认为私家领地的概念体现在门槛或边界上。门槛、边界的作用就在于将内部与外部在分隔的同时，又连接成一体。总结为“门槛”理论[49]。

20世纪70年代，日本建筑师黑川纪章提出“灰调子文化”理论，他认为：“这个空间，就是‘缘空间’，也即室内空间和室外空间或公共空间和私人空间之间的一个空间”[50]。与“缘空间”相似的“中介空间”（Media Space）理论的提出则定义中介空间是介于内外环境之间的有机联系体，即介乎室内与室外、城市与建筑之间的过渡空间。

在整理系统的“边界”理论的基础上，本书提出表层空间的概念，进一步讨论建筑与空间的“边界”。

1.3.2 表层空间的相关理论

1.3.2.1 表层空间与内部、外部空间的关系

（1）与内部空间的关系

在既往研究中，有学者发现表层空间与建筑内部要素（包括门窗、梁柱、室内家具等）具有关联性，使得使用者对表层空间的感知发生变化。门窗对表层空间产生影响。张乐敏等（2021）对被试者样本数据和眼动轨迹图进行总结，认为

吸引力较强的立面往往具有较强的透明性，且开敞程度较高。这说明大面积的落地窗或个性化的门窗设计可以吸引使用者的关注[51]。

竖向或水平支撑构件对表层空间产生影响。郭屹民（2019）认为随着水平支撑构件在制造、装配工艺上的精密化、多样化和小型化，水平抗侧构件已经发展成为建筑表层形态表现的要素之一。除了将结构梁、柱等支撑构件直接布置在表层空间来获得富有表现力的形态之外，将这些构件与围护体系进行一体化考虑，也是使表层形态兼备竖向支撑与水平抗侧能力的途径之一。楼梯、坡道、平台、房间、家具……空间的组成要素都具备结构的潜质。表层空间形态具有单纯结构体系所无法获得的适用性、体验性与集约性，具有更多样的表现形式[52]。黄鹤（2017）认为单纯构件的组合，可以使整个建筑呈现出一种纯粹的形态，发挥材料的力学之美。并且随着柱子排布的疏密变化、使用者观察角度的转换，整个建筑的透明度也在不断地变化。多种具有潜质的组成要素，在丰富建筑内部空间的同时，也可以增加表层空间的表现力，表层空间的品质提升可以提升关注度，增加商业驻足行为。

（2）与外部空间的关系

表层空间与建筑外部环境的联系也同样紧密，街道界面、景观空间、附属设施都会影响使用者对建筑表层空间的评价。

从街道界面方面来看，店铺界面透明度、建筑密度、附属设施等都与表层空间具有关联性，其中关于店铺界面透明度的研究较多。

界面透明度对表层空间的影响。裘俊（2009）发现所谓的“表层”研究实质上被归类为城市区域空间的“表层”，是“建筑中承载功能的空间，并被作为建筑空间与城市空间相交接的部分”和沿街建筑的“表层”，具体到沿街商铺的“表层”更多是指橱窗空间，研究也被细分为商铺“表层”的透明性及其符号学意义两个层面。扬·盖尔他在《人性化的城市》（2010）中指出了建筑界面与空间活力之间的关联，其界面特征包括商业街上每百米的商店数量、边界的透明性、街面单元临街建筑的功能混合程度等。徐磊青等（2014）[53]指出街道底层建筑界面的透明度对吸引商业性逗留活动具有积极影响。张章等（2019）[54]运用旋转成分矩阵，发现以商业橱窗、凸窗、落地窗、通高门窗、玻璃门为代表的开放式商业界面要素体现出主体性，大大提高了沿街建筑底层界面的透明度，突破了胡同传统建筑界面较为封闭的局限性，吸引商业驻足行为。孙浩（2020）提出在底层临街界面的透明度设计上，对于商业空间而言，较高的界面透明度可以有效展示待售商品，提高行人驻足频率，进而产生一系列的商业购买行为。建筑密度对界面完整性产生重要影响。简艳（2019）认为过低的建筑密度不利于街道界面完整性的形成，导致街道缺乏连续性从而降低街道活力[55]。

建筑附属设施对表层空间具有一定影响。表层空间在一定程度上会受到广告标识、室外台阶、室外座椅等要素的影响。上述要素的载体是人行道，应确保其照明设施齐全，提升其舒适性和安全感。陈泳（2014）认为建筑临街区域介于通行区（道路红线）与建筑底层外墙之间，经常布置临时性的商品促销点、广告标识和室外就餐桌椅等，容易产生行人活动的边界效应。唐莲（2015）用图示的方法探究了立面标识与街道使用性质、行人活动的关系。周钰（2019）认为标识密度从一定程度上反映了街道上的商家广告量，是主观判断场所性质及感受的一个参数，对行人感受陌生空间能起到较大的向导作用。张乐敏（2021）认为在临街界面布置传统长椅，可结合建筑退让形成良好的休憩空间，吸引行人注意。王灏翔（2020）发现老旧建筑立面设计并未考虑空调、监控、防盗网等附属设施的位置，后期运营管理时缺少相应的规章制度，造成空间要素杂乱无章的现象[56]。商业建筑标识面积、数量不统一问题也较为严重，导致与周围环境割裂，并影响了街道的整体形象。

从景观空间的方面来看，街道行道树的种植、建筑后退的距离，街道的宽度，也会对表层空间产生影响。苟爱萍（2011）提出行道树能对街道空间进行有效的分割和限定，从而改善街道品质；匡晓明（2012）认为建筑的合理退线，以及道路步行绿化空间的多元化处理使该街道富有活力。陈泳（2014）提出建筑临街区宽度是影响各类步行及活动的关键因子。张乐敏（2021）认为在街道与店面之间，可以通过良好的过渡空间来达到吸引行人的目的，如建筑表层空间的抬高、后退等，形成供人停留的休憩空间。

1.3.2.2 表层空间与人群行为的关系

表层空间会影响人群的行为，商业型街道表层空间对人群行为的影响也非常显著。扬·盖尔（2006）通过对哥本哈根商业性街道的调查，发现具有活性立面特征的街段上发生观望、驻足等行为的平均行人数是消极立面的7倍，其逗留活动类型也更加丰富。徐磊青（2014）提出将步行停留活动变量分为两类：一类是商业性停留活动，另一类是社会性停留活动。商业性活动分为商业观望、商业驻足；社会性活动分为社会观望、社会驻足、休息坐靠、其他活动。并且认为就商业性活动总体而言，商业活动与界面透明度呈正相关，即透明界面越长，商业性活动越多。对社会性活动总体而言，则只有界面开敞性与其呈较强的正相关。高差无论对总体停留活动还是商业、社会活动，都有较强的反面影响。对商业性街道而言，沿街建筑的室内外高差越小越好。陈泳（2014）经过研究发现，建筑临街区宽度是影响各类步行逗留活动的关键因子；建筑底层临街面的透明度、功能密度与店面密度对于吸引商业性逗留活动具有积极影响，但其对吸引社会性逗留活动的效应不明显。赵国杰（2015）提出在传统商业街道空间中，街道的两侧界面是由商业店铺与各种商业标识共同组成的。沿街建筑与标识物是构成空间的主体要素，建筑的风貌特征、墙面的质感与标识物的形式直接影响了市民对空间的心理感受。轮廓线的变化可以增加街道景观的趣味性，缓解人的疲劳，缩短街道距离感。建筑立面由第一次轮廓线与第二次轮廓线共同组合而成，第一次轮廓线决定了建筑的整体外观，也就是建筑的外墙面；第二次轮廓线包括凸出建筑墙面部分的构造或构筑物，譬如屋檐、栏杆、女儿墙等装饰。街道两旁林立的商店是使用者对其通道的第一感受，决定了街道空间的形态与结构，具有主导性作用，因而建筑外立面的整治修缮和装饰是提升街道空间形态的重要手段，会吸引游客的光顾。

人群对于建筑表层空间的感知往往是影响表层空间活力的重要因素，直接关系到商业店铺的经营状况。使用者可以通过视觉、触觉、听觉、嗅觉等感知表层空间[18]。在听觉方面，侯彬洁（2012）提出声音的强弱、种类、有无等都会代替使用者的视觉在视域范围外进行对环境品质优劣的初步判定。在触觉方面，侯彬洁（2012）认为触觉包括直接接触与间接接触，其中直接接触指亲手触摸质地与材质，间接接触指不通过身体接触，而是通过该物体的色泽反射度、形状构造、材质透明度等对材质质地软硬进行的判断。在嗅觉方面，侯彬洁（2012）提出刺激嗅觉的因素是气味。地下商业空间内部空气的新鲜度、各商店内部的气味类型（如食品的甜味、鲜花的香味、水果的果味、咖啡的苦味等）和商场内部气味的浓淡（如浑浊的空气、幽香的檀香、浓厚的香薰等）是商场刺激消费不可或缺的一种“催化剂”。在视觉方面，日本当代著名建筑师芦原义信在其著作《街道的美学》中，以创造街道视觉秩序为基点，提出了建筑布局中的“第一次轮廓线与第二次轮廓线”理论，并从格式塔心理学和视觉美学的角度论述了建立良好街道空间关系的有效方法。英国西蒙贝尔在《景观的视觉设计要素》中提出了视觉设计中的基本要素、变量和组织的方式，综合描述了生成视觉设计的新格局。近两年，较多研究通过开展眼动实验，对街道界面的视觉感知进行检测，其中孙良（2020）运用SD法与眼动实验相结合的方法，综合分析不同界面形态的感知数据。结果表明，步行商业街界面在平面形态上的变化更能引起被试者感知上的波动；步行商业街界面形态所营造的空间氛围的优劣对街道整体评价的影响最大[57]。崔玮强（2020）用基于眼动感知的检测方法，借助虚拟现实技术，构建典型商业街道的虚拟场景，对商业街道空间的视觉吸引力进行评价。

在多种感官刺激中，视觉的重要性是不容忽视的，并且可以认为在表层空间感知中，视觉感知是最重要的。俞天琦（2010）认为图式化趋势——“视觉性”越来越明显地成为主因，超越了其他文化元素而得以凸显。丁华（2014）认为分析优化城市商业步行街规划设计中的视觉感知方法，可以最大限度地解决城市商业步行街中存在的视觉障碍和视觉冲突等问题，这是实现商业步行街高效使用和提升城市品质的重要前提。崔玮强（2020）认为从使用者生理学角度上看，人体有超过50%的脑细胞用来处理视觉信息，因此视觉在人体所有感知方式中占据了最为主要的体验比例。孙浩（2020）提出街道的空间品质与使用者对街道底层界面的视觉感受息息相关。张乐敏（2021）提出商业要素在人群的视觉感知中会对街道传统风貌要素产生干扰。对本地居民与外来游客两类人群的空间视觉感知进行眼动跟踪定量研究，捕捉不同人群对历史街区的兴趣点，通过分析细分人群对街道风貌的感知差异，剖析商业化历史街道风貌的人群感知影响机理，可以为旧城的风貌改造提供参考。使用者常常通过视觉感知表层空间，商业步行街的设计是交流的艺术，更是视觉的艺术。在商业步行街的活动中，使用者对于整个商业步行街的视觉感知主要建立在该街道底界面、侧界面和顶界面的视域范围内。苟爱萍（2011）认为好的视觉感受常体现在对街道立面装饰、色彩、地面铺装、各种标志和广告牌等的感知上。

1.3.3 表层空间采用的方法

（1）PSPL调研方法

PSPL调研法主要依赖于问卷调查、现场调查等方法，具体包括访谈法、实地观察法、现场计数法和地图标记法四种调查方法。笔者结合实际对麒麟花园周边公共空间进行质量评价及浅析，所采用的方法是实地观察法和访谈法。实地考察指为明白一个事物的真相、势态发展流程，而去实地进行直观的、局部进行详细的调查。本书在第3章运用实地考察法，调研天津市商业街道，对建筑表层空间类型和各要素进行总结和归纳。在考察过程中对可能产生的人群行为进行梳理。实地调查是应用客观的态度和科学的方法，对某种社会现象，在确定的范围内进行实地考察，并搜集大量资料以统计分析，从而探讨社会现象。实地调查法有两种：现场观察法和询问法。本书同时使用两种方法，通过调研及分析，探求建筑表层空间对商业活动及人群行为的影响。

（2）李克特量表法

李克特量表（Likert scale）是评分加总式量表，该量表由一组陈述组成，每一陈述有“非常同意”“同意”“不一定”“不同意”“非常不同意”五种回答，分别记分为5、4、3、2、1，每个被调查者的态度总分就是他对各道题的回答所得分数的加和，这一总分可说明他的态度强弱或他在这一量表上的不同状态。本书第3章指标选取及评价模型的构建，判断要素指标权重时采用了李克特量表法制作问卷，让专家对相关要素进行评价，将客观评价转化为量化数据。层次分析法（Analytic Hierarchy Process，AHP）是一种定性和定量相结合的、系统的、层次化的分析方法。第3章通过层次分析法判断指标权重，建立建筑表层空间评价模型。按照层次分析法原理，邀请具有建筑、旅游管理、风景园林等学科背景的学者组成专家打分组，向专家发放问卷，后收回问卷进行分析。

（3）SD法（语义分析法）

对城市建成环境进行实地调查问卷及调研，主要对天津主要的商业街道做调查。通过观察、摄影、问卷等手段掌握第一手资料以确保其客观性、真实性和准确性，同时也为设计实践提供现实依据。引入SD法分析人对街道尺度的感知，从人的心理认知角度分析影响商业建筑表层空间的重要影响因子[57]。本课题具体是调查被测试者对商业临街表层空间特征的心理感知，其应用可简单总结如下：研究被测试者对表层空间限定要素和空间的界定元素特征的心理感知，对这些心理感知拟定出语言学中的“语义”尺度，随后让被测试者对所有影响表层空间的因子进行评价判断，从而将被测试者的心理感知转化为定量的评定。

1.4 建筑表层空间功能及分类

1.4.1 建筑表层空间的形式

由墙壁建筑、树木建筑及复合型建筑的原型可知，从空间类型上来说，建筑表层空间可归为“涂黑空间”“层透空间”和“廊空间”三种空间原型（图1-18）。“涂黑空间”（亦可称为实墙）是指以墙壁建筑为主要特征的封闭式建筑空间，多以实墙面开窗洞的形式使室内外连通，其表层空间可使用空间占比30%～45%。“层透空间”是指由于侧界面的虚实对比变化形成的，由墙体或透明玻璃在纵向上层层递进产生的空间形式。表层空间可使用空间占比60%～80%。“廊空间”多指由顶界面覆盖，由柱子或墙体等垂直结构构件支撑的介于建筑室内与室外的这部分空间，包括柱廊和挑檐两种形式，檐下可使用空间占比80%～90%。由于有顶盖、廊台、支柱或一侧为围护墙体的建筑物，因此可供人在建筑与城市空间的交界处休憩或通行。三种空间的构成方式不同，与主体空间产生掩体、分割、延伸三种不同的关系。

1.4.1.1 涂黑空间

在中国语境中，有窑洞、石窟寺、崖洞等。老子《道德经》中曾写道：“埏埴以为器，当其无，有器之用。”表达的是一种“容器”的概念。在西方语境下称为涂黑。涂黑空间作为表层空间的一种原始空间类型，是源于墙壁建筑（洞穴）的边界空间原型[58]。法语Poché一词，指平面或剖面中的一个部分涂成黑色，用来表示结构被剖开的切口，就好像一个大墨点。Poché作为“关节”或被看作是“图”的枢纽部分，是毗邻图形的“中间部分”——恰如透明性实例中“同时属于两个或两个以上系统”的空间位置。古典建筑的内部空间与外部形态之间往往有很大差异，建筑师通过对涂黑空间的设计、改变墙体厚度来协调内外形式的不同。图

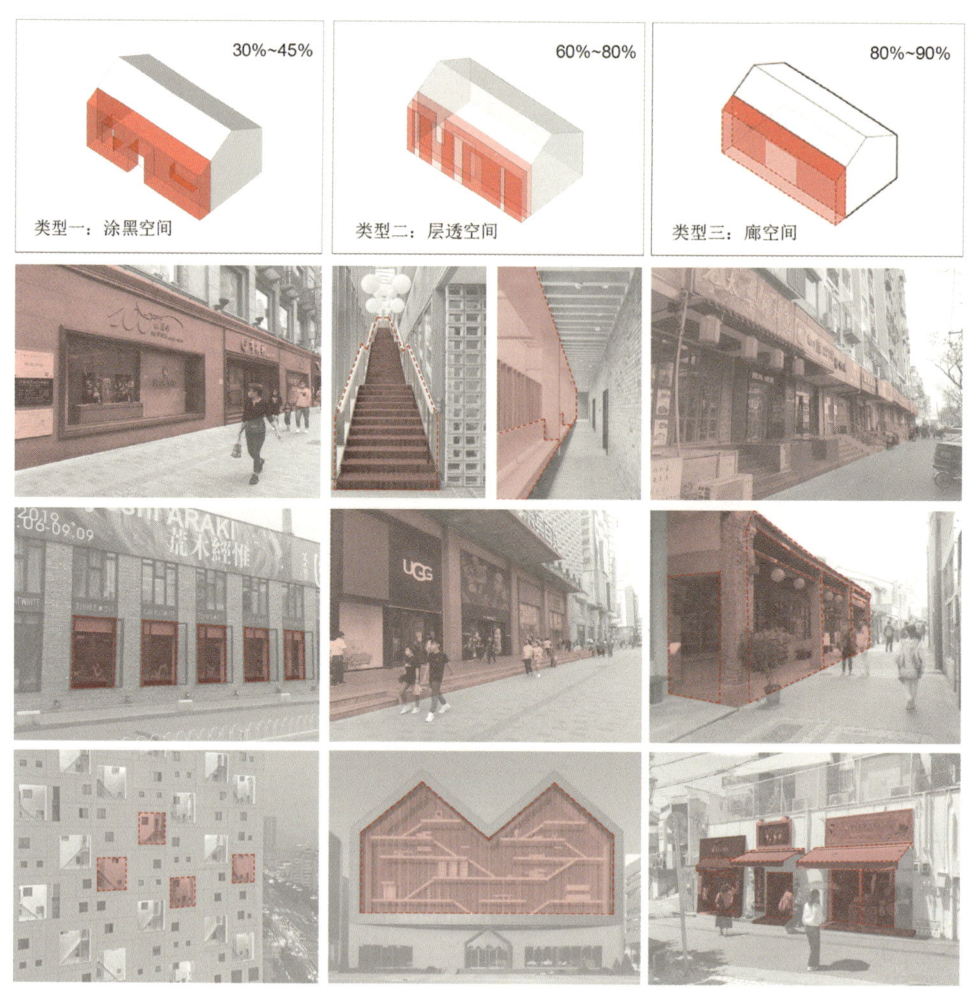

图1-18　表层空间的三种空间原型

与底之间，撇开可能存在的尺度差异，一个在体量的范畴内发生作用，一个在空间的范畴内发生作用。柯林·罗认为涂黑既可能是实体，也可能是空间；既可能是实，也可能是虚。在梵蒂冈花园的由方形、半圆和其他理想几何形状组成的底层平面中，就有很多涂黑的标准范例（图1-19）。西方古典教堂中的“外方内圆”即为涂黑的典型形态特征，突出表现了内外差异性。

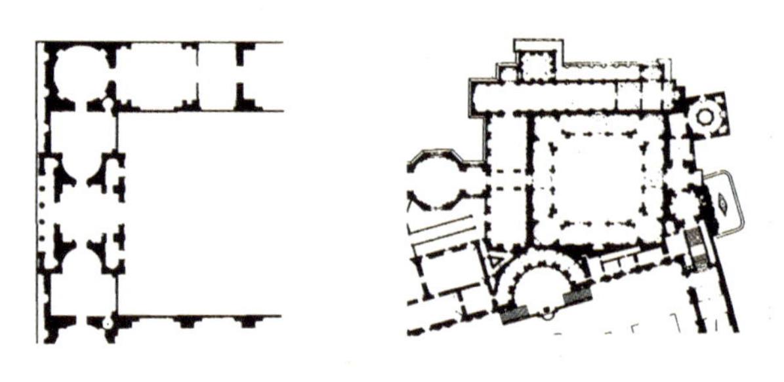

图1-19　西方古典主义建筑中的涂黑
（图片来源：柯林·罗，罗伯特·斯拉茨基. 透明性[M]. 金秋野，王又佳，译. 北京：中国建筑工业出版社，2007：118.）

涂黑（Poché）是将内外之间的中间区域涂成黑色，文丘里（Robert Venturi）在《建筑的复杂性与矛盾性》中将解决内外矛盾性的“涂黑”分成两类：实心结构的封闭涂黑和空心结构的开放涂黑；将实体涂黑称为结构涂黑（structure poché），他谈到古典主义建筑中涂黑所对应的“残余空间”（residual space），即路易斯·康（louis Kahn）所说的服务性空间（servant space），是从形式上调解建筑本身复杂性和矛盾性的领域。他认为：残余空间像结构涂黑一样，通常是不经济的。但为了减轻结构自重、节约建造成本，涂黑并不意味着被完全填实，在其边缘上存在壁龛与开口，往往呈几何对称分布，以凸显内外表皮的完型几何特征[59]。早在19世纪末，Poché成为巴黎美术学院建筑教育中一种较为成熟的设计方法。通过对经典建筑平面涂黑的不断快速描绘，展示一种清晰的建筑围合感——即建筑是一个在室内外有着有意识界定的容器[60]。欧洲典型的城堡建筑以防御功能为主，通过在主要房间周围的墙壁上打洞形成辅助房间。涂黑亦被称为“空间包涵体”。后来，路易斯·康将墙体中空间包涵体的概念运用到菲利普·埃克塞特图书馆设计中，核心空间与周边的服务性空间有着明显的层级关系（图1-20）。

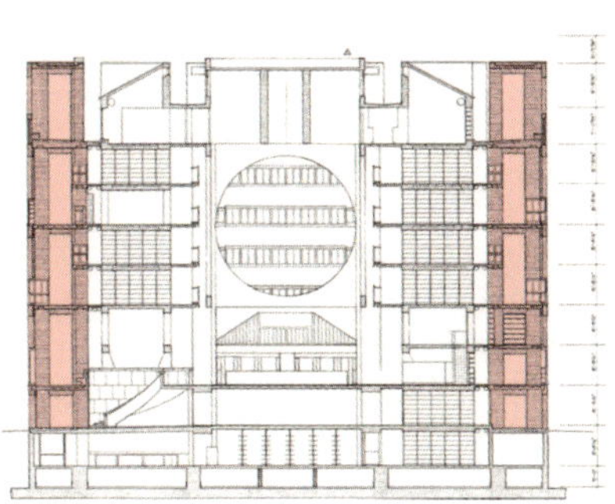
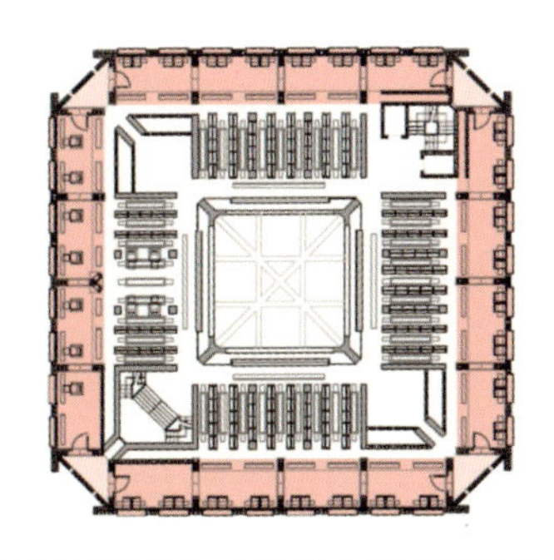

图1-20　菲利普·埃克塞特图书馆的平面、剖面及表层空间照片

勒·柯布西耶在创作生涯晚期的经典作品朗香教堂（Notre Dame du Haut），用“外曲内直”塑造建筑室内外空间的差异性。南侧墙体很厚，体量巨大，但内部均为空心。这道贯穿室内外的厚墙上开着大大小小的方形或矩形窗洞，内大外小或内小外大的开口方式使得直射光线强度因漫反射的原因而减弱，加上镶嵌的彩色玫瑰窗，形成室内奇特的光环境效果，产生一种宗教建筑的神秘感（图1-21）。其他外墙为实心，由混凝土柱和毛石构成。

涂黑作为一种形式操作方法，在现代建筑设计中进行演变，摆脱了完全意义上的实墙承重的结构涂黑，逐渐向空间体进行演变——向外，可形成外化的腔体；向内，形成内化的腔体空间（图1-22）。由此可见，涂黑作为一种设计方法在现代建筑设计中被延续。现代主义建筑解放了沉重的墙体，打破了建筑边界的封闭性，更追求室内外空间的互动、渗透和交融。外墙形式的变革引发了建筑形式与外部环境的改变及其视觉动力的思考。

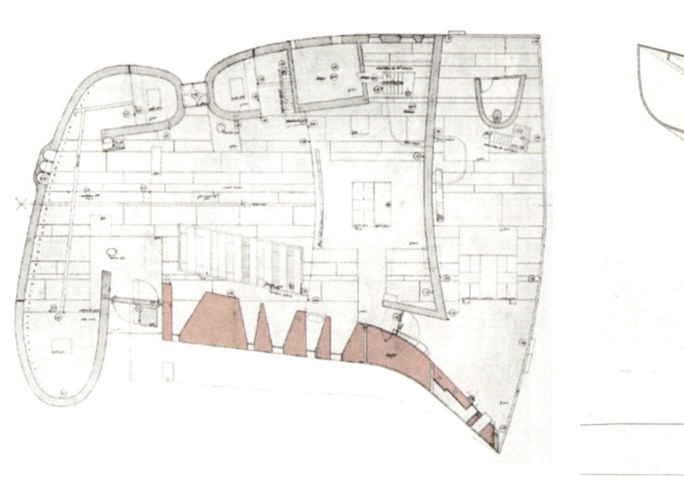
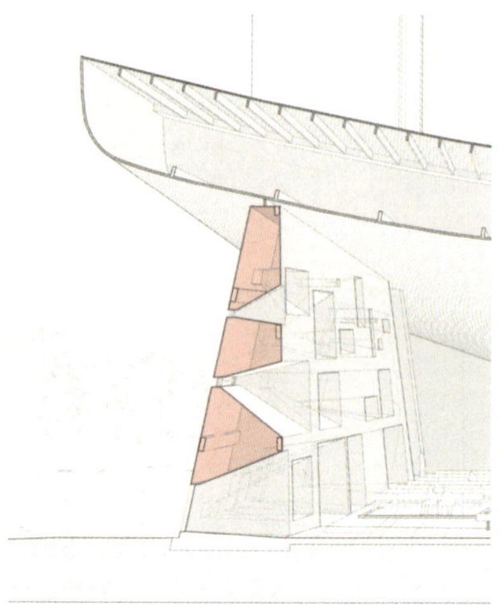

图1-21 朗香教堂平面与剖面
（图片来源：[美]保罗·刘易斯，马克·鹤卷，大卫·J. 刘易斯. 剖面手册[M]. 王雪睿，胡一可，译. 南京：江苏凤凰科学技术出版社，2017.）

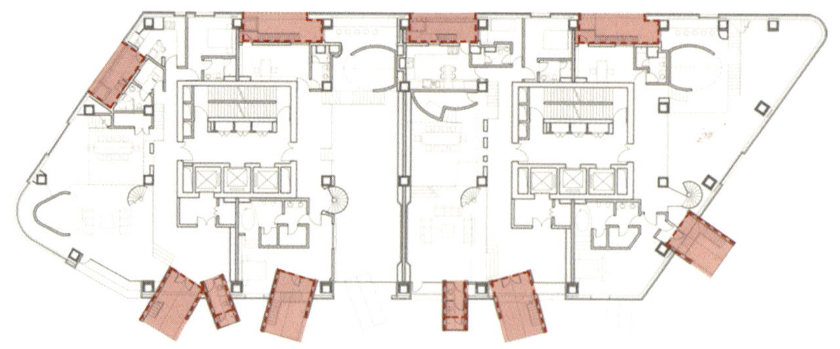

图1-22 唐山第三空间
（图片来源：谷德设计网，作者改绘）

1.4.1.2 层透空间

西方现代主义建筑提出皮骨分离后形成了层透式的表层空间类型。勒·柯布西耶在设计加歇别墅（Villa Garches）时采用框架结构，演化自多米诺体系：柱子取代墙体承重，两侧墙体收缩，楼板悬挑80cm，使自由立面成为可能。由玻璃长窗营造出的半开放空间，赋予了建筑较强的通透性[61]。柱子与表皮和拉伸楼板之间形成了表层空间（图1-23）。柯布西耶曾提出“并行空间”这一概念，即紧邻带状玻璃的狭长线型空间[62]。外侧为玻璃，内侧有界面，底层墙体、屋顶墙体、内部隔墙都是其组成部分。很显然，这个界面并不是真实存在的。它只存在于概念和想象中。原始的多米诺系统是由规则排列的柱列与楼梯来支撑厚重的混凝土楼板所组成的单元，而该系统将外皮加以覆盖的立体形态，便是力学秩序与序列的呈现方式。柯布西耶的多米诺体系在不知不觉中背负了来自西欧古典主义的美学：作为建筑的箱式的厚重，以及由建筑物上方向地表方向作单向式降落的重力表现。现代主义延承了古典的立体性，是具备纯粹功能的体量。法国近代美术史上的立体主义正如塞尚所说的，“世界可以被描绘成各种大小立体的集合体”，所有的一切来自对建筑立体主义的反抗。建筑的机械时代（mechanical age）领导者柯布西耶率先倡导的概念，是将立方体作为所有形状的基本单元来加以定位，然后再把

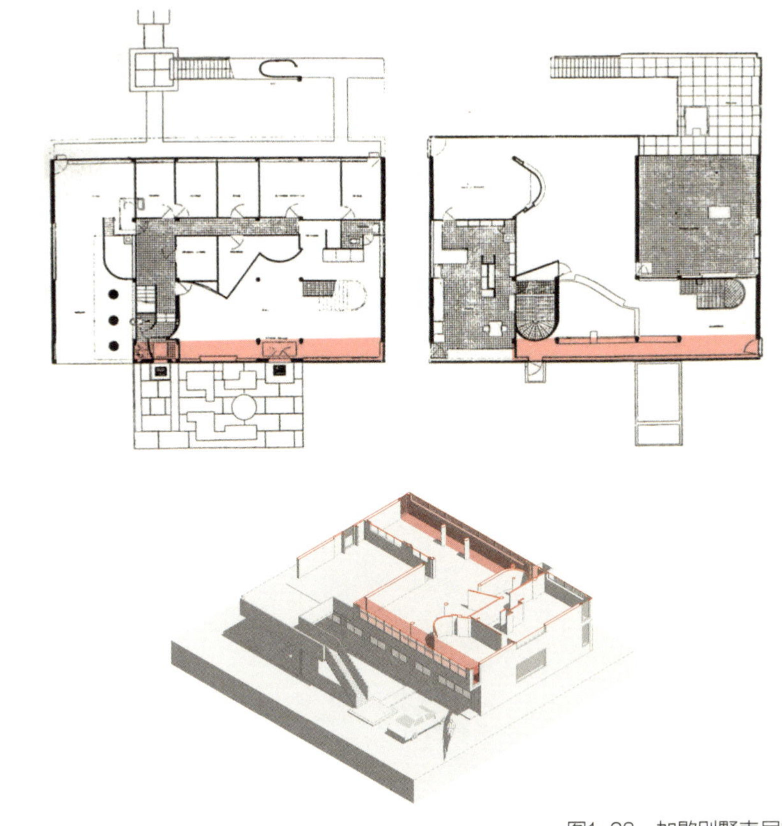

图1-23 加歇别墅表层空间示意图

在从水平及垂直方向所做的规则性增减当中所创造出来的原始形态，视为现代主义建筑设计手法的原点[63]。

重新思考柯布西耶的多米诺体系模型，可见柱子与表皮是分离的，向外悬挑出一部分。如果不悬挑，柱子紧贴着表皮，自由立面也是成立的。但悬挑形成了新的表层空间，实现了功能上的自由，正如柯布西耶曾多次倡导的立面反映功能那样[64]。悬挑不仅可以实现在建筑的角部开窗，而且在自由立面的背后形成了一个没有固定功能的走道。所以从现代建筑的缘起上讲，表层空间的立面和功能都是自由的。正如立体主义绘画尝试通过在画布的浅空间内表达事物的各个角度，从不同视点对事物进行多重解读。同样，现代主义建筑获得了类似于立体主义画作的表达，建筑立面隐喻的层状空间有着隶属于多重系统的复杂性和模糊性，可以被观察者部分解读。我们可以无视它、忽略它，但却不能否认它。

柯林·罗在《透明性》一书中分析勒·柯布西耶的平面常采用空间切片形式（图1-24）。空间的疏导和阻隔互相均衡，空间具有层化结构特征。这种透明需要“心的观看”，通过视觉和知性的共同作用才能获得。相反，在包豪斯，建筑被无定形的轮廓线所包裹，就好像在平静波浪温柔冲蚀之下的一块礁石。透过玻璃幕墙，大概能够同时看到建筑的外部和内部。这种透明只需要通过视觉就能直观感受到。“透明性”一词包括“物质”和“观念”两重字面含义。根据字典定义，一方面，透明指（物体）能透过光线，透明性即是这种物质条件的性质或状态；另一方面，透明比喻公开、不隐藏，也是一种知性本能，是“批评功用”和“道德寓意”的根由。

“透明”在《透明性》一书中只是一个概念，用来形容包括意识流、立体主义、纯粹主义、风格派和以勒·柯布西耶为主的一系列作家、画家、建筑师作品中的一种品质。区别于古典主义与主流现代主义的空间品质。书中大量使用了对比和类比的方法，通过对外观类似、结构不同的绘画和建筑作品比较，逐步将现代主义区别

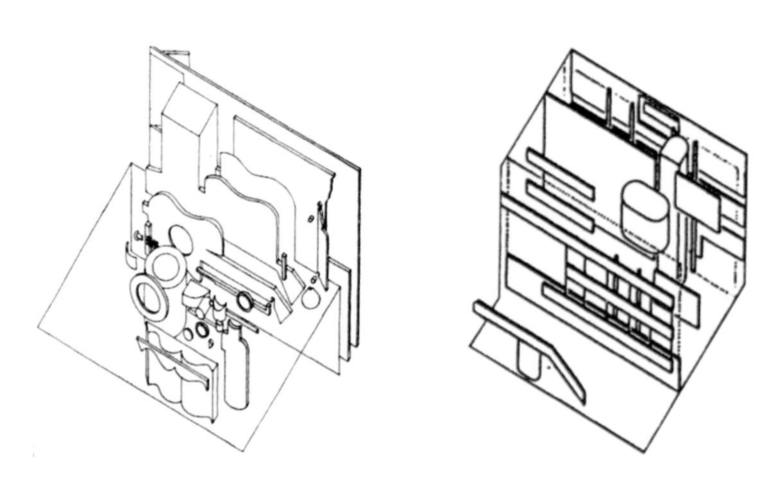

图1-24　赫斯利（Bernhard Hoesli）的“界面”分解图

（图片来源：柯林·罗，罗伯特·斯拉茨基. 透明性[M]. 金秋野，王又佳，译. 北京：中国建筑工业出版社，2007：60-61.）

为两类：一类注重空间中客体的清晰表述，注重材料的现代意味；另一类则希望抹除前景与背景的差别，塑造含混多义的表述与结论，重视空间本质。内部空间与表层空间之间的关系可以用包豪斯校舍和萨伏伊别墅进行说明，前者结构明晰，内部空间简单；后者外观简约，内部蕴含丰富空间，并通过外表的某些痕迹隐约地表达出来。

现代主义建筑大量采用玻璃作为墙体。玻璃作为透明介质除了具有透明性之外，还具有物质性。不仅表达消隐，而且从建构角度还体现出一种材料的砌筑。格罗皮乌斯在设计法古斯工厂时，为了体现玻璃的消解，将转角处理为两整面透明玻璃直接对接。伊东丰雄在仙台媒体中心的玻璃处理上凸显砌筑手法。妹岛和世在金泽21世纪美术馆的幕墙处理体现了玻璃的褶皱特征——在玻璃后加装围帘，玻璃不再只是透明的、消隐的处理方式，而是也和实体的砖一样，有了其自身的属性，搭接方式、纹理使玻璃不仅具有透明性，而且具有物质性和层透性。

戈尔杰·凯普斯（Gyorgy Kepes）在《视觉语言》（*Language of Vision*）中指出："如果一个人看到两个或更多的图形叠合在一起，每一个图形都试图把公共的部分据为己有，那么这个人就遭遇到一种空间维度上的两难。"为了解决该问题，要形成一种新的视觉关系，图形被认为是透明的，可以相互渗透，从而拓展空间秩序。透明性意味着同时对一系列不同的空间位置进行感知，产生多种解读方式。

透明性既可能是一种物质的本来属性，例如玻璃幕墙，也可能是一种组织关系的本来属性。前者属于字面的透明性（物质属性），后者属于现象的透明性（组织关系），两者存在差异。其中字面的透明性有两重含义：物质的和知性的；现象的透明性也有两重含义：视觉空间的和文字隐喻的，均属组织关系。本书研究的建筑表层空间以透明性为着眼点，将字面的透明性等同于材料的透明性，忽略其在知性方面的含义，针对表层空间的层透空间研究其现象方面的透明性，即对透明材料的空间组织形成的空间视觉关系进行研究。

与西方现代主义建筑中被明确划分的室内空间与室外空间相比，在中国古典园林中常用借景、框景、透景等手法，将围栏、格栅、照壁、云墙、洞门、漏窗、牖窗等要素与建筑主体巧妙组织起来，形成层层叠叠的空间，即层透空间（图1-25）。如今，此类层透空间已经成为网红打卡地或外景拍摄地，常出现在摄影作品和影视作品中。

日本当代建筑师作品中，通过界面内外嵌套的处理，使空间没有明确的内外之分，而是伴随路径展开无限相对的内外特征。这与桢文彦的"奥"空间有着某种渊源。日本青年建筑师藤本壮介（Sou Fujimoto）设计的House N中采用三重界面嵌套的手法（图1-26），整栋建筑由三层从大到小渐变的界面围合而成，界面与界面之间形成空间层，层与层之间形成不同属性的"表层空间"。最外层的庭院是衔接建筑与城市的表层空间，中间层则提供休闲娱乐空间。界面的平面性与界面

图1-25　表层空间的层透空间类型

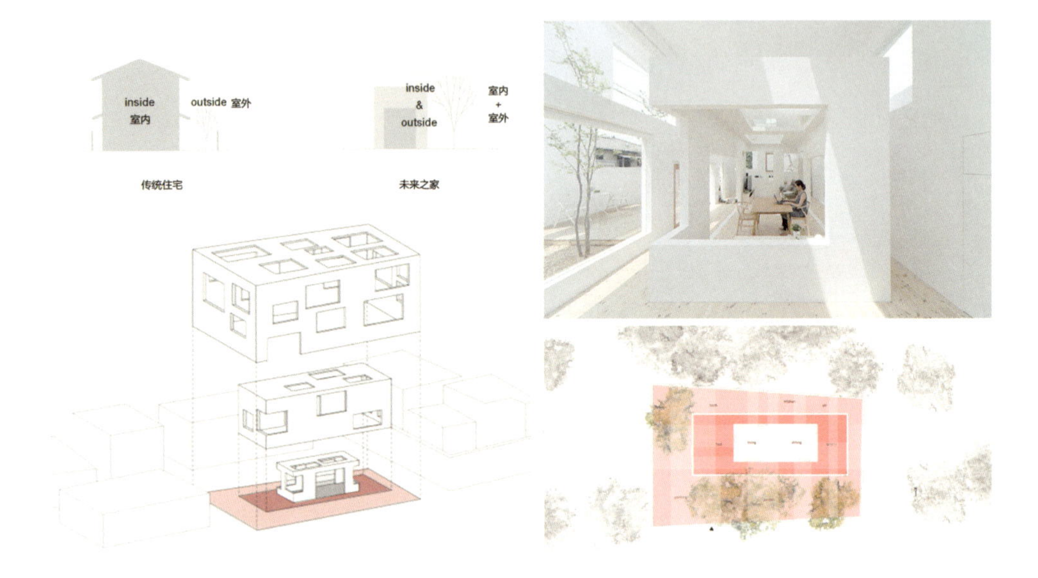

图1-26　House N住宅的三层嵌套表层空间

（图片来源：ArchDaily，作者改绘；詹越．日本当代建筑空间界面研究[D]．天津大学，2018：58．）

切口呈现的景深的纵深感，两种体系下产生了内外的透明性。亦内亦外的表层空间模糊了城市与建筑、室内与室外的绝对划分，在塑造内外差异性的同时强调内外的连续性，使二者关系若即若离、彼此交融。这座住宅以内外三层同质化的墙与屋面的包裹形成“套匣”的形态，以此将内外之间清晰的界定模糊在视觉变化的层次之中。竖向和横向上不同大小的开口，使得墙面犹如墙柱的结合体一般，延伸至屋面形成的板梁结合体。所有结构板的厚度均为220mm，使得同质的效果将空间置入分割与连续的暧昧之中[65]。藤本壮介解释：“这栋建筑已经没有真正的内部或者外部，它的整体就是一个‘之间’。在这个概念中，这里既不是城市，也不是建筑，而是一种‘之间’的无限变化……建筑既不是做出内部，也不是做出外部，而是做出内部与外部之间的那种暧昧而丰富的场所。”[66]

城市的快速发展也带来许多人对自然资源鲁莽清除的行为。但位于越南下龙市的“五角屋”是一座长出树的房子，由武重义建筑事务所设计。一方面它可以成为自然景观的一部分，创造出人与自然联结互动的关系；另一方面让人享有一种居于丛林之间的感受。建筑师通过两个嵌套关系的五角形平面设计形成内部空间和表层空间。不仅可以为住户提供一层降温表皮和隔音空间，而且营造出一个自然空间，使住户体验自然的绿意和舒适感（图1-27）。

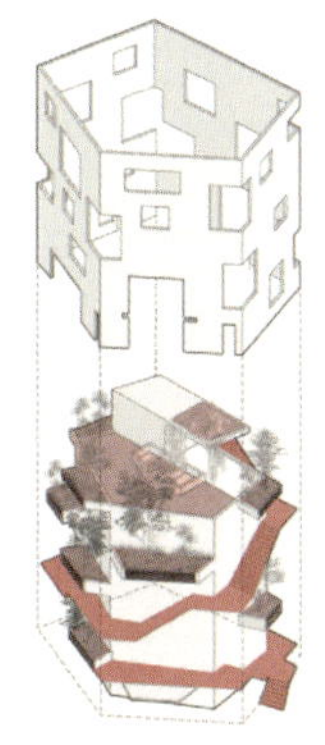

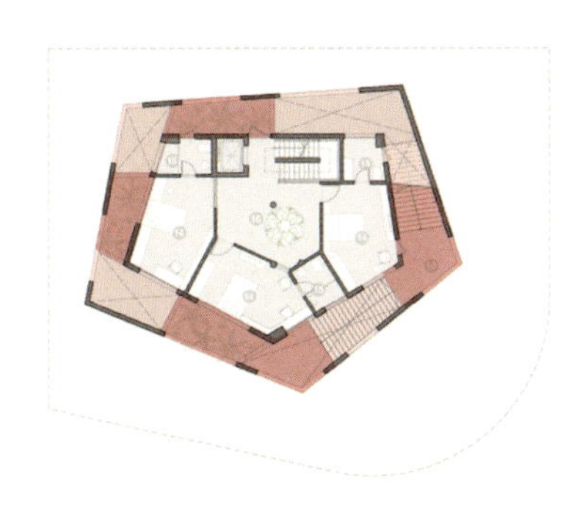

图1-27　五角屋的表层空间
（图片来源：ArchDaily，作者改绘）

1.4.1.3　廊空间

廊是中国传统建筑中极其重要的建筑形式，广泛应用于宫殿、寺庙、住宅、园林中。中国传统建筑中的廊是指辅助用房，所谓“堂下周屋”，不仅以“屋”的形式存在，还可作为围合空间的“围墙”，或连接空间的“连廊”及“游廊”。西方古典建筑中，廊的类型有回廊（ambulatory）、走廊（corridor）、柱廊（colonnade）、敞廊（dogtrol）、廊厅（gallery）等形式。在现代建筑中，廊被定义为“屋檐下的过道或独立有顶的通道”。廊空间是一种空间长度远大于空间宽度的线型中介空间，方向明确并具有连续性，是建筑中使用频率极高的空间形式，也是一种典型的表层空间类型。按照其与建筑中其他空间的位置关系分类，有附属廊空间、室内廊空间及独立廊空间三种类型。对于建筑表层空间的廊空间研究，只涉及建筑边界的从属性廊空间（附属廊空间）研究，对于在建筑内部（室内廊空间）和连接两栋建筑之间的廊空间（独立廊空间）不做深入探讨。

廊空间具有边界性，建筑表层空间的廊空间可被视为空间化的墙，赋予建筑边界空间层次，增加室内外空间的连接性与连续性。廊空间使边界具有更丰富的层次性和灵活的多样性。用最基本的矩形空间可以抽象出廊空间的四种原型（图1-28）。根据侧界面的尺度、开敞度、透明度或材料属性以及空间形状的差异，又可以衍生出空间形式的更多类型（图1-29）。开敞廊空间两侧界面透空，与周围环境保持连续性。半开敞的廊空间俗称半壁廊，侧界面一面透空，与外部空间连通；另一面为墙壁，与外部空间完全分隔，通过漏窗或洞口与之连通。若两侧界面均为墙壁则形成封闭的廊空间，与开敞空间形成强烈的对比效果。

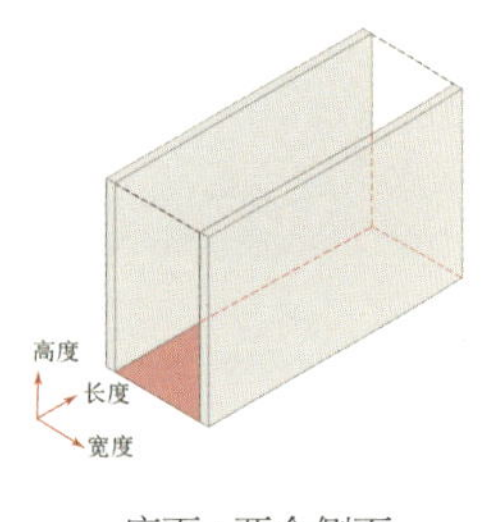

底面+两个侧面

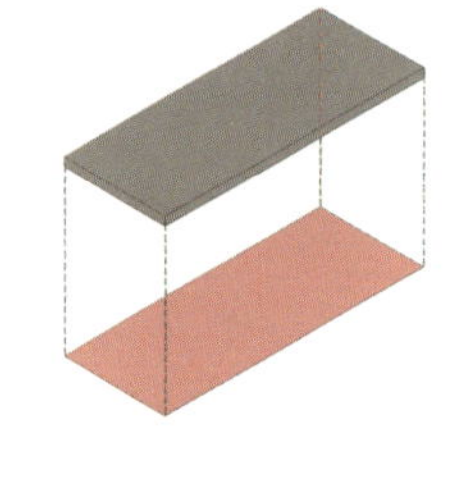

底面+顶面

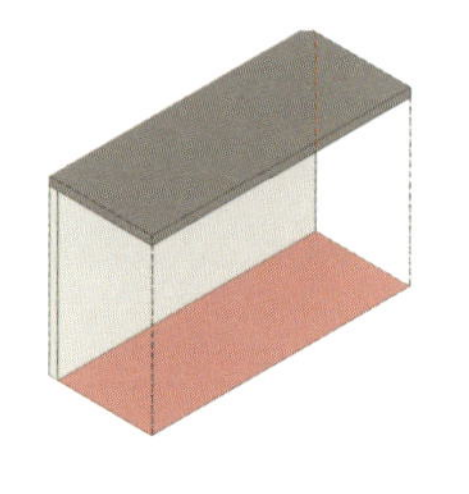

底面+一个侧面+顶面

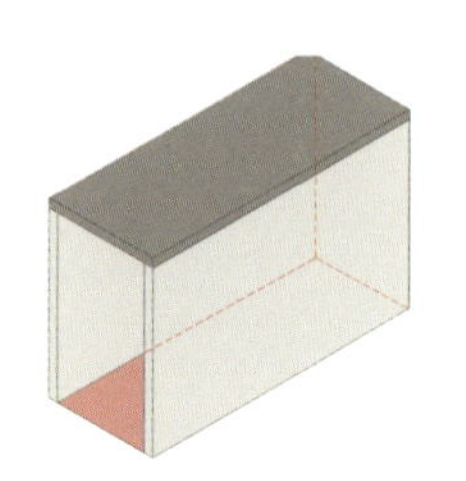

底面+两个侧面+顶面

图1-28　廊空间的原型

图1-29　廊空间的空间形式

中西方建筑从古至今都存在廊空间。虽然二者廊空间的基本形态有相似之处，但由于建筑材料与建造方式不同，两种不同建筑体系下的廊空间特征存在差异。中国传统建筑中的廊空间一般处于从属地位，强调水平向延展，多与园林空间相结合，忽视建筑的整体空间高度。西方建筑中的廊空间有立体化特征[67]，强调垂直向的延伸，立面塑造高耸的形象特征。西方古罗马时期的巴西利卡式建筑，将柱廊空间从室外引入室内。根据廊空间的位置和延伸方向的差异，可形成门廊、檐廊和柱廊三种类型。

（1）门廊

门廊多与外界面垂直，作为门的延伸或与边缘相接。为了标识入口，在入口处形成门廊。门廊作为进入建筑物的附属廊空间，形成有屋顶的通道或门口的通廊（图1-30、图1-31）。

图1-30 安德烈亚. 帕拉第奥，圆厅别墅
（图片来源：[美] 保罗 · 刘易斯，马克 · 鹤卷，大卫 · J. 刘易斯. 剖面手册 [M]. 王雪睿，胡一可，译. 南京：江苏凤凰科学技术出版社，2017：33. 作者改绘）

图1-31 带门廊的住宅立面的比较，1802年
（图片来源：[日] 坂本一成，等著. 建筑构成学：建筑设计的方法 [M]. 陆少波，译. 上海：同济大学出版社，2018：17. ）

（2）檐廊

中国传统建筑的檐廊空间是连接室内外的过渡空间，是廊空间最常见的表现形式。檐廊即廊庑，包括“出檐”和“出廊”两种表现形式。“出檐”一般是将廊空间内化（即廊空间在室内），檐口悬挑到室外。如山西五台县佛光寺大殿，檐下宽约3.1m。“出廊”形式根据廊空间所处的位置不同可分为“前出廊”“前后廊”和“周围廊”三种形式。福州华林寺大殿是前出廊，北京紫禁城午门正楼是前后廊，太原晋祠圣母殿是周围廊（表1-6）。出廊的深度通常为一步架，也可调整为多步架。历朝历代的木构架建筑以尺为度量单位，但尺长的标准不同。

表1-6　中国传统建筑檐廊空间类型

分类	示意图	案例分析：平面图、剖面图	
出檐式		山西五台县佛光寺大殿	檐下宽约为3.1m
出廊式	前出廊	福州华林寺大殿	前侧檐廊宽共约7.6m
	前后廊	北京紫禁城午门正楼	檐廊宽共约4.5m
	周围廊	太原晋祠圣母殿	前侧檐廊宽共约8.9m

表中图片来源：作者自绘；傅熹年. 中国古代城市规划、建筑群布局及建筑设计方法研究[M]. 北京：中国建筑工业出版社，2001. 9：352-436.

唐代建筑物在面阔、进深、高度上都是以尺计算长度，且基本以尺为单位而以半尺为补充。唐代建筑尺长是由考古工作者根据勘察唐长安城及宫殿遗址所得数据与文献对照推得的，尺长29.4cm，用以折算现存唐代建筑和遗址都基本符合。北宋建筑尺长在30～30.5cm。北宋之后历朝历代的建筑尺长在沿用上一朝代标准的基础上略有增加，元代增至31.5cm，明后期增至31.97cm，清初的尺长为32cm。再以尺长去折算现存不同朝代的传统建筑，可得出檐廊的具体尺寸。以晋祠圣母殿为例，前侧檐廊宽约为8.9m（檐口+两步架深度），后侧檐廊宽约5.2m。

在中国传统民居建筑中，檐廊空间多以楼廊的形式形成上下复合的檐廊空间。檐下由楼板相隔，在二层形成阳台，围合庭院形成界面，丰富了空间层次（图

1-32）。一方面将庭院景观引入室内；另一方面使室内空间向外延伸，让人可以享受外部的自然环境。夏季可以遮阳避雨，冬季可以给人们提供晒太阳、聊天、娱乐的场所。从日本现代建筑中可以看出传统檐廊空间的当代转译，如日本福冈太宰府商业街（图1-33）。中国台北剥皮寮本是一条老街，于2004年被整修成历史街区，如今作为游览、乡土教育和文艺活动的场所，是一条很有特色的观光老街。街道仅三四百米长，宽约3m，主要由一两层高的砖木结构建筑组成。临街一侧的廊空间多与内院相连，形成丰富的空间层次（图1-34）。

（a）中国传统民居复合檐廊空间

（b）日本庭院中廊空间

（c）日本由布院临街店铺

图1-32　传统建筑中的廊檐空间

（a）日本福冈太宰府商业街的临街店铺

（b）日本九州大学教学楼

图1-33　日本现代建筑中的廊檐空间

图1-34　台北剥皮寮商业街

（3）柱廊

从古希腊开始，柱廊空间在建筑中被广泛运用。柱廊（colonnade）通常位于屋顶结构的一侧，由一排间隔规整的柱子支撑檐部（图1-35）。古希腊的神庙建筑用外廊取得形式上的协调统一，通过空间的渗透与外部环境融为一体。古代及文

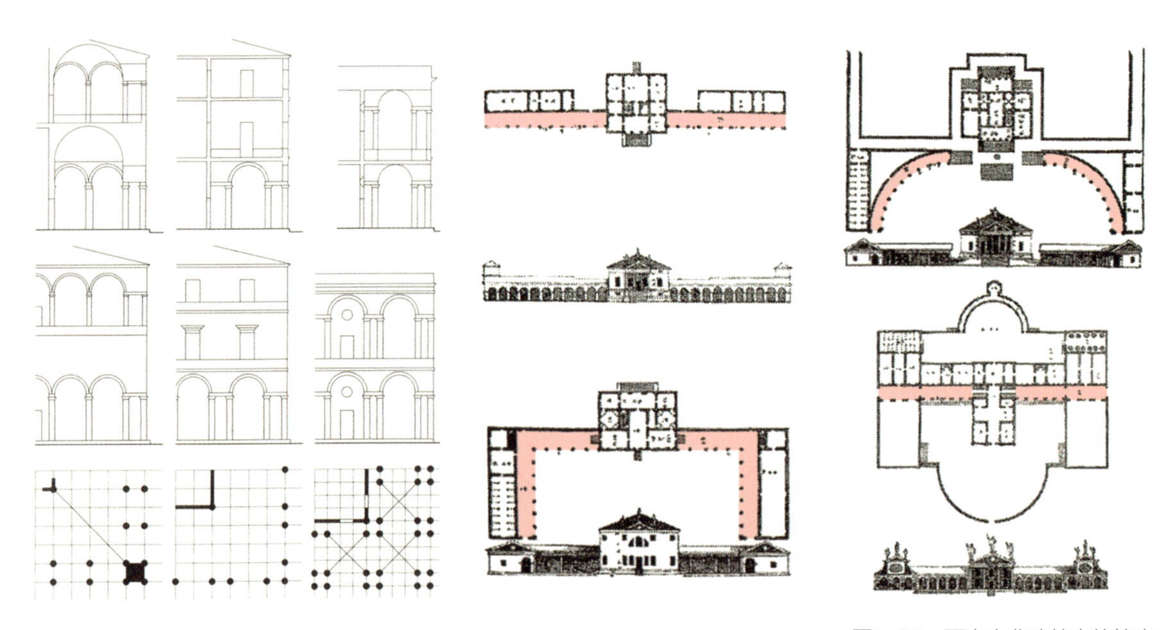

图1-35　西方古典建筑中的柱廊
（图片来源：赫尔佐格，克里普纳. 立面构造手册 [M]. 大连：大连理工大学出版社，2006：39.）

艺复兴时期的柱廊建立在相同的网格基础上，形成合理的模数比例。柱子的结构和形状是根据人体的形状设计的，所以模数大小与人体尺寸之间有着密切的联系。系统以柱距为起点，柱距决定了建造方法、承重梁的材料和相关尺寸，同样也关系到设计的经济性和目的性。

廊空间作为表层空间的一种典型类型，既起到分割空间的作用，又使两侧空间相互渗透。柱廊沿外界面的水平向单向延伸，在其转折或端点处的处理方法多样，可将空间局部放大或缩小，亦可进行有端点式和无端点式的处理。有端点式是指利用构建、光影等处理手法对节点进行特殊处理，增加单一向度的空间效果，丰富空间深度。无端点式是以不完整的形式表达端点，用无限延伸的意象增加空间深度（图1-36）。

骑楼作为柱廊的一种独特形式存在。商业骑楼建筑最早见于2000多年前的古希腊，后来流行于欧洲，近代才传至世界各地。骑楼型的建筑物建造需要楼与楼

（a）台北101购物中心底层柱廊空间

（b）日本福冈某公寓楼

图1-36　廊空间对空间深度的增加

之间“连体”，这就形成了某些都市独特的风景线（图1-37）。如世界著名的水城威尼斯，将一座座骑楼建筑建造于水面上，展示了这座城市独一无二的个性和魅力。骑楼是一种商住建筑，呈现出沿街部分独特的建筑形态，二层以上出挑至街道红线外，用立柱支撑，内部形成人行道，立面形态上建筑骑跨人行道，因而取名骑楼。骑楼适合人在穿行时遮阳、避雨，可以减少当地气候及地理环境对人们生活造成的困扰。

（a）瑞士伯尔尼老街骑楼

（b）威尼斯的PLAZZA FERRETTO骑楼广场

图1-37　骑楼

（图片来源：凤凰空间．华南编辑部 编．中国老街：街区保护与建筑修复 [M]．南京：江苏凤凰科学技术出版社，2014：82-83．）

新中国未成立前，广东有不少居民出国淘金，回国后大兴土木。因此，广东民居除了带有中国原有的建筑风格外，还汇集了外国建筑形式和构件，使中西方的文化气息相融合。五邑碉楼、客家的围屋、西关大屋、东山洋房、赤坎骑楼群、潮州九宫格等建筑充分体现了这一特点。广东地区最著名的骑楼群当属开平赤坎，由600多座中西合璧的骑楼门面延绵而成，长约3km，是20世纪初建成的最具代表性的岭南旧城。

本节以表层空间视角选取并分析了中西方经典案例，进一步阐释表层空间的三种原型：涂黑空间、层透空间和廊空间的属性特征。梳理其各自的历史发展脉络，并对三种空间类型进行分析比较：“涂黑空间”在古典平面中用外方内圆或厚重界面的微小空间变化突出表现了内外差异性；“层透空间”通过透明性表现了内外空间以及不同层次空间的模糊性；“廊空间”既表现了线型空间的连续性，也表现了内外空间的连续性。

1.4.2　表层空间的功能要素

表层空间不仅指在城市尺度中建筑与街道之间形成的这一层室内外空间，而且在大型商业空间的室内设计中，也可采用房中房（house in house）的设计手法。现代商业设施不仅仅满足购物用途，还成为休闲娱乐的综合性场所。在购物中心室内形成内向街区，采用玻璃屋顶形成购物廊道（shopping arcades）。德国汉斯·维泰的商业拱廊全长约250m，两侧分布商业店铺，形成舒适的步行街道。自然光从拱形玻璃顶照射进来，空间明亮开敞，人们可以透过拱顶看到绿树蓝天，如同在室外漫步。这种随意散步、驻足停留的行为本身也促进了购物行为的产生。通过*D*/*H*（宽高比）和表层空间开敞度的设定，塑造具有宜人尺度和街道空间感的室内空间。荷兰乌得勒支市的弗里登堡音乐中心，将传统街道空间引入室内空间，围绕方形演奏厅布置商业街，包括商店、餐馆、咖啡店、酒吧以及各种办公设施。采用玻璃屋顶将自然光线引入室内，其内街横截面的宽高比相对老城街道尺度更大一些。

各种类型的建筑都有表层空间。表层包括边界空间的内层、空间外层和边界自身的实体和空间。本书实证部分主要研究“临街商铺表层空间”（亦称商铺表层空间），在边界层理论的基础上，引入建筑的表层元素（一次面和二次面）。将建筑的一次面拓展成结构到表皮的空间层，对临街商铺表层空间进行分类。建筑表层空间不同于街道表层，不包括街道中的步行道空间。临街商铺表层空间不仅包括从步行道到建筑外立面的建筑外部空间，如前院、缘侧、边庭、挑檐等，还包括临街建筑室内的柱子、隔墙、界面、家具，出于展示性和开放性需求的部分建筑室内空间。

① 建筑一次面：指临街商铺建筑表层的外立面。包括：结构、表皮、屋顶、设备、路径。其中，结构包括墙体、柱、楼板、梁；表皮包括门窗洞口、格栅等；设备包括管道、架子等；路径包括楼梯、阳台等。

② 建筑二次面：指在沿街建筑外立面的附属构件。如：花坛、围墙、招牌、广告牌、橱窗、雨篷、格栅、壁灯等。

1.4.3 表层空间的分类

从建筑学视角剖析这一“空间体”，暗示了皮骨分离形成的表层空间。从空间限定要素的角度思考，表层空间具有不同的特征要素。综合空间操作要素、空间功能属性、空间界面透明度三个层面对建筑表层空间进行分类：第一个层面，针对表层空间存在多种空间操作形式，区分出三种空间限定形式原型，分别是体块、板片、杆件；第二个层面，对建筑首层表层空间（具有亲地性，与外部环境贯通，利用率高，是最有价值的区域）功能进行分类，功能属性不同，建筑表层空间呈现的安全性、视线、环境营造、空间层次各不相同；第三个层面，有研究表明，建筑底层临街界面的透明度反映了街道外部空间与建筑内部空间的视线交流活跃程度，是增强商业步行街界面活力的重要参数，活力良好的透明度范围通常在60%～70%，界面透明度被定义为街段中视线具有渗透度的店铺界面的长度占建筑界面长度的比例。

1.4.3.1 根据空间构成要素分类

体块、板片、杆件三种空间限定要素形成不同的空间知觉，实体内部的空间和体块之间的空间是一种互补关系。杆件在投影图中为点，板片在投影图中为线段，而体块在立面正投影中为闭合图形。点、线的阅读相对容易，而形状的阅读需要一定程度的抽象。将建筑表层空间视为一个完整实体，依据限定空间三要素对表层空间进行分类，例如将由三面玻璃组成的玻璃房子看作连续围合成的虚空体块；将外部伸展的横向屋檐看作嵌入建筑的板片；将外廊的柱子视为限定空间的杆件，我们就可以根据体块、板片和杆件这三个基本要素将众多的案例进行初步的分类。

在讨论建筑表层空间要素的时候，在抽象的层次上，将它们区分出三种极端纯粹的空间限定要素，分别是体块、板片、杆件，并且认为不同要素生成与之相应的空间。根据建筑案例表层空间限定要素的特征，将体块、板片、杆件两两组合，形成多要素组合的表层空间分类。下面是对于要素的界定及判断。

① **体块**：在尺度上，体块的长、宽、高尺寸基本相当；在外形上，体块是一个由表面包裹的实体；在空间特征上，将体块定义为勾勒性空间。体块对于空间生成的作用主要有以下几个方面：一是体块以体积来占据空间，利用其外表面来界定外部空间；二是体块的实心内部也可以产生如“盒子”般的空间。体块要素的实例包括玻璃阳光房、实体造型、实体宽厚的挑檐造型等。

② **板片**：在尺度上，板片在两个方向的尺寸要比另一个方向的尺寸明显；在外形上，板片以两个相对量度较大的边形成表面，量度较小的边形成边缘；在空间特征上，板片可定义为模棱两可的空间，即板片界定空间的不确定性。板片对空间生成的作用主要是以表面来界定空间。例如建筑表层延伸出的楼板、悬挑的窄屋檐、可旋转移动的大门等，都归类于板片要素。

③ **杆件**：在尺度上，杆件在一个方向的尺寸要比其他两个方向的尺寸大；在外形上，杆件要素没有表面，只有边缘；在空间特征上，杆件可定义为调节性的空间，即作为空间密度和韵律的调节。杆件要素在表层空间中十分常见，例如廊空间的列柱、玻璃外侧竖向的装饰线条等，都可视作杆件要素。

1.4.3.2 根据空间功能属性分类

虽然建筑表层空间存在多种空间操作形式，但本书仅对临街商铺表层空间进行深入探讨。因为建筑首层空间具有亲地性，与外部环境贯通，利用率高，是最有价值的部分。也许在未来的立体化城市，为了提升空间体验，可以在建筑的每一层创造与外界接触的平台，可以让人产生逛街的感觉。本书遴选10个表层空间改造案例，对其平面、形体及立面要素进行分析。展现对结构、材料、门窗构造、外部空间环境等方面的设计思考（图1-38）。通过案例分析及现场调研，发现表层空间各实体要素随着建筑功能的改变产生变化，不同的建筑功能会形成不同组织方式与层级关系的建筑表层空间，建筑表层空间因建筑功能属性产生差异。

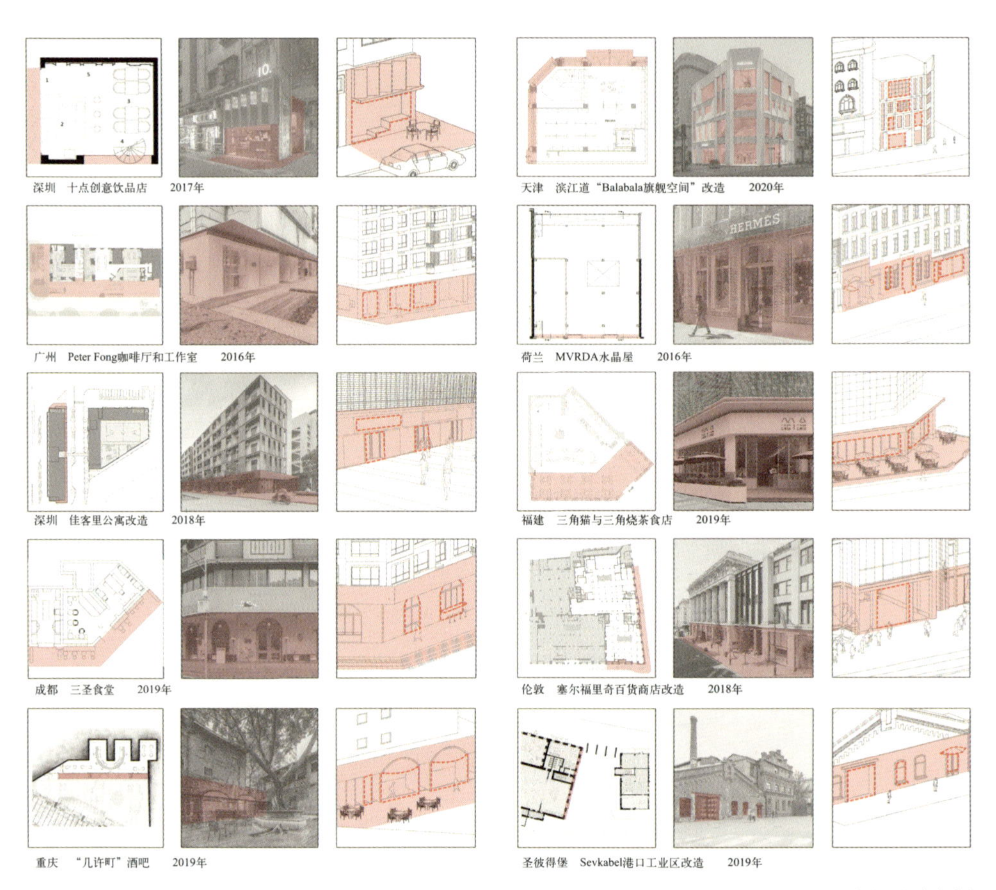

图1-38　表层空间改造案例

本书依据建筑功能将建筑表层空间分为商业建筑表层空间、居住建筑表层空间、工业建筑表层空间以及文化建筑表层空间四类。功能属性不同，建筑表层空间呈现的安全性、视线、环境营造、空间层次各不相同。表层空间反映出内部空间的功能及性质，人们通过“表层”来阅读建筑，思考以什么样的行为方式进入建筑内部，即表层空间反映建筑功能与属性，人们通过表层空间来阅读建筑，揣测怎样进入建筑。

1.4.3.3　根据建筑界面透明度分类

在相关街道研究中，界面透明度被定义为街段中视线具有渗透度的店铺界面的长度占建筑界面长度的比例。其具体计算方法为：

$$界面透明度=\frac{透明界面长度}{街段长度}\times 100\%$$

这一参数在一定程度上反映了商业活动的交流强度，与商业氛围的烘托有着明显相关性。本书将这一计算店铺界面的方法引入建筑表层空间透明度的界定，依据良好的透明度范围，将透明度小于60%的建筑表层空间归为不透明表层空间，将透明度在60%～70%的表层空间分为半透明表层空间，将透明度大于70%的表层空间列为全透明表层空间。由此将建筑表层空间可分为：不透明、半透明及全透明三类。根据空间操作要素、空间功能属性、空间界面透明度对建筑表层空间进行交叉分类所列的表格见表1-7。

1.5 本章小结

本章内容分四个部分，层层递进地说明：理论和方法不仅仅关于物质空间，还涉及人的感知和社会学领域；目前关于商业建筑表层空间的理论和方法分散，不成体系，需要梳理和整合。本章从建筑学视角剖析建筑边界，阐释了皮骨分离形成的表层空间。基于边界层理论模型，界定与解析建筑边界概念，分析其属性及特征，建立三种建筑边界原型，从建筑物理环境边界、功能边界、结构边界、空间心理边界及空间体验边界五个层面梳理建筑边界的理论框架。以连接内与外的表层空间为基础，讨论由此引发的人的视觉感知和体验。提出建筑边界概念：与两个区域（建筑与外部环境，建筑与内部空间）相连的空间，由围合空间的界面及空间本身形成的整体。建筑边界既包括结构体系在内的一切形成表层空间的物质实体，又包括由界面限定的，连接内与外的缓冲空间。它包括建筑底层缘侧的柱廊、向外开敞的边庭、入口门厅、挑檐空间、建筑物凹凸的台阶、阳台、花台、半私密性的前院等。建筑边界既是外部空间向内的渗透，又是内部空间向外的延伸。与传统由内而外的“设计-建造”流程相比，边界层设计是由表及里重塑已有建筑边界的过程，并引发建筑内部空间的重组，立面成为最后一道工序的传统设计流程将被改变。本书将重新思考人的需求及建筑与环境的关系，阐述“建筑边界”可以为城市更新和城市风貌控制导则的制订提供新的解题思路。

建筑表层空间可归纳为“涂黑空间”“层透空间”和“廊空间”三种空间原型。“涂黑空间”又可称为实墙，代表了封闭性较强的建筑边界类型，其中可使用的空间占比小；“层透空间”中的空间层次跟空间内部的墙体、结构、家具等的位置直接相关，空间上的层层递进不仅关乎空间形式，也体现了视觉感知；“廊空间”多指由顶界面覆盖，介于建筑室内与室外的这部分空间，可以演变出多种空间类型，室内外均有可能。由于有顶盖、廊台、支柱或一侧为围护墙体的建筑物，所以可供人在建筑与城市空间的交界处休憩或通行。本书对三种类型的表层空间进行经典案例分析，为之后章节的系统性思维解析及设计方法的构建提供依据。

表1-7　表层空间分类

	文化建筑			商业建筑			住宅建筑			工业建筑		
	全透明	半透明	不透明	全透明	半透明	不透明	全透明	半透明	不透明	全透明	半透明	不透明
杆件	陶溪川展览中心	蓬皮杜国家艺术文化中心	上海玻璃博物馆	阿兹特克电视台	鞍山西道底商	Avach Shipgram集贸市场	13号住宅	园部住宅	韩国松坡微住宅	雷恩数字工厂	爱沙尼亚木材工厂	Canyon亚洲工厂泰国分部
板片	建筑图书馆	民园广场	大象博物馆	越南休憩咖啡	乐宾百货底商	布里斯班广场	YA住宅	俄罗斯风情街住宅底商	慕尼黑工业大学学生宿舍	宝马格常州工厂	美巧工厂办公室	维他奶东莞中心
体块	21世纪美术馆	芬兰库奥皮奥博物馆	阿伦斯霍普博物馆	首尔路易威登旗舰店	大连商场	端木良锦798概念店	Aguas Claras住宅	住宅底商	北海道变形屋顶住宅	MCE咖啡机制造工厂	Planstone工厂	菜籽油工厂

第 2 章

建筑表层空间的调研与分析

对临街商业建筑表层空间类型和各要素进行总结和归纳，同时对可能产生的人群行为进行梳理，结合相关理论，建构起表层空间要素系统和停留人群行为特征系统，为表层空间要素与人群行为和视觉环境的关联性分析提供基础数据。通过调研及分析，探求建筑表层空间对商业活动及人群行为的影响。将实证调研得到的数据结果与软件模拟结果进行比对，发现软件模拟无法预测的问题，并对模拟结果进行校验，提高软件模拟的准确度，得出更为合理的结论。就实际调研情况而言，调研采集的图像及行为注记数据能直观呈现疫情防控对临街商铺活力的影响，这是软件分析不能得到的论据。

2.1 调研方案设计——以天津市为例

天津地处华北平原，受季风环流的支配，属暖温带半湿润季风性气候，温度适宜，四季分明，春季多风干旱；夏季炎热多雨；秋季冷暖适中；冬季寒冷干燥。因此，春末夏初和秋天是天津最舒适的季节。

适宜的气候保证了建筑表皮空间形式的多样性，不同于东北地区，天津可使用大面积玻璃橱窗；区别于南方地区的灰空间，表层空间能有效为人们提供不同的活动空间，因此天津较适合作为研究场地。南方地区多用灰空间，灰空间介于黑白空间之间，与气候关系很大。表层空间没有明确的黑白灰关系，也不是连通的空间。因此表层空间与灰空间不在同一体系下，有着本质的区别。现代建筑领域中“灰空间”的概念由日本建筑师黑川纪章提出，用于阐释限定较弱、边界模糊，既非室内也非室外的室内外过渡空间。建筑设计的精髓在于空间。从适应气候的被动式设计出发，灰空间以其特有的形式多样性与功能包容性，将建筑空间的层次营造与生态节能创新理念进行了合理结合，创造出灵活多变的交往空间。同时，注重运用建筑自遮阳产生的阴影与良好的通风效果，为人们的公共活动提供舒适的场所感受，利用交通空间、柱廊空间等形成空气缓冲层达到隔热作用，把自然环境引入建筑内部空间，使得建筑内部与外部环境相互融合、渗透。灰空间的存在，进一步促进和丰富了人、建筑、自然三者之间的平衡关系。

表层空间分为三类，分别是商业型、生活型和旅游型。商业型表层空间，指邻近商业街道的现代大型商业建筑的底层商铺。多以框架结构为主，商铺空间开间较大，整体性强。生活型表层空间指邻近生活服务街道的住宅底层商铺，沿街店铺突出招牌和雨篷设计，形式多样，且与上层建筑（住宅）部分明显呈分段式。旅游型表层空间又称为传统街区型表层空间，指邻近景观休闲街道的传统街区或风景名胜区的古建筑或仿古建筑的底层商业店铺。此类表层空间呈现店面长短有序、匾额楹联鳞次栉比的商业步行街效果，以体现地域民俗文化特色。以天津市为例，选取南开区及和平区56家商业型、70家生活型和136家旅游型商业建筑表层空间作为研究对象。

2.1.1 场地预调研

综合秋冬季特点考虑，重点选择商业型滨江道建筑表层空间进行具体叙述与比较（图2-1、图2-2）。包括乐宾百货、欧乐时尚广场、陕西路至山西路段东侧及西侧临街建筑表层空间，共4组。

2020年1月3日～4日（周五、周六两天）对滨江道进行现场调研和测绘，乐宾百货建筑总长约100m，共11开间，每间9m×9m，共计8家店面。各店面开间相同，整体协调，通过招牌和橱窗的不同形成差异和可识别性。其中有四处表层空间与入口结合，进深2～2.8m，橱窗进深1.5m，外卖窗口进深3m。步行道宽5.2m，从外部空间环境对表层空间（图2-3）进行研究，将停留位置在平面上进行标记（图2-2）。

从室外视角下研究临街商铺表层空间的吸引要素与人群驻足行为之间的关联，

图2-1 滨江道乐宾百货街景图

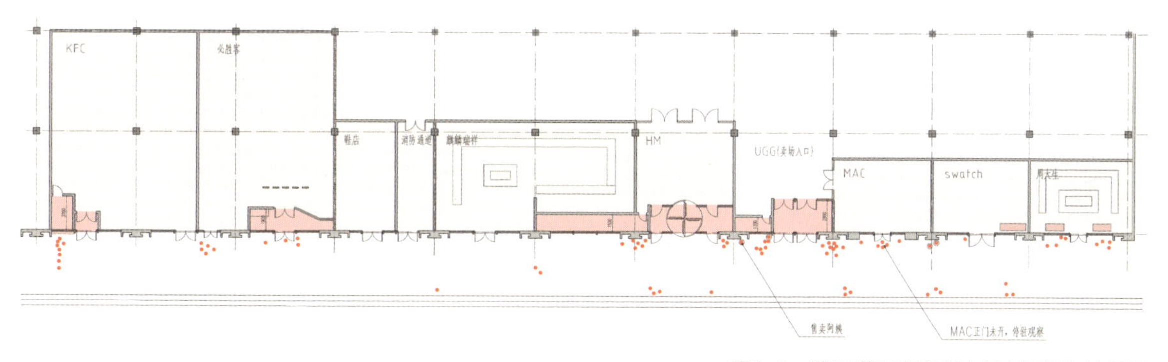

图2-2 滨江道乐宾百货表层空间行为注记图

图2-3 滨江道乐宾百货表层商铺照片

考虑气候条件的影响，分别在2020年夏季和秋季两季对调研对象进行多次调研（图2-4～图2-9）。于5月15日（平日）、16日（周末）两天调研滨江道商业街，但调研结果不太理想。受疫情防控影响，消费人群数量明显减少，在临街商铺表层空间产生驻足行为的人群较少，多为具有目的性的购物或短暂性停留。于9月25日（平日）、26日（周末）两天从中午到傍晚时段（12:00～17:00）对滨江道商业街的四组建筑群再次进行行为注记调研（图2-5、图2-7、图2-9）。虽然9月份（秋季）的气候条件比1月份（冬季）更利于人群在室外长时间驻足，但受疫情防控影响，实际上人群在临街商铺表层空间的驻足数量比冬季明显减少（图2-4、图2-6、图2-8）。疫情防控期间，调研对象中的一些商铺已经改头换面，橱窗和售卖窗口被大幅海报所取代。

春季旅游型、商业型和生活型调研对象热力图分析见表2-1～表2-3。

图2-4　滨江道欧乐时尚广场秋季表层商铺照片

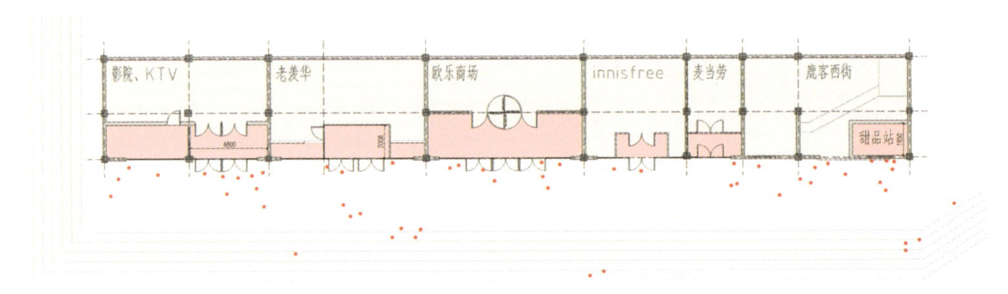

图2-5　滨江道欧乐时尚广场秋季表层空间行为注记图

图2-6　滨江道陕西路至山西路段西侧秋季表层商铺照片

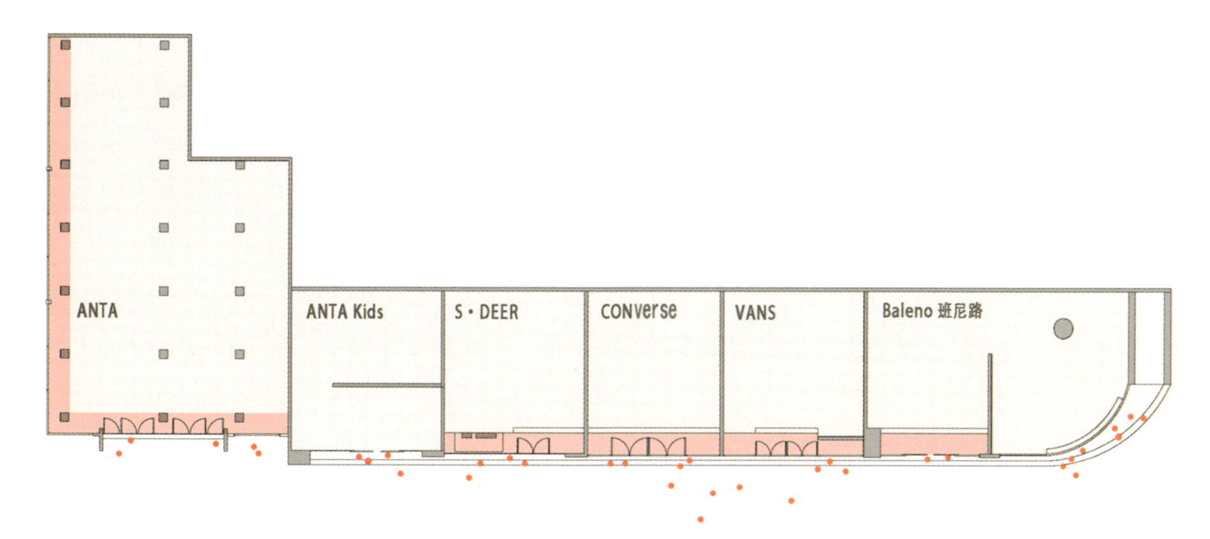

图2-7　滨江道陕西路至山西路段西侧秋季表层空间行为注记图

图2-8　滨江道陕西路至山西路段东侧秋季表层商铺照片

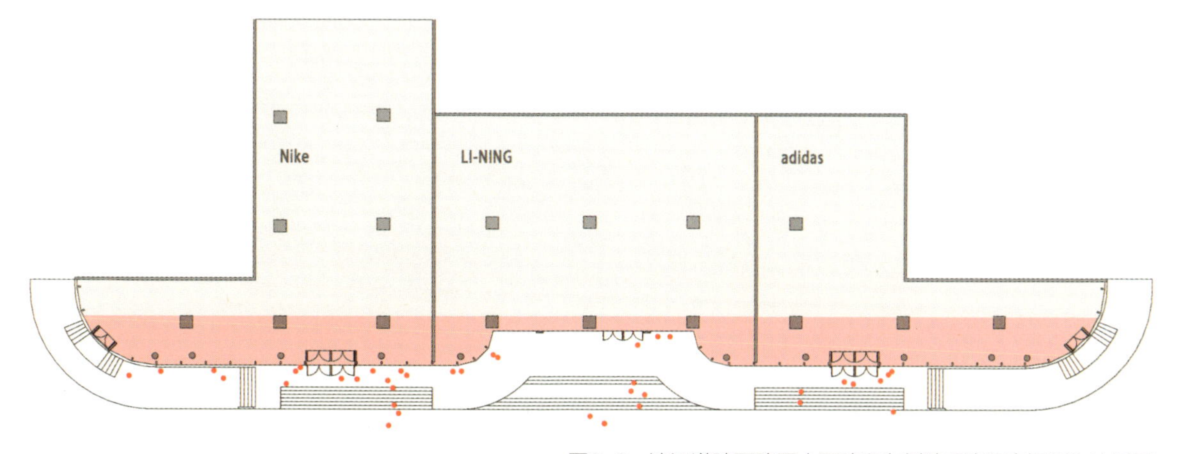

图2-9　滨江道陕西路至山西路段东侧秋季表层空间行为注记图

通过春季旅游型街区的热力图分析（表2-1）可以看出，五大道的桂林路、民园广场、民园西里、六里服饰、大福冰事，鼓楼的二嫂子煎饼、老城小梨园、火龙宫、福乐茶馆和万福乐超市，意风街区的星巴克、精品店、中心喷泉广场、零售屋一带以及古文化街的戏楼广场、北方赌石城、毛猴张、耳朵眼炸糕等活力较高。

古文化街、鼓楼街区晚上许多店铺关张较早，所以活力稍差，但白天尤其假期日和周末活力很强，鼓楼的福乐茶馆夜晚活力较高；意风街区中午和下午最为热闹，尤其是星巴克以及入口广场一带。五大道民园广场一带活动多样，建筑造型兼具内向型和外向型，因此白天夜晚活力都较盛。春季天气较为凉爽，上午和下午的时段相比晚上活力较好。

从整体活力来看，鼓楼＞古文化街＞五大道＞意风街区。

通过春季商业型街区的热力图分析（表2-2）可以看出，乐宾百货所在的滨江道商业街活力高于恒隆广场所在的和平路商业街。从具体地点来看，乐宾百货、鹿客西街以及M-Plaza等商铺活力较高，劝业场、中原百货一带稍弱。恒隆广场与星巴克到了夜晚活力也较高。从时间上来看，春季商业型街区的活力一直较高，上午、下午和晚上略高于中午，这与春天的气候特征有较大关系。

通过春季生活型街区的热力图分析（表2-3）可以看出，西南角的德佑、婷婷炸鸡、石磨煎饼、光明眼镜、安桥烟酒，万德庄的大吉利火锅店、沪上阿姨、德佑、五福心语和国大药房活力较盛。

整体来看，西南角活力较万德庄高，聚集场所更为集中。上午和中午活力更盛，与生活区人们生活习惯有很大关系。由于业态的特点，万德庄人群较为集中。

夏季生活型街区的热力图分析仍然可以看出西南角的德佑、婷婷炸鸡、石磨煎饼、光明眼镜、安桥烟酒，万德庄的大吉利火锅店、沪上阿姨、德佑、五福心语和国大药房的活力较高。

整体来看夏季比春季街道更具活力。万德庄一带餐饮较多，生活气氛更为浓厚，上午和中午活力最盛。在平日万德庄更具活力，在周末西南角更具活力。

表2-1　春季旅游型调研对象热力图分析

时间	人流量	地点	上午	中午	下午	晚上
平日	中午时段人比较多	鼓楼				
	下午时段人比较多	古文化街				

续表

时间	人流量	地点	上午	中午	下午	晚上
平日	晚上时段人比较多	意风街区[①] 	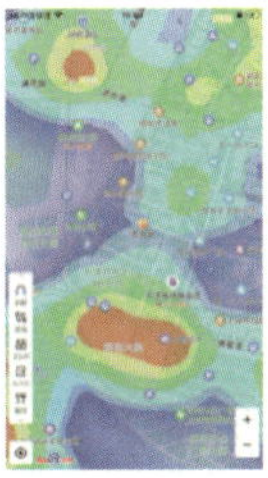	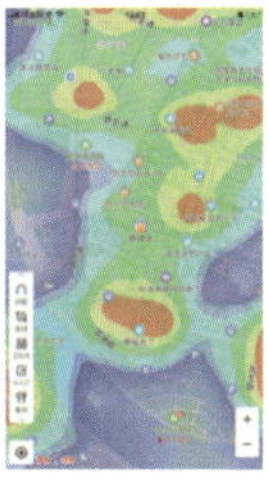	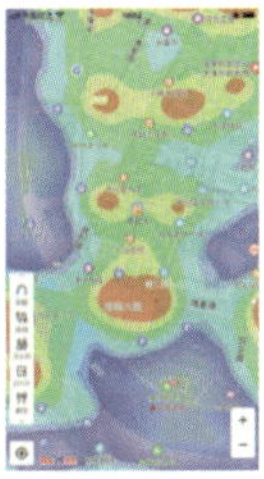	
	下午时段人比较多	五大道 	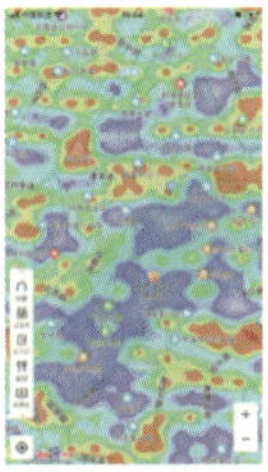	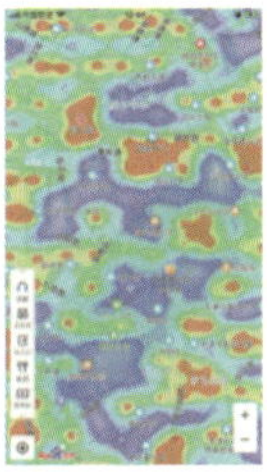	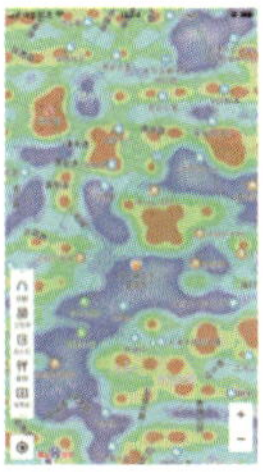	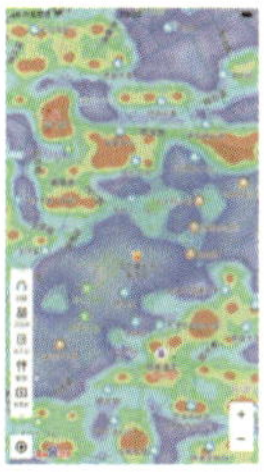
周末	中午时段人比较多	鼓楼 	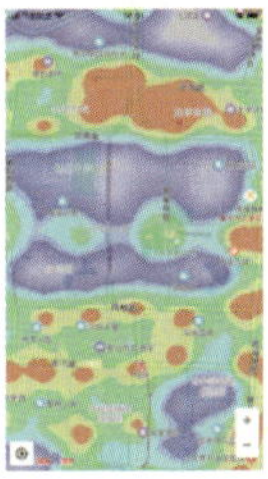	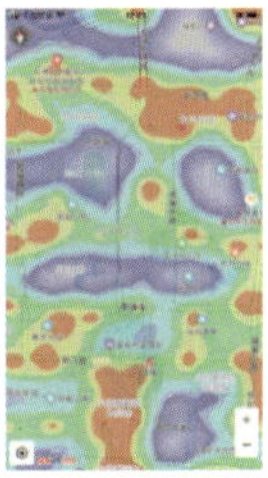		
	中午时段人比较多	古文化街 		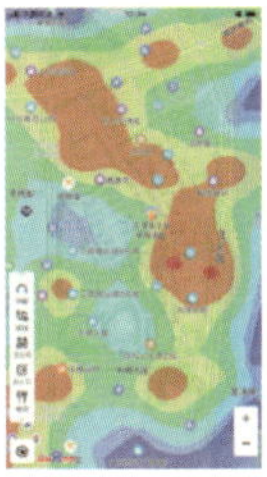		
	晚上时段人比较多	意风街区 	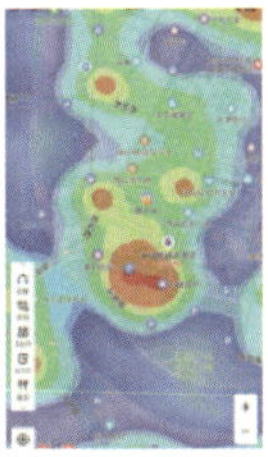		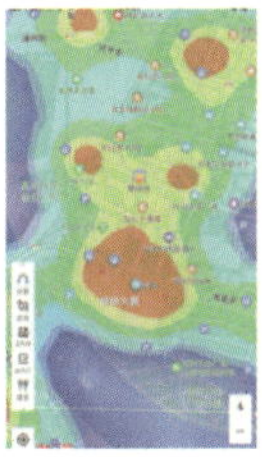	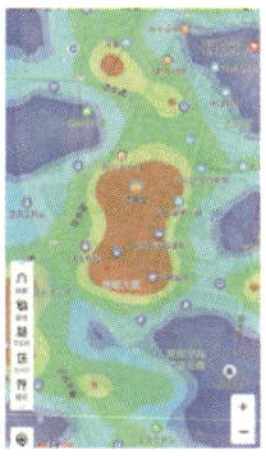
	下午时段人比较多	五大道 	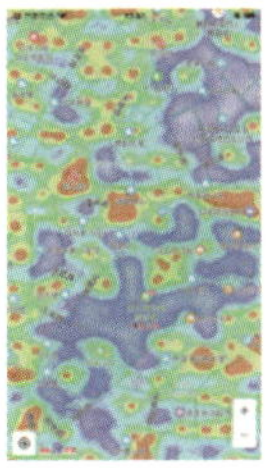	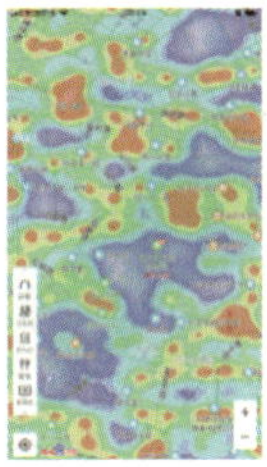	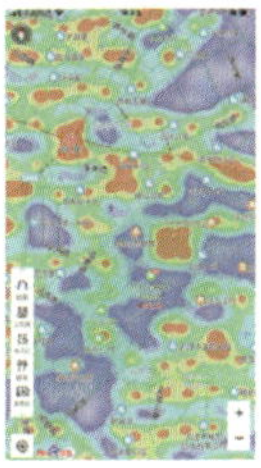	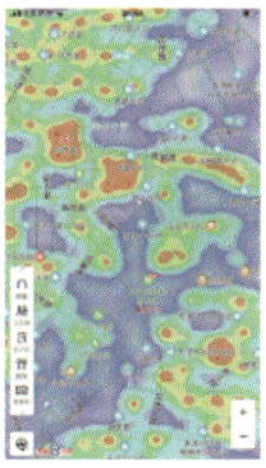

续表

时间	人流量	地点	上午	中午	下午	晚上
节假日	下午时段人比较多	鼓楼 	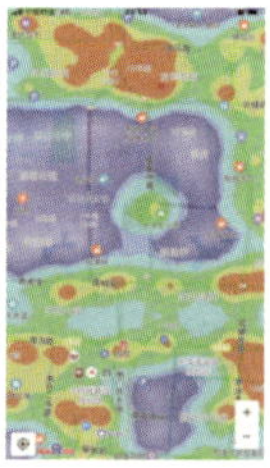	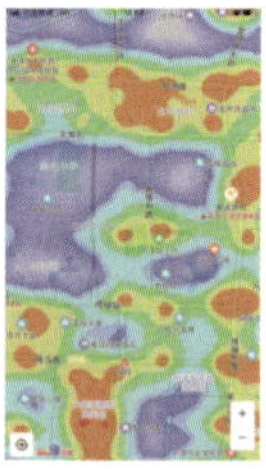	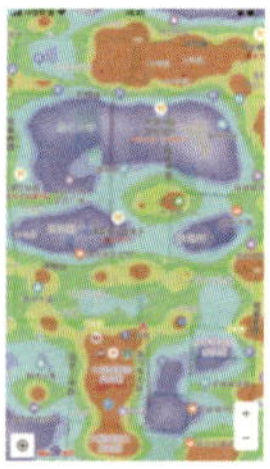	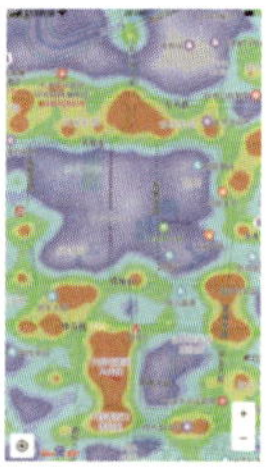
	下午时段人比较多	古文化街 	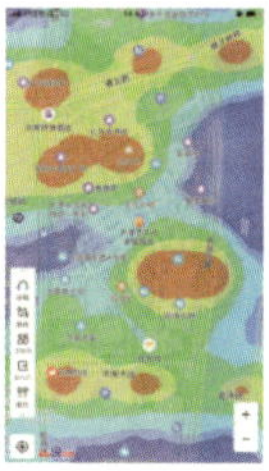	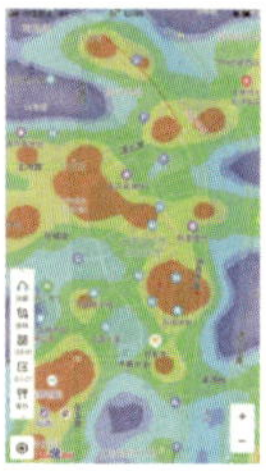		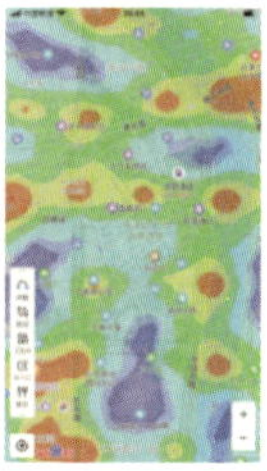
	下午时段人比较多	意风街区 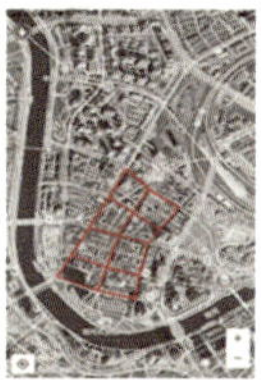	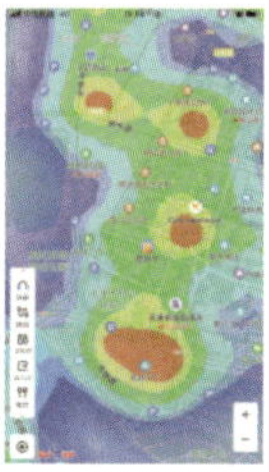		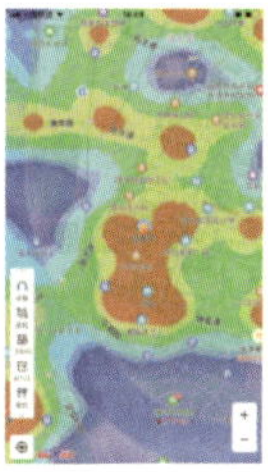	
	下午时段人比较多	五大道 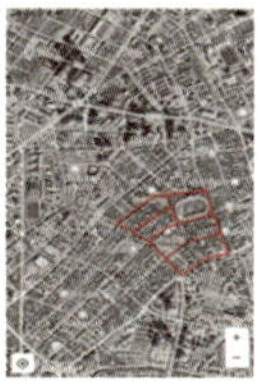	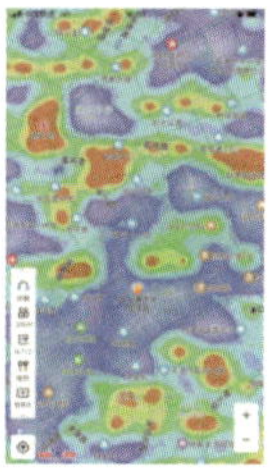	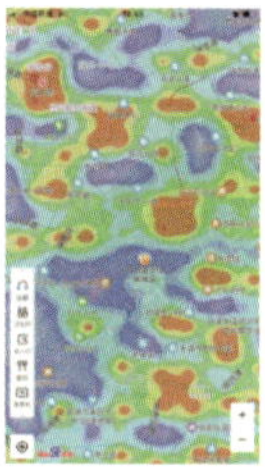	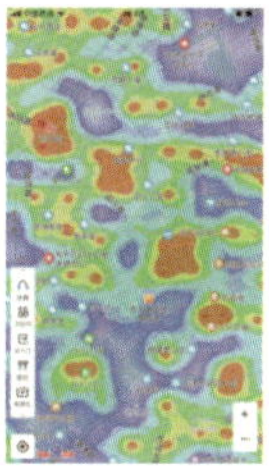	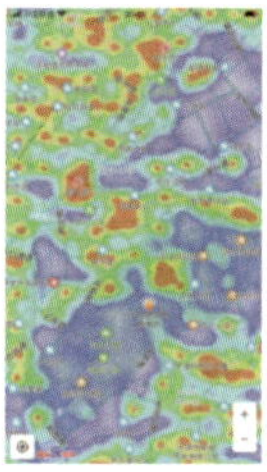

① 全称为意大利风情街区，全书简称为意风街区。

表2-2　春季商业型调研对象热力图分析

时间	人流量	地点	上午	中午	下午	晚上
平日	下午时段人比较多	乐宾百货 	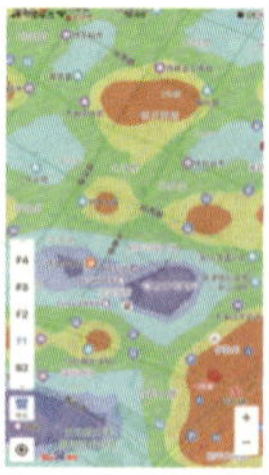	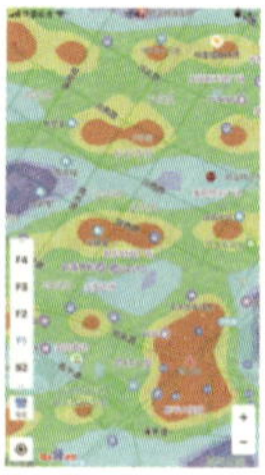		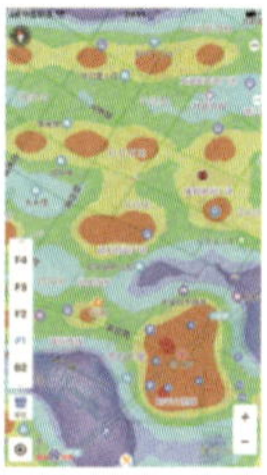

续表

时间	人流量	地点	上午	中午	下午	晚上
平日	晚上时段人比较多	恒隆广场 	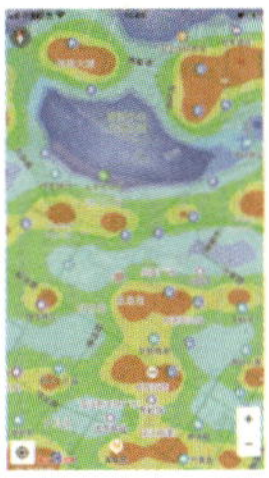	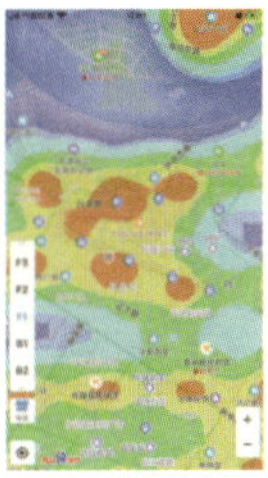	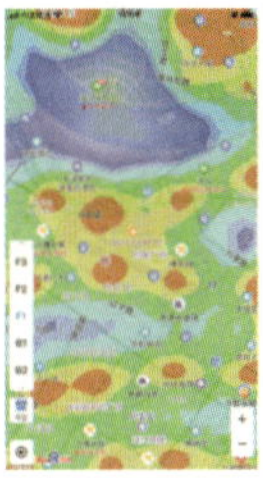	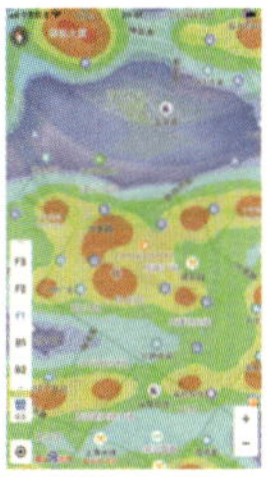
周末	下午时段人比较多	乐宾百货 	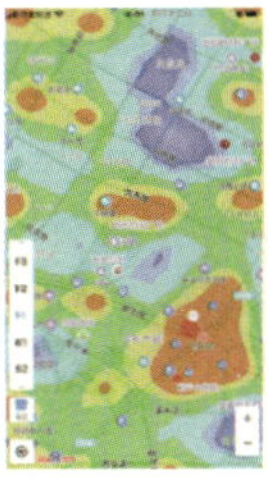	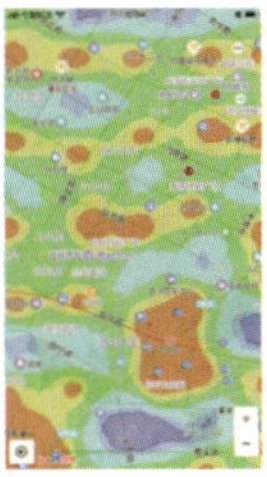	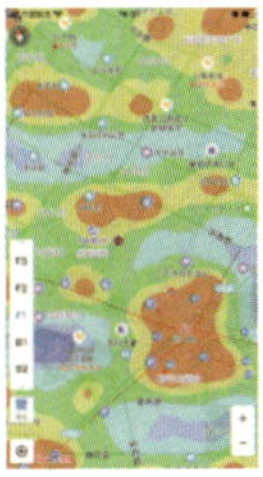	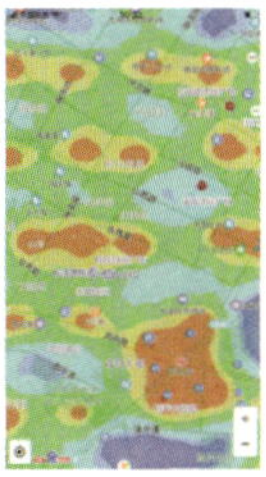
	下午时段人比较多	恒隆广场 				
节假日	下午时段人比较多	乐宾百货 	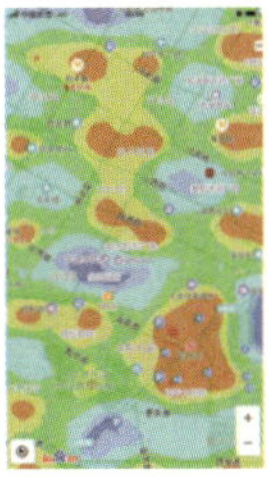	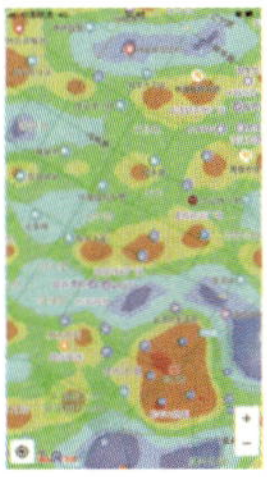	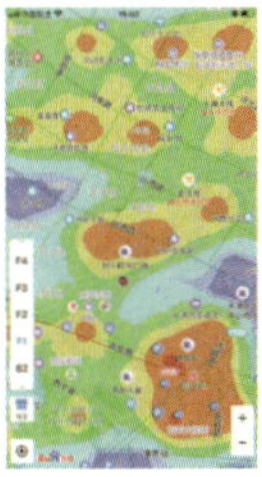	
	下午时段人比较多	恒隆广场 		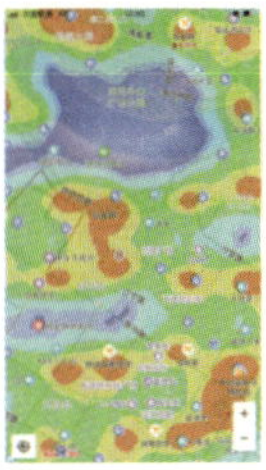	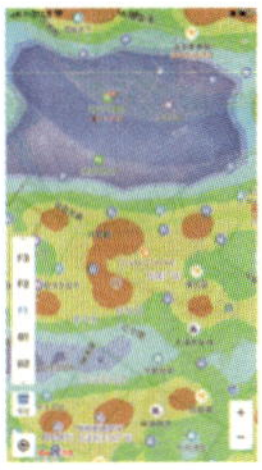	

表2-3 春季生活型调研对象热力图分析

时间	人流量	地点	上午	中午	下午	晚上
平日	下午时段人比较多	西南角 	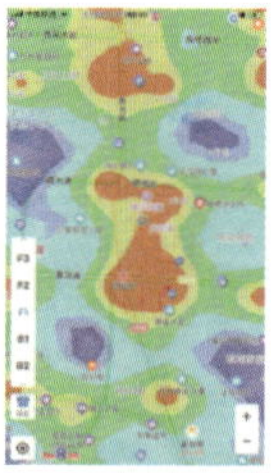	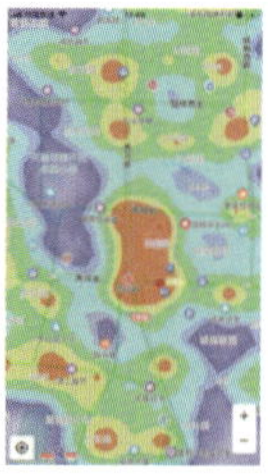	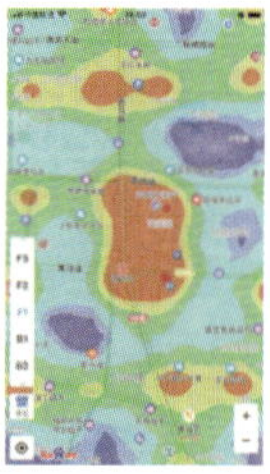	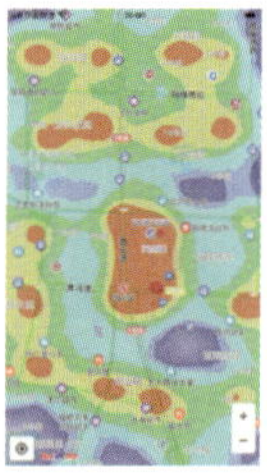
	晚上时段人比较多	万德庄 		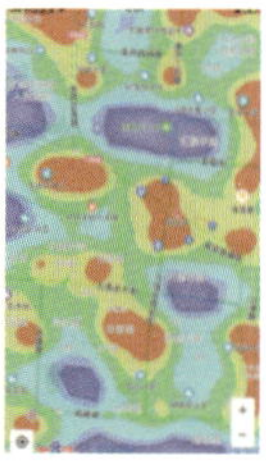	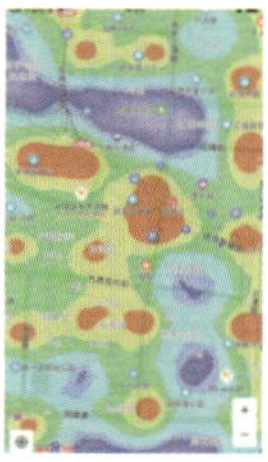	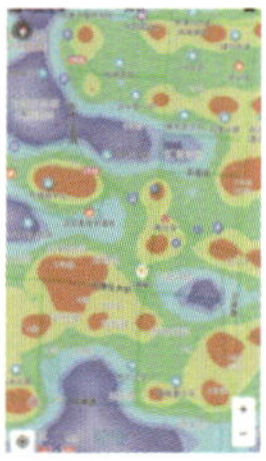
周末	下午时段人比较多	西南角 		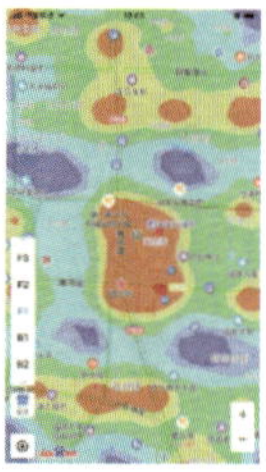	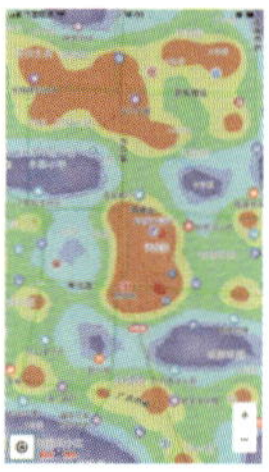	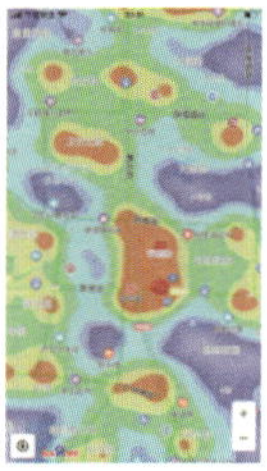
	中午时段人比较多	万德庄 			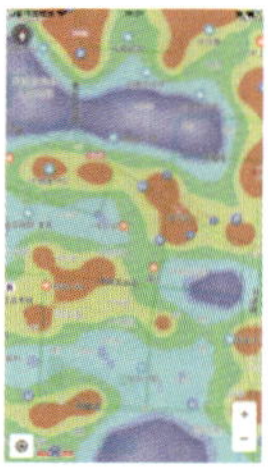	
节假日	中午时段人比较多	西南角 	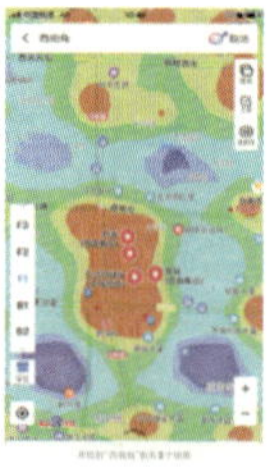	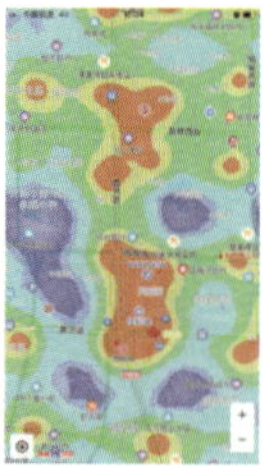		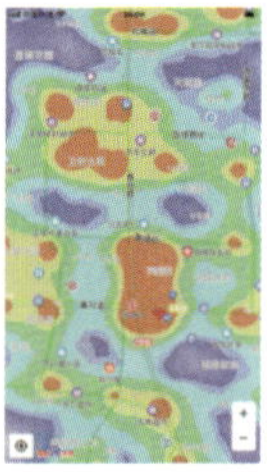
	上午时段人比较多	万德庄 	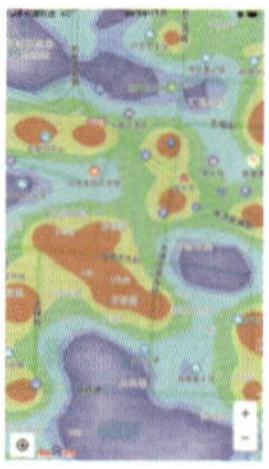		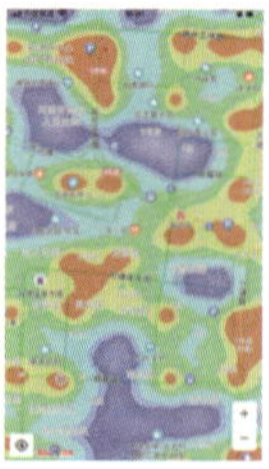	

2.1.2 调研内容

针对三种类型，进一步对表层商铺类型进行大、中、小分类，对表层商铺空间的类型进行细化研究并进行梳理。对商场型和老铺型两种表层空间进行实证研究，结合热力图分析，选取天津市南开区和和平区的1条商业型街道、2条生活型街道和4条旅游型街道的7组建筑群，56家商场型、70家老铺型和136家文化型表层商铺空间，从日变化到季节变化等方面进行深入调研，进行现场测绘、绘制CAD图纸并建立模型。采取现场拍照，发放纸质问卷和电子问卷、组织现场访谈的形式对调研数据进行采集、整理和分析（图2-10～图2-12）。

滨江道区域是天津市较为繁华的商业步行街，品牌标志鳞次栉比，是最新潮流的聚集地，集餐饮、零售、娱乐等业态于一体，活力旺盛，人流量巨大。

滨江道有自己独特的空间形态，不仅承载着历史积淀，还十分具有现代生活的独特魅力。选取滨江道商业街比较有活力的一些商铺进行细致分析。同样，对生活型街道（万德庄大街和西南角）和旅游型街道（古文化街、鼓楼和五大道区域）进行研究对象选取。

生活型街道选取万德庄和西南角两个区域。万德庄大街是天津市南开区具有代表性的生活型街道，生活气息浓厚，业态也较为丰富。餐饮、烟酒、美容美发、地产中介、医疗、珠宝店、糕点以及灯具店等各方面生活店铺十分全面。这里面选取比较有代表性的几个店铺，有五福心语、沪上阿姨和国大药房等。西南角大街也是天津市南开区具有代表性的生活型街道、重要的商业步行街，生活气息十分浓厚，业态也较为丰富。皮具、通信、超市、餐饮、烟酒等各方面的店铺同样十分全面。

古文化街是天津市具有代表性的旅游型街道，为津门十景之一，以经营文化用品为主，主要卖一些古玩以及天津特色食品小吃等，有许多老字号商铺，商业文化气息十分浓厚，业态也较为丰富。鼓楼也是天津市具有代表性的旅游型街道，呈十字形。该街以青砖瓦房的明清建筑风格为主，高低错落，主要售卖一些古玩等。景观风格极具天津味、民俗味，商业文化气息十分浓厚，业态也较为丰富。五大道是天津市中心城区，是非常具有代表性的旅游型街道，由马场道、睦南道、大理道、常德道、重庆道五条街道组合在一起，是天津乃至中国保留的最为完整的洋楼建筑群之一。街区以经营文化用品、餐饮为主，区域内有民园体育场，很有运动氛围，商业文化气息浓厚，业态也较为丰富。

本节对界面、要素及人群行为进行关联性研究；对消费者的出行目的、表层商铺的关注点、舒适度、满意度进行分析，并分别对消费者室外驻足行为和室内就座偏好进行行为注记，研究表层空间的视觉吸引要素与驻足行为的关系——如

滨江道区域

天津滨江道乐宾KFC全景立面图

各店铺立面

表层空间宽度	8m	8m	4m	8m	5m	3m	4m
店铺名称	KFC	必胜客	金麒麟	HM	商场入口	Swatch	周生生
店铺业态	餐饮	餐饮	珠宝店	服装店	商场入口	表店	珠宝店

天津滨江道鹿客西街全景立面图

各店铺立面

表层空间宽度	5m	6m	4m	2m	4m	6m
店铺名称	老美华	欧乐时尚广场	Innisfree	CoCo饮品店	鹿客西街	安踏品牌特卖会
店铺业态	鞋店	商场入口	化妆品店		服装店	服装店

图2-10　商业型表层商铺空间调研对象列表（一）

滨江道区域

天津滨江道国际商场区域全景立面图

各店铺立面

表层空间宽度	3m	5m	5m	5m	5m	6m
店铺名称	纪婆婆	德克士	陈光记	绝味鸭脖	书亦烧仙草	国际商场
店铺业态	饮品店	餐饮	食品店	食品店	饮品店	商场入口

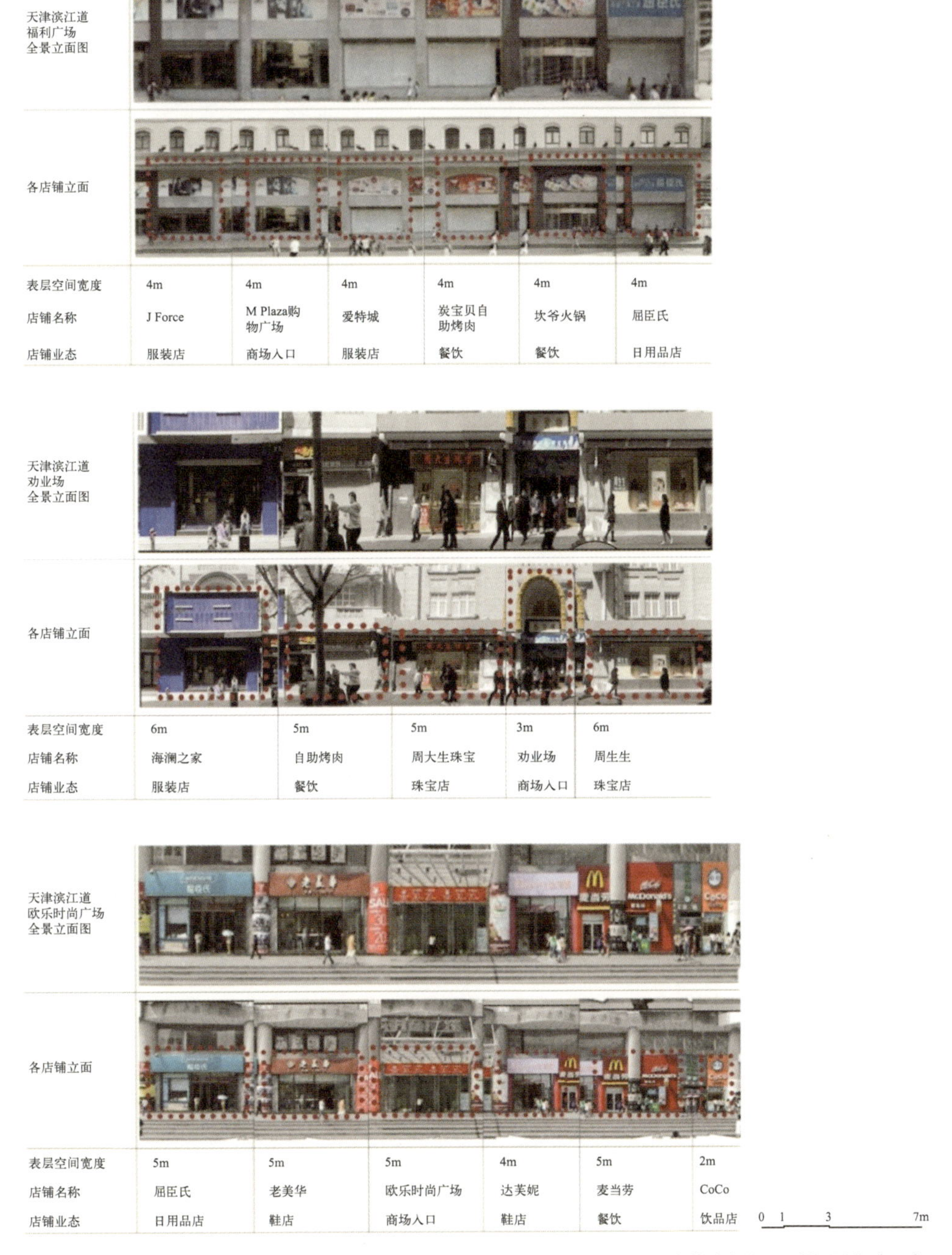

图2-11　商业型表层商铺空间调研对象列表（二）

何引导行人视线，让人有好的空间体验，是充分发挥建筑使用功能的核心。因此，主要对临街商铺表层空间的可见性与可达性进行研究：分别从室内和室外两个视角对表层空间的喜好度、吸引要素、驻足行为进行研究，即研究室外如何吸引行人注意，室内如何增加使用者逗留时间；对表层空间的空间尺度、开敞度、界面透明度、空间变化程度、绿化等要素进行研究。

滨江道区域

天津滨江道陕西路至山西路段西侧全景立面图

各店铺立面

表层空间宽度	5m	5m	5m	10m	5m
店铺名称	安踏	MILAN	S.DEER	班尼路	耐克
店铺业态	服装店	服装店	服装店	服装店	服装店

天津滨江道都市丽人全景立面图

各店铺立面

表层空间宽度	6m	5m	5m	6m	6m	5m
店铺名称	韩国小吃店	泰王芒	Cezanne	都市丽人	Cheriss & Keich	大麻花
店铺业态	餐饮	餐饮	服装店	服装店	箱包店	食品店

天津滨江道国际KFC全景立面图

各店铺立面

表层空间宽度	6m	3m	3m	3m	8m
店铺名称	KFC甜品店	鲜果时间	潮流街区	茶太良品	动力猫
店铺业态	餐饮	饮品店	商场入口	饮品店	服装店

0 1 3 7m

图2-12 商业型表层商铺空间调研对象列表（三）

2.1.3 物质空间数据采集方法与过程

表层空间依据不同类型的功能，分为购物、休闲、娱乐、餐饮、商务（在底层有出入口，楼梯连接二层）、住宿等。功能的不同、使用对象的不同、环境的不同和投资标准的不同都影响着商业空间设计的多层次和多风格发展。使用对象不同，比如儿童活动的画室专门吸引儿童；环境不同，在街角或是在绿化旁边，有座椅和没座椅人群聚集情况不同。空间成为传播、解读、体验、转化信息的一种媒介，使商业空间与消费者产生情感连接。

表层空间分为三类：商业型、生活型与旅游型，三种类型的店铺商业运营模式和所面向的消费群体各有不同。对三种类型的40小类样本采取现场调研的方式，采集不同类型表层空间的空间尺度、开敞度、界面透明度、空间变化程度、绿化等物质空间信息。集中选取商业型和生活型两类表层空间进行进一步问卷调研，通过现场访谈和发放纸质问卷的方式研究表层空间的吸引力，现场观测引发驻足行为的吸引要素，并进行现场行为注记。通过发放网络问卷对不同社会属性人群的出行目的、表层空间的关注点、吸引要素、整体印象偏好、人群停留偏好等进行调查。分别从室外和室内两个视角，采集驻足人群行为数据，研究建筑表层空间的空间类型、视觉吸引要素与驻足行为之间的关联。

选取商业型（滨江道两端区域）、生活型（万德庄、西南角）以及旅游型（五大道、意风街区、古文化街、鼓楼）八个地点进行调研照片的梳理。

2.2 场地基本信息及总体分析

2.2.1 商业型

商业型表层空间又称商场型，指邻近商业街道的大型商场的底层商铺。位于城市商业中心，店铺业态多样。建筑以框架结构为主，商铺空间开间较大，且与整体商业建筑立面相协调，底层与上层沿街立面一体化设计，整体性强。通过对天津市滨江道商业街的现场调研，将商业型的建筑表层空间分为九小类：全透明的杆件形式商业建筑的表层空间、半透明的杆件形式商业建筑的表层空间、不透明的杆件形式商业建筑的表层空间、全透明的板片形式商业建筑的表层空间、半透明的板片形式商业建筑的表层空间、不透明的板片形式商业建筑的表层空间、全透明的体块形式商业建筑的表层空间、半透明的体块形式商业建筑的表层空间、不透明的体块形式商业建筑表层空间（图2-13 ～图2-15）。

除不透明板片形式的商业型表层空间以及全透明和不透明的体块形式商业型表层空间在滨江道暂未找到相关案例以外，其余都找到了案例。这在一定程度上说明，在商业型表层空间中，杆件形式和板片形式较多，体块形式较少。

全透明

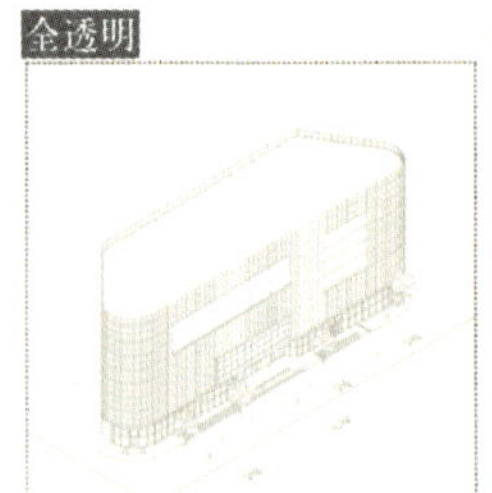

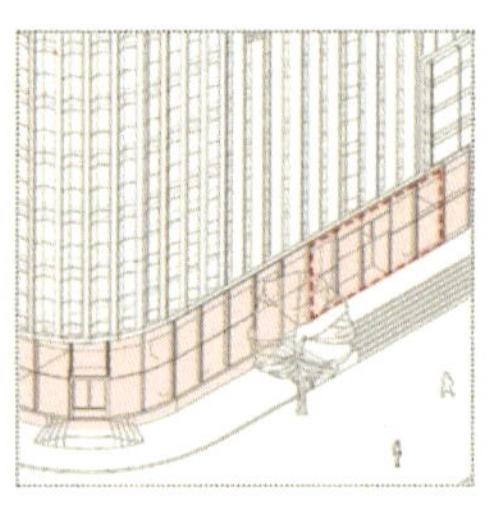

天津滨江道M-PLAZA Adidas

底层与上层沿街立面一体化设计，整体性强

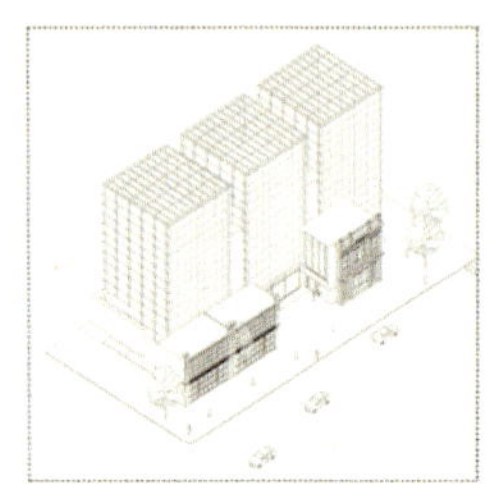

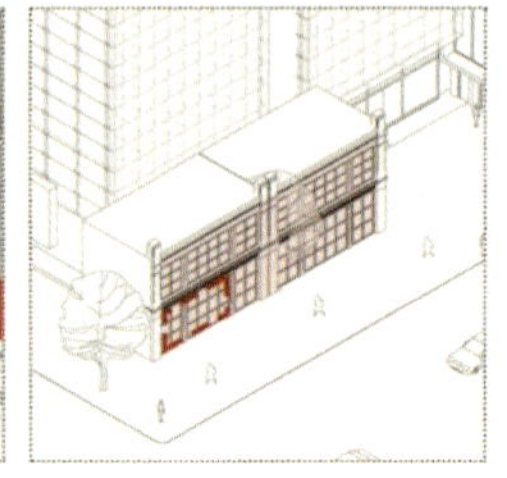

天津滨江道恒隆广场南入口

建筑以框架结构为主。商铺空间开间较大，层高较高

半透明

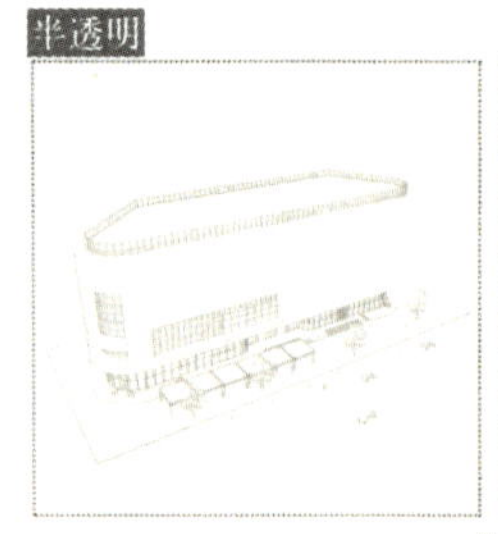

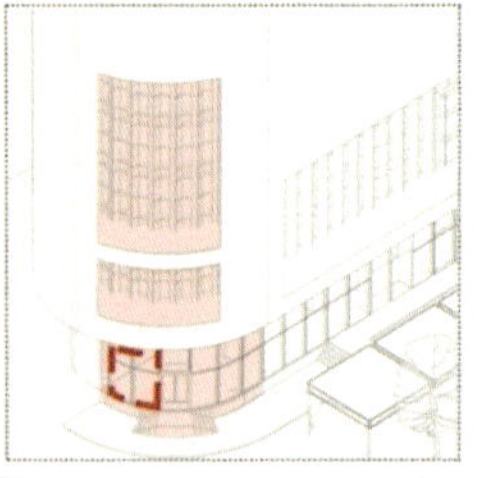

天津滨江道号外时尚馆国际KFC

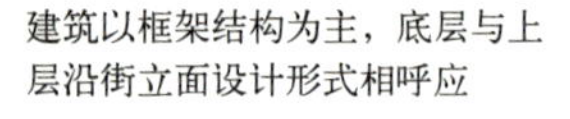

建筑以框架结构为主，底层与上层沿街立面设计形式相呼应

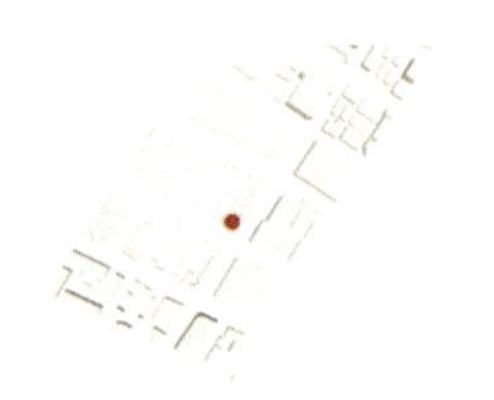

天津滨江道都市丽人

建筑形式较灵活，沿街商铺业态丰富，风格多样

不透明

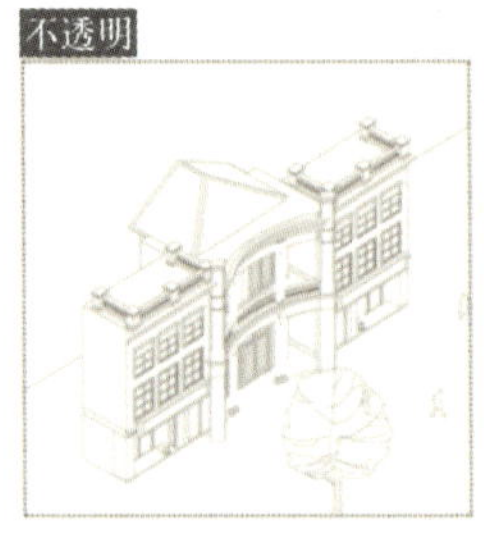

天津滨江道星巴克

建筑由原浙江兴业银行改建而成，历史特点显著

图2-13　杆件形式的商业型表层空间分析图

全透明

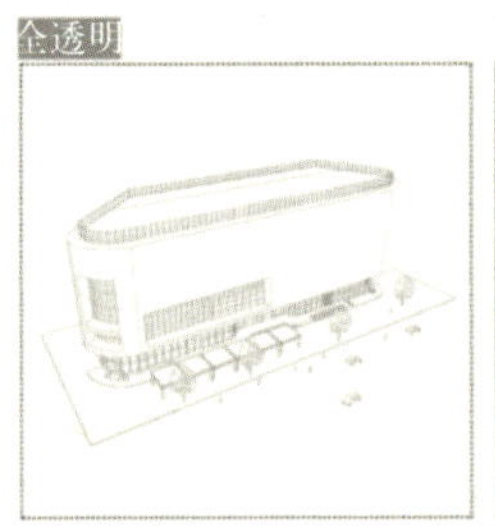

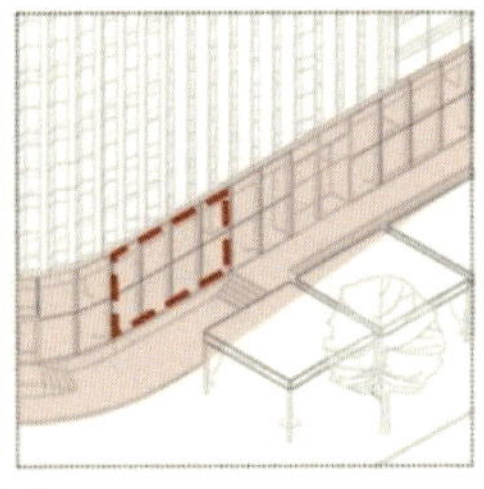

天津滨江道国际商场纪婆婆烧仙草

建筑以框架结构为主，商铺面向主人流步行街，标识明显

半透明

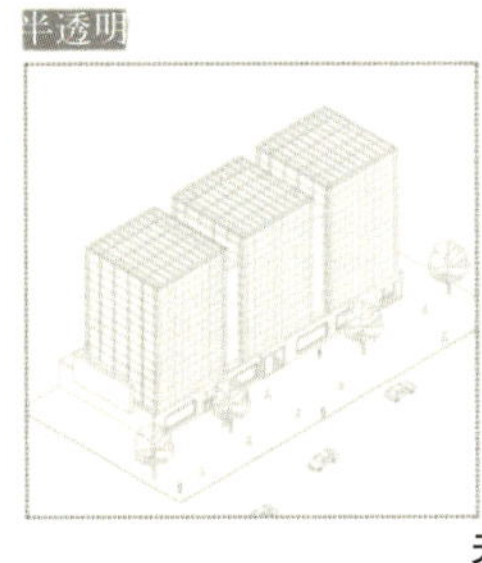

天津滨江道万特商厦亨得利手表

底层与上层设计风格彰显了一定的品牌特色

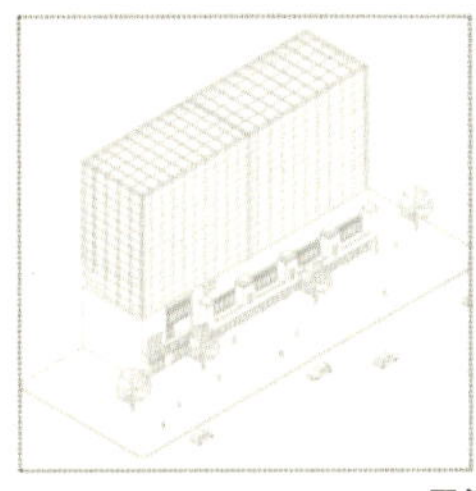

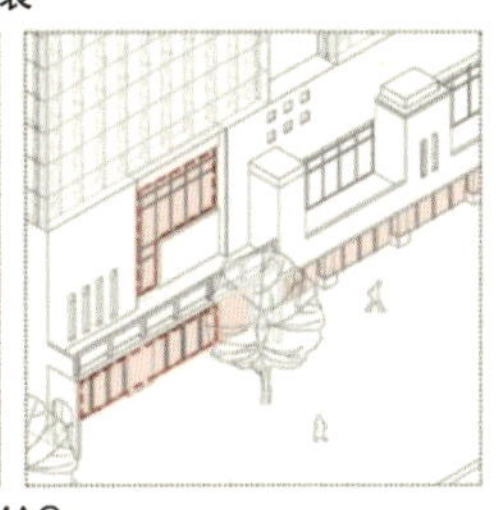

天津滨江道乐宾购物中心UGG MAC

较为靠近街道交会点，商铺空间开间较大，层高较高

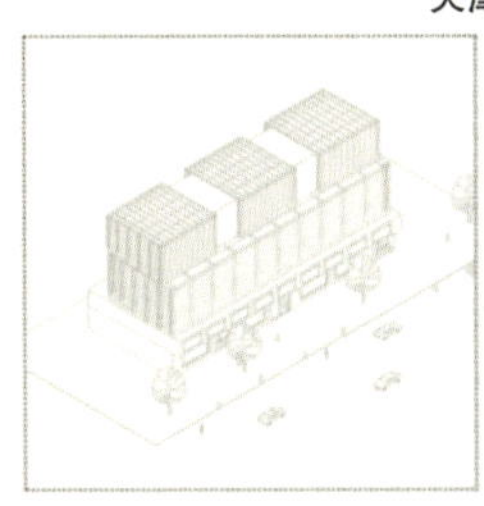

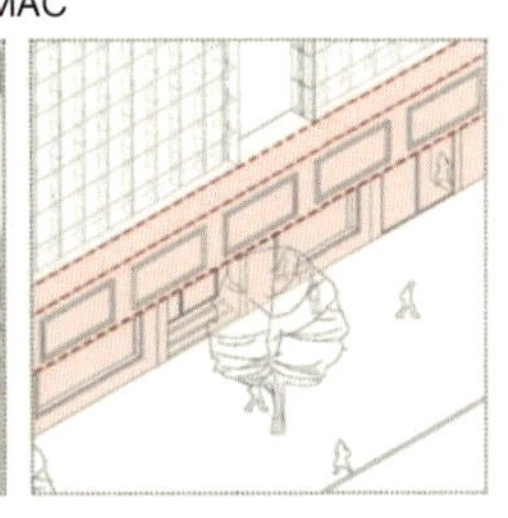

天津滨江道 中原百货东门

建筑底层立面内嵌，上层立面的为典型的板片结构，与底层相得益彰

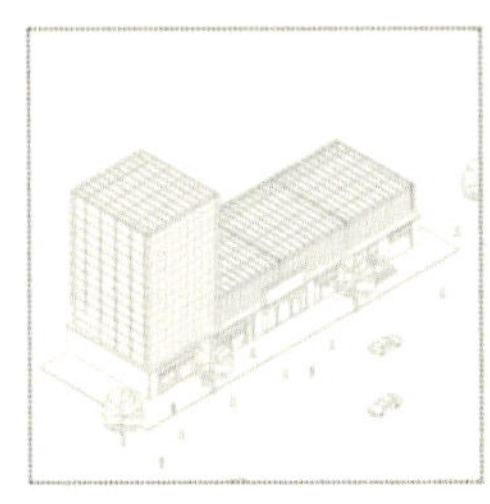

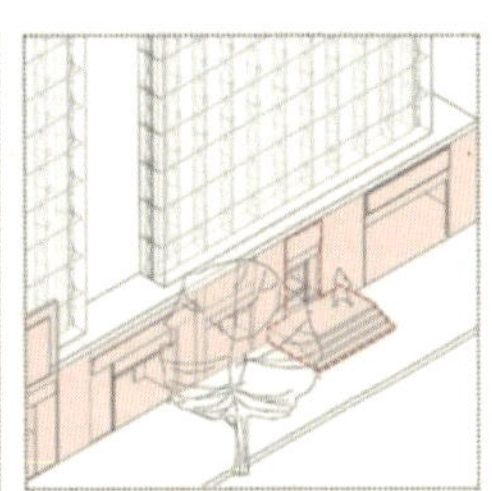
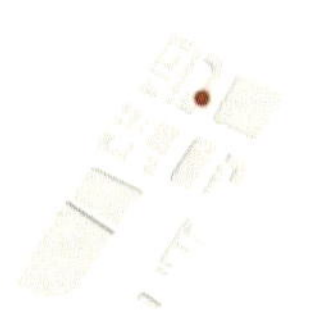

天津滨江道 麦当劳甜品站

店铺开间较小，服务的人群更为广泛

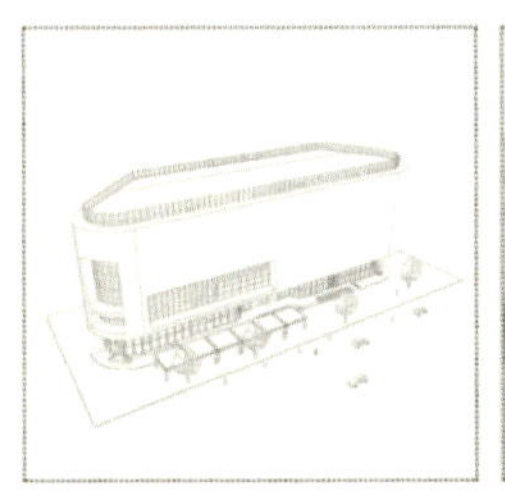

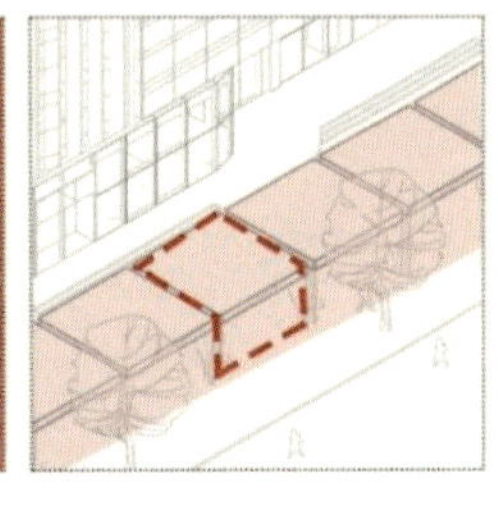

天津滨江道国际商场图书棚

使用较为简易的搭建形式形成商业空间，更加灵活

图2-14

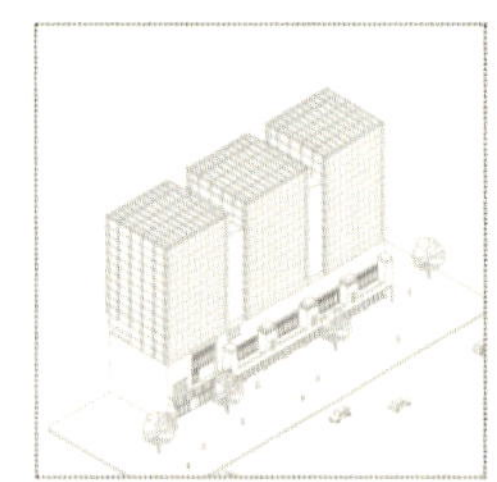

风格简洁，特点鲜明，有一定标识性

天津滨江道国际商场KIVI

上层与底层建筑风格特点鲜明，使用有质感的装饰烘托空间氛围

天津滨江道劝业场入口

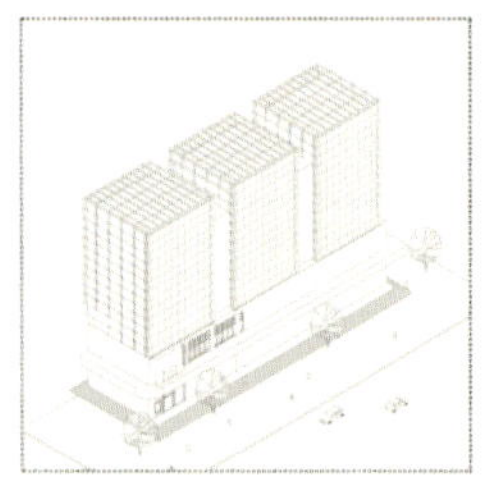

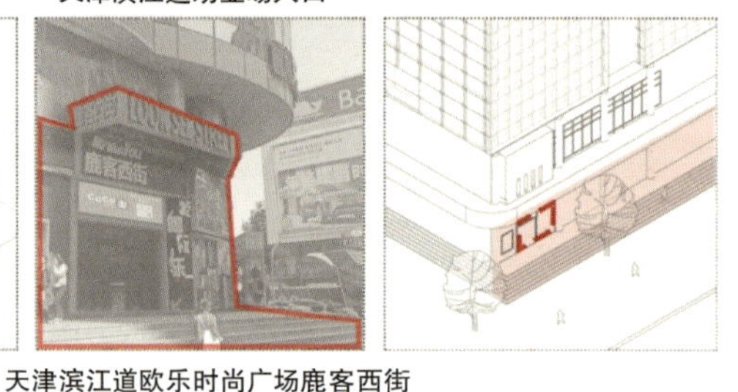

位于街角，店铺开间较小，充分利用表层空间吸引目标人群

天津滨江道欧乐时尚广场鹿客西街

不透明　暂无

图2-14　板片形式的商业型表层空间分析图

全透明 暂无

半透明

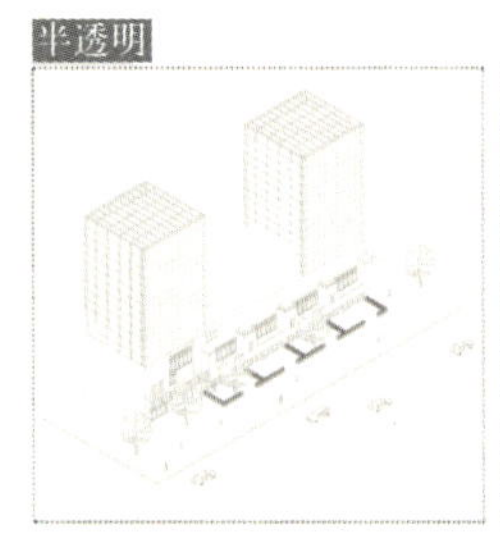

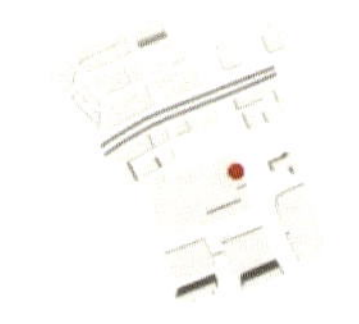

出于商业的经营需要，体块结构表层空间的开放性较强

大连解放路新玛特ELITE烘焙店

不透明 暂无

图2-15　体块形式的商业型表层空间分析图

2.2.2 生活型

生活型表层商铺空间又称老铺型，指居住区住宅建筑的底层商铺的表层空间。此类商铺为附近居民提供生活性服务，业态以餐饮业为主，还包括理发店、洗衣店、便利店等，业态种类齐全。通过对天津市南开区和和平区几处老旧社区的底层店铺的现场调研，按照表层空间的空间类型对生活型表层空间进行分类，分为

全透明的杆件形式住宅建筑的表层空间、半透明的杆件形式住宅建筑的表层空间、不透明的杆件形式住宅建筑的表层空间、全透明的板片形式住宅建筑的表层空间、半透明的板片形式住宅建筑的表层空间、不透明的板片形式住宅建筑的表层空间、全透明的体块形式住宅建筑的表层空间、半透明的体块形式住宅建筑的表层空间、不透明的体块形式住宅建筑表层空间（图2-16～图2-18），并通过测绘建模后进行视域分析。

除不透明杆件形式的商业型表层空间、全透明的板片形式商业型表层空间以及全透明和不透明的体块形式商业型表层空间在滨江道暂未找到相关案例以外，其余都找到了案例。这在一定程度上说明，在商业型表层空间中，杆件形式和板片形式较多，体块形式较少。

全透明

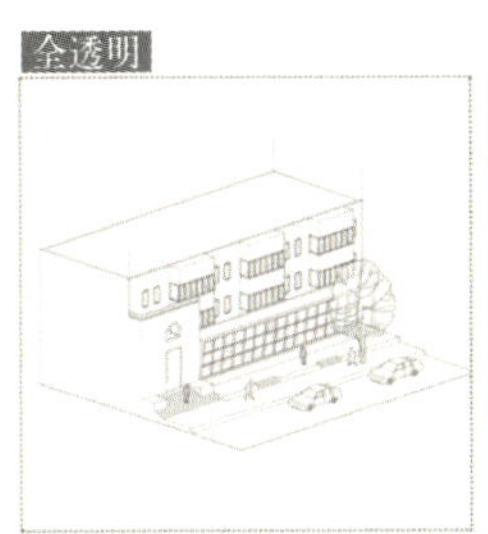

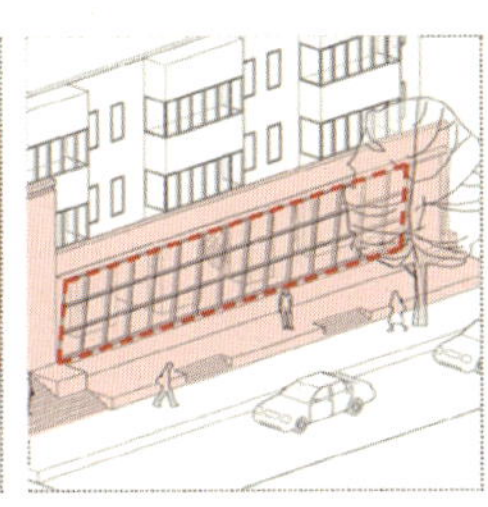

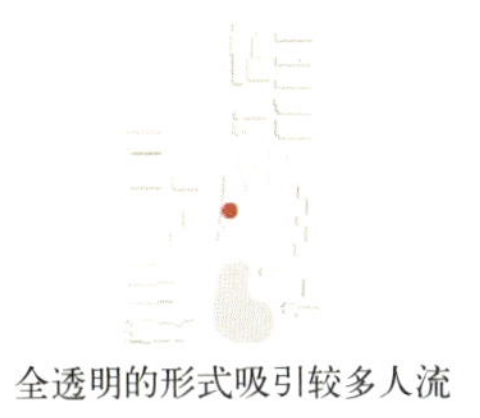

全透明的形式吸引较多人流

天津大学海棠书院

半透明

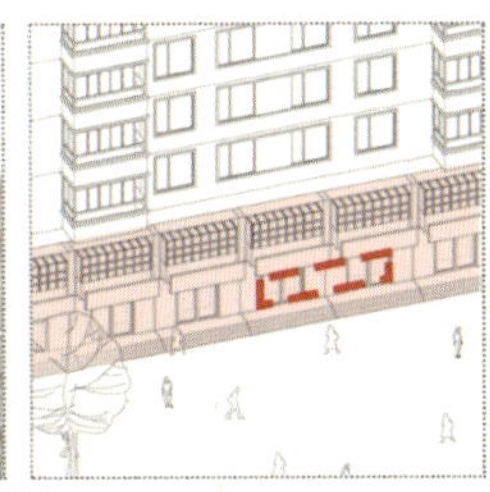

建筑以框架结构为主，商铺主要为一层底商

天津西南角区域广开街安桥烟酒店

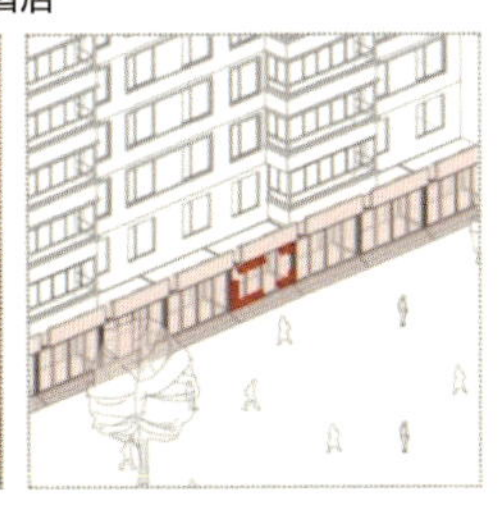

底层与上层空间性质差别较大，店铺开间较小

天津万德庄大街德佑门店

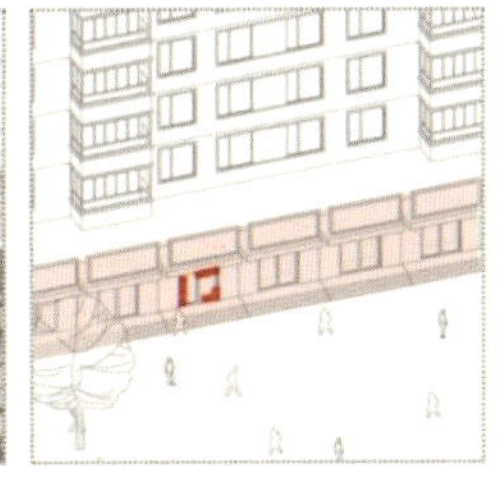

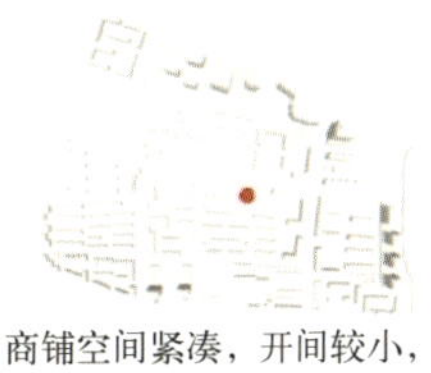

商铺空间紧凑，开间较小，与街道关系较为密切

天津万德庄大街沪上阿姨

图2-16

 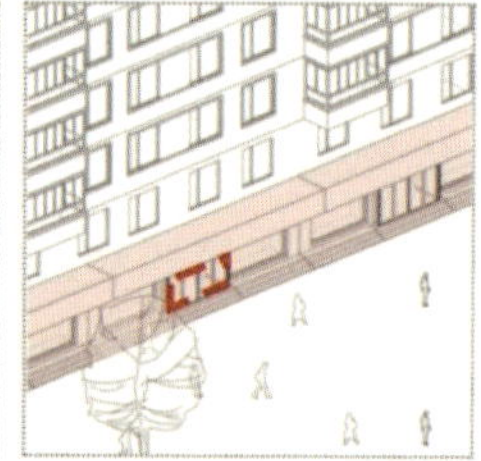

铺经营性质与周边相近，有一定的辐射范围，空间较为紧凑

天津万德庄大街五福西点

  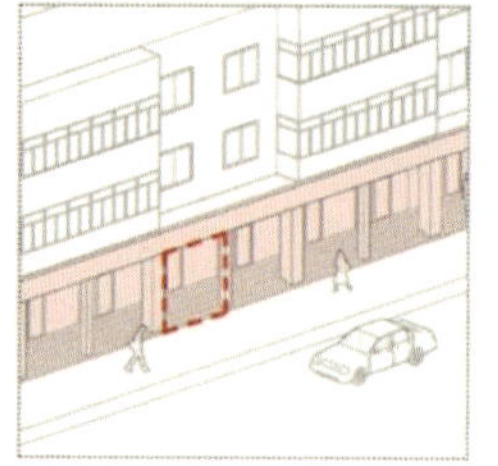

一定范围内商铺经营性质相近，形成聚团经营的商业模式

不透明 暂无

天津鞍山西道理发店

图2-16　杆件形式的生活型表层空间分析图

全透明 暂无

半透明

  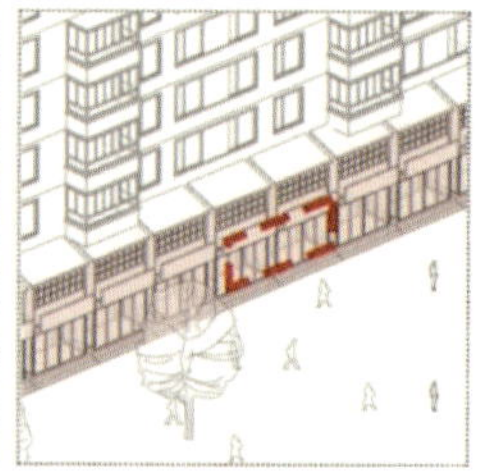

周围大多为居民区，是典型的生活型街道底商空间之一

天津西南角区域德佑门店

  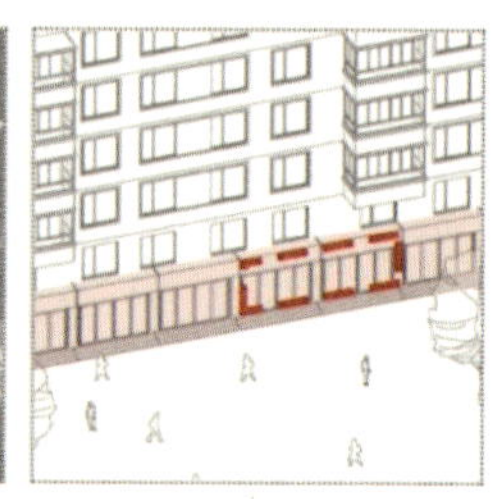 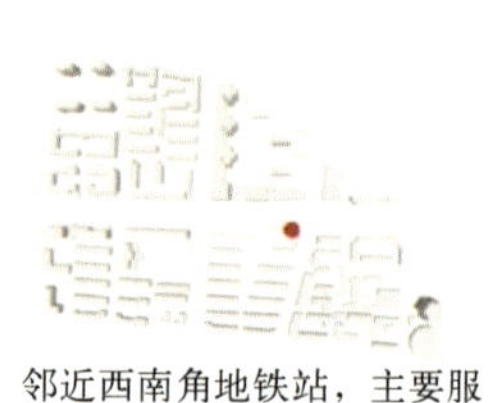

邻近西南角地铁站，主要服务周边的居民区以及办公建筑

天津西南角区域光明眼镜

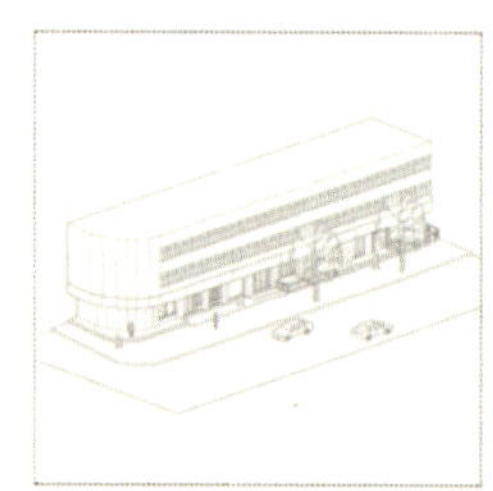  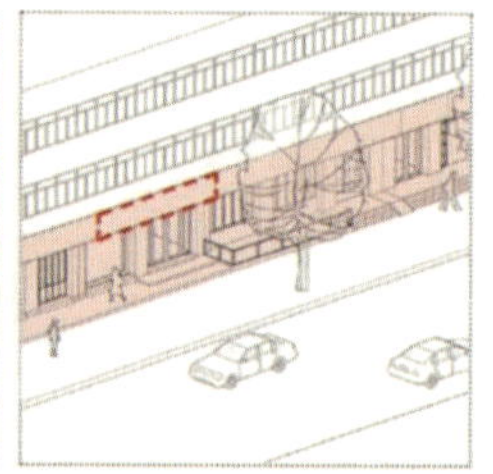 

建筑层高适中，开间适中，与街道空间之间边界明确

天津劝业场街道庆泰里底商

  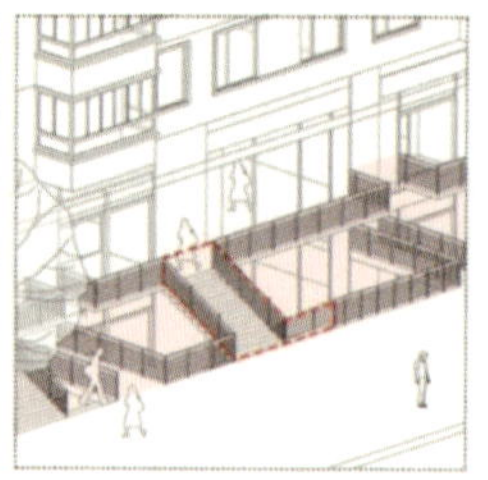 

建筑以框架结构为主，底层与街道有一定高差

大连俄罗斯风情街住宅底商

不透明

天津万德庄大街国大药房

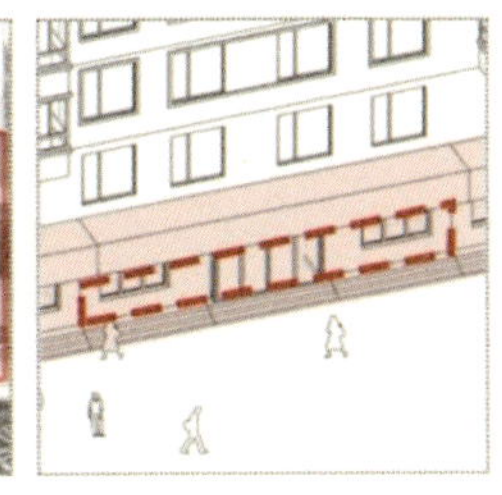

位于街角位置，商铺开间较大，主要服务周边居民区，人流量较大

图2-17　板片形式的生活型表层空间分析图

全透明　暂无

半透明

天津西南角区域婷婷炸鸡

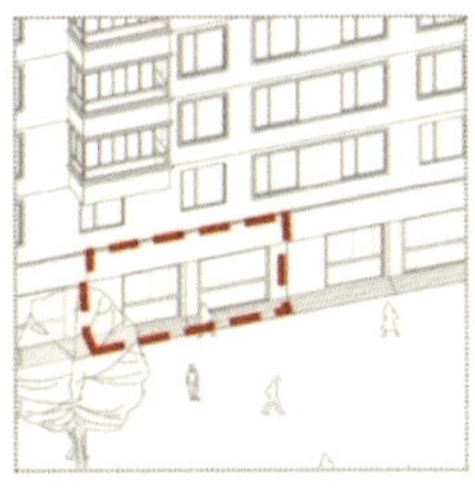

靠近西南角地铁站，商铺开间较小，周边商铺业态相近，服务人群广泛

天津西南角区域石磨煎饼

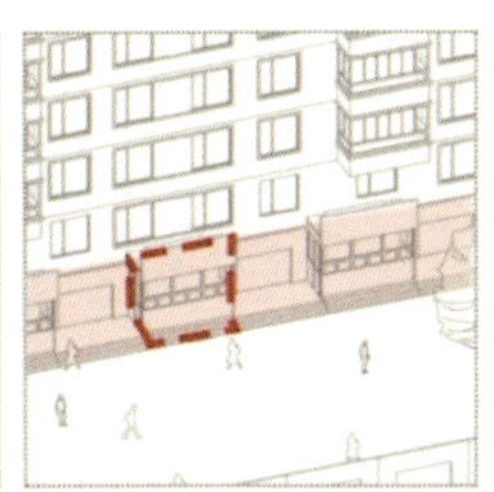

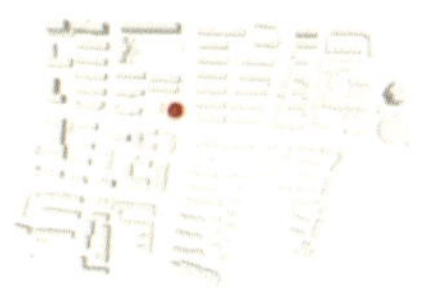

商铺与街道之间的分界方式简洁明确，与其有一定的高差分界

天津万德庄大街大吉利火锅

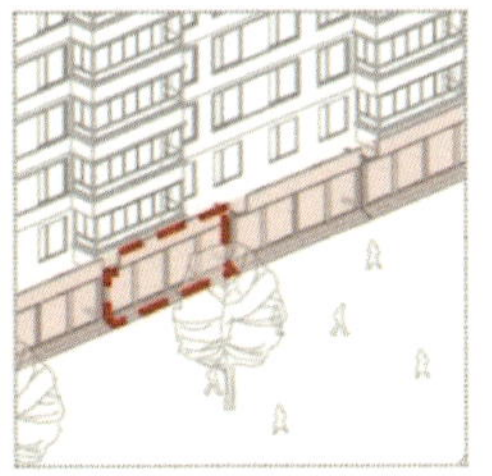

空间的利用向外有所延展，服务人群较为广泛

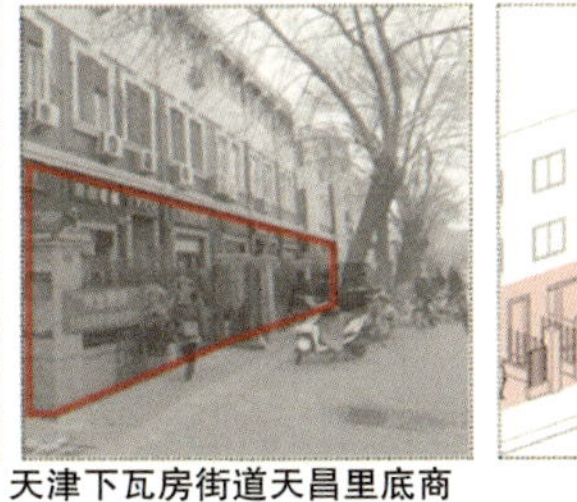

天津下瓦房街道天昌里底商

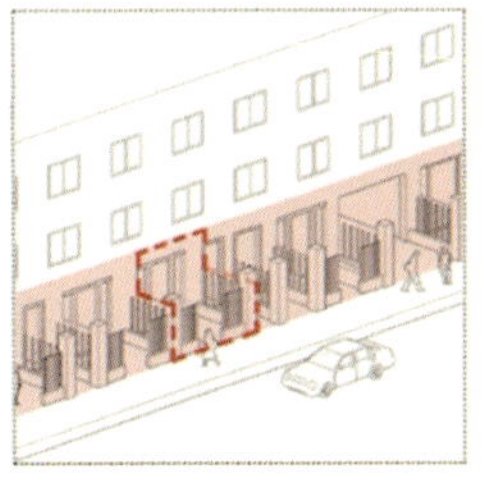

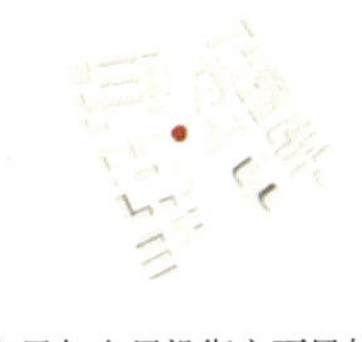

底层与上层沿街立面风格较为一致，空间形式丰富，可塑性强

不透明　暂无

图2-18　体块形式的生活型表层空间分析图

2.2.3 旅游型

旅游型表层空间又称为传统街区型，指邻近景观休闲街道的传统街区或风景名胜区的古建或仿古建筑的底层商业店铺。此类商铺空间以砖混结构或剪力墙结构为主，楹联匾额鳞次栉比，各种灯饰富有传统特色，空间层次丰富。旅游型商业街区体现地方特色，是城市的旅游景点，多吸引外地游客。店铺业态以特色手工艺品、旅游纪念品、当地特色美食为主。通过对天津古文化街和鼓楼商业街的现场调研，将旅游型商铺的表层空间分为九小类：全透明的杆件形式文化建筑的表层空间、半透明的杆件形式文化建筑的表层空间、不透明的杆件形式文化建筑的表层空间、全透明的板片形式文化建筑的表层空间、半透明的板片形式文化建筑的表层空间、不透明的板片形式文化建筑的表层空间、全透明的体块形式文化建筑的表层空间、半透明的体块形式文化建筑的表层空间、不透明的体块形式文化建筑表层空间形式。（图2-19～图2-21）。

全透明　暂无

半透明

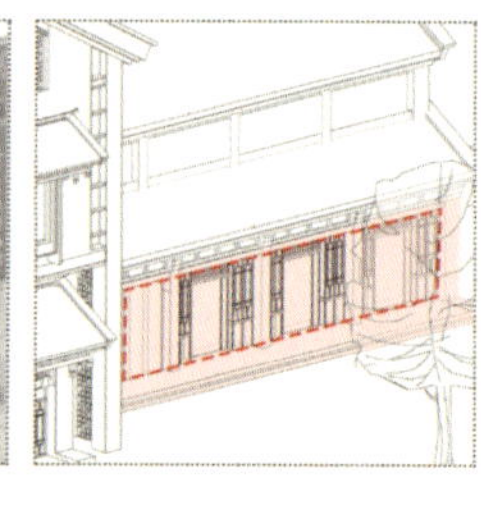
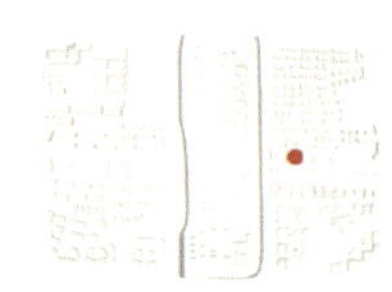

天津鼓楼老城小梨园

建筑风格古朴，作为景区内的文化特色，服务主流旅游人群

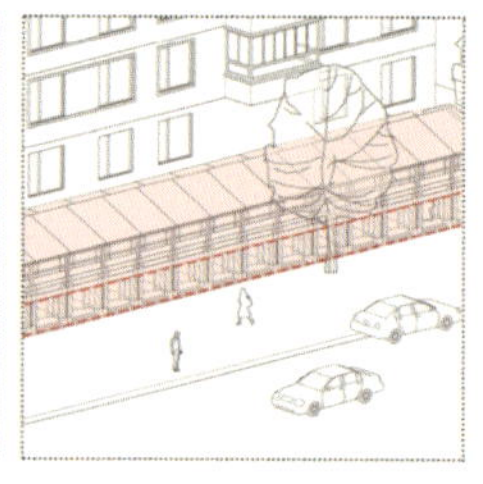

天津鼓楼鼓楼艺术馆

建筑开间较大，风格古朴典雅，营造浓厚的文化氛围

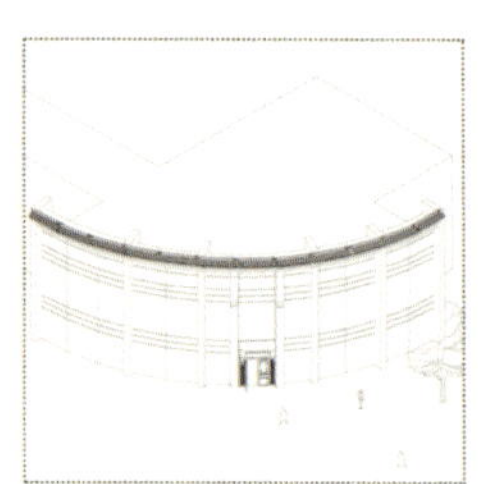

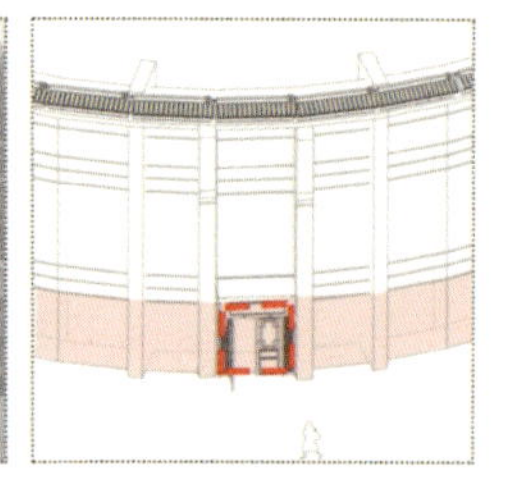
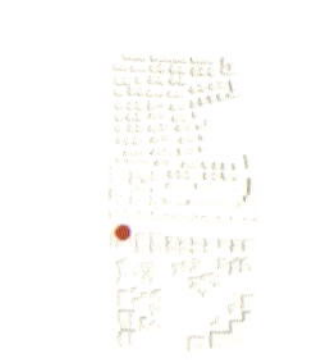

天津鼓楼火龙宫

建筑形式较灵活，特点鲜明，标识性强，服务人群广泛

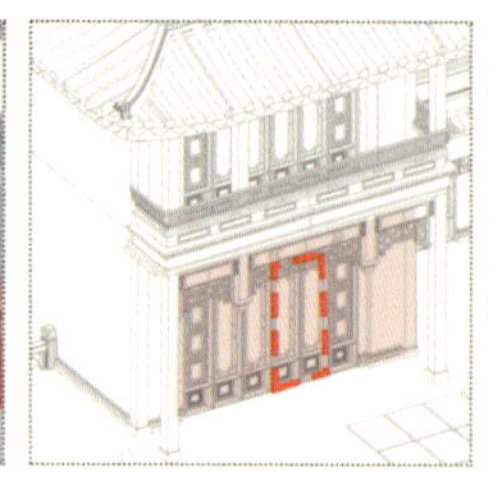

天津古文化街桂发祥

周边商铺业态丰富，作为主要的市内景区服务主流旅游人群

天津古文化街北方赌石城

周边商铺经营性质较为集中，组团式发展，空间形式也较为相似

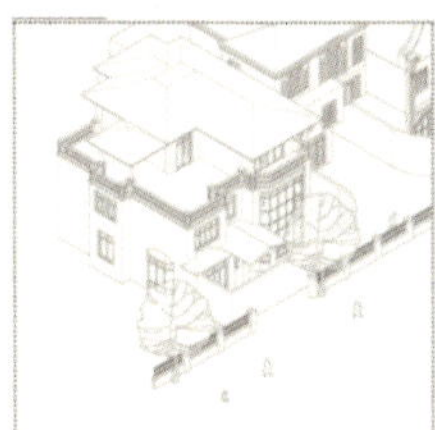

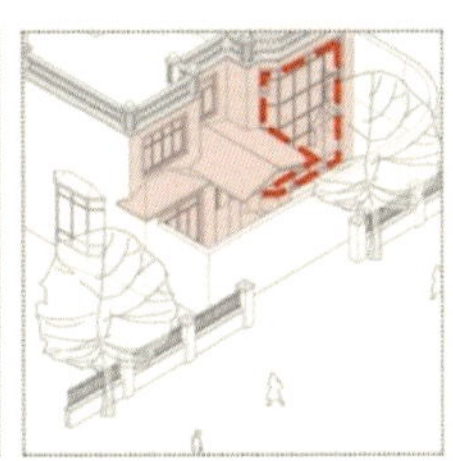

天津五大道六里服饰

邻近景观休闲街道的传统街区

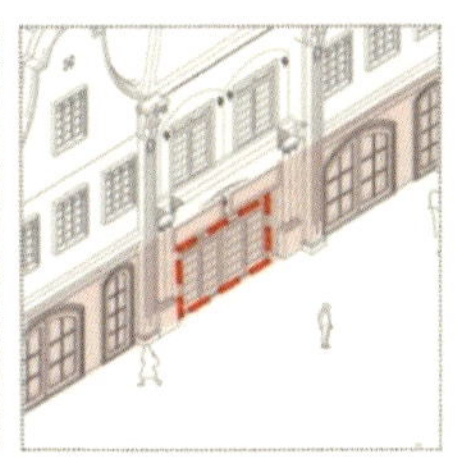

商铺业态丰富多样，与旅游区的文化属性相结合

不透明　暂无

天津五大道市集&保税

图2-19　杆件形式的旅游型表层空间分析图

全透明

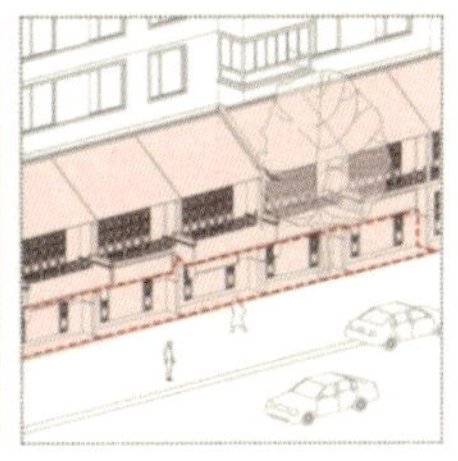

日本福冈太宰府商业街

建筑以仿古建筑为主，商铺业态以旅游纪念品及文化产品为主

半透明

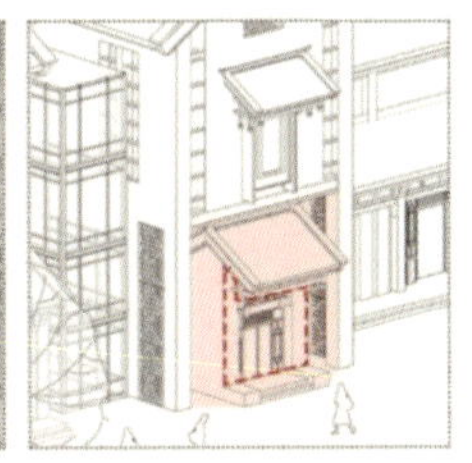
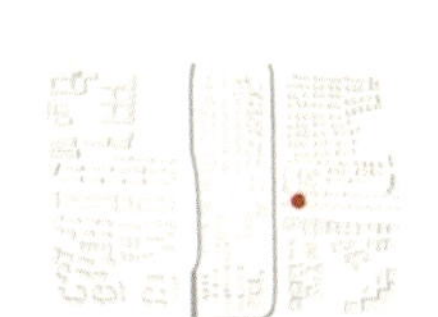

天津鼓楼老城博物馆

商铺以砖混结构为主，作为传统街区，一定程度体现地方特色

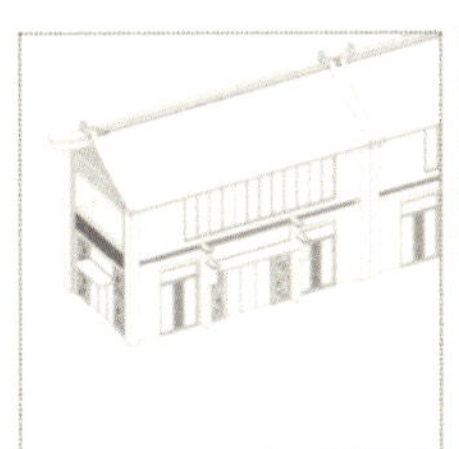

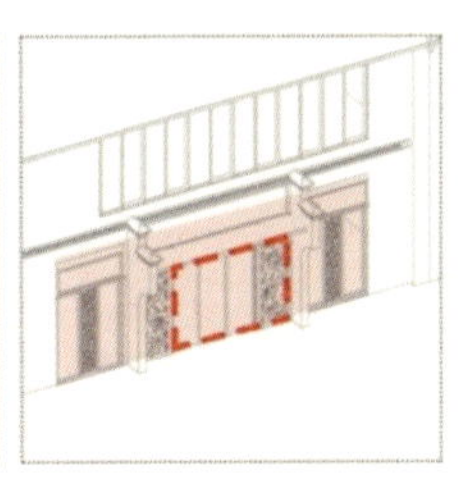
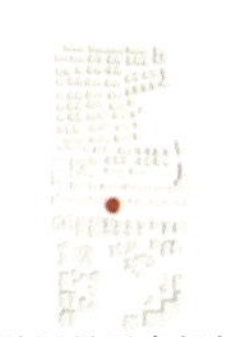

天津鼓楼万福乐超市

作为旅游风景区内部的仿古建筑底层商铺，主要服务人群为游客

图2-20

天津古文化街耳朵眼炸糕

建筑形式为传统古建，商铺开间较小。具有地方特色

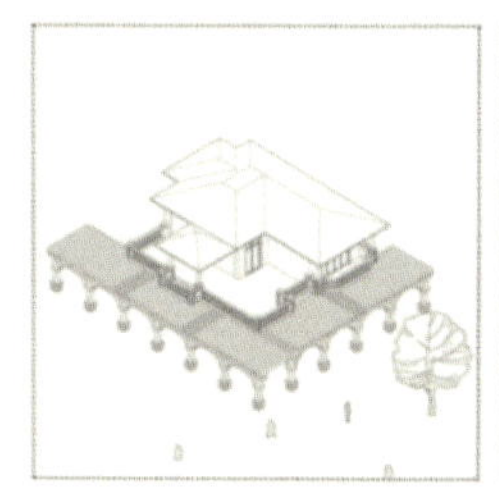

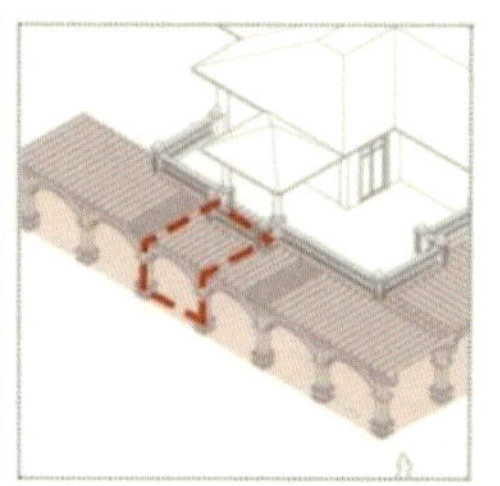

天津五大道大福冰室

建筑风格为以欧式为主的花园式建筑、具有历史文化特色

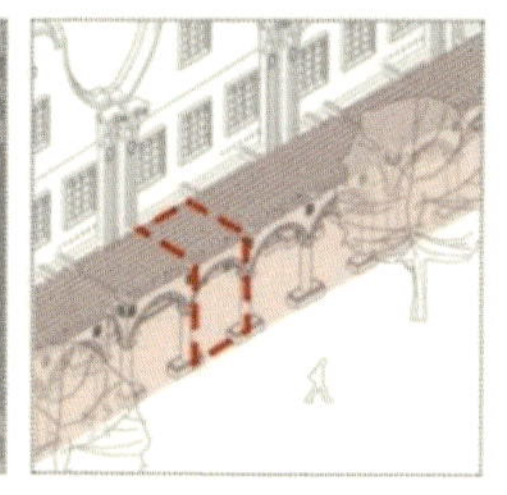

天津五大道罗森便利店

商铺结合建筑特色，打造经营特色，服务人群广泛

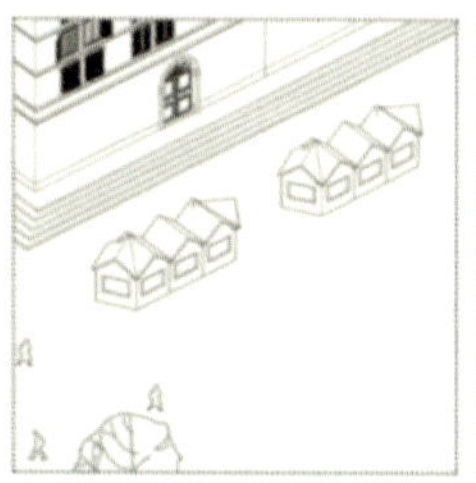

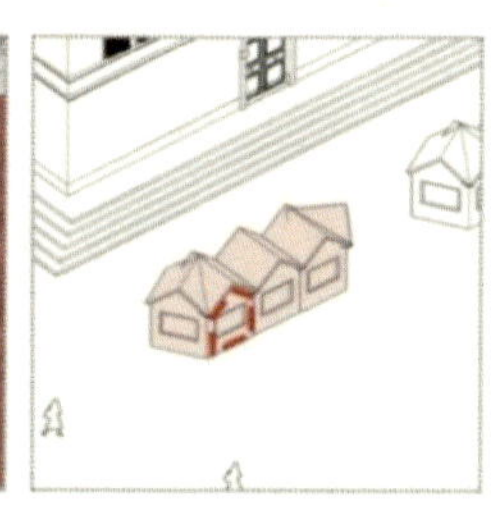

天津意风街区零售店

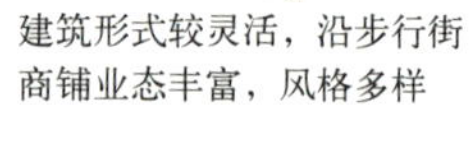

建筑形式较灵活，沿步行街商铺业态丰富，风格多样

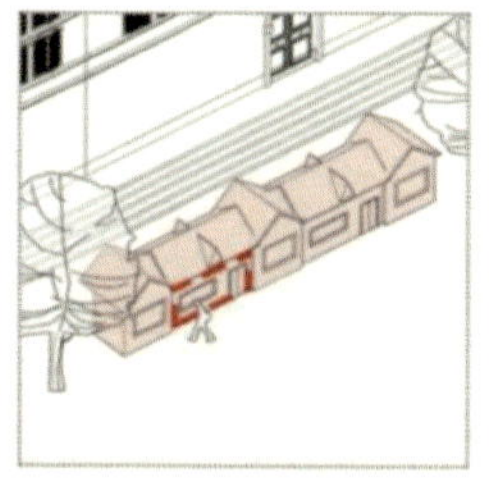

天津意风街区精品店

沿步行街商铺风格统一，主要业态为文化产品、手工艺品以及特色餐饮

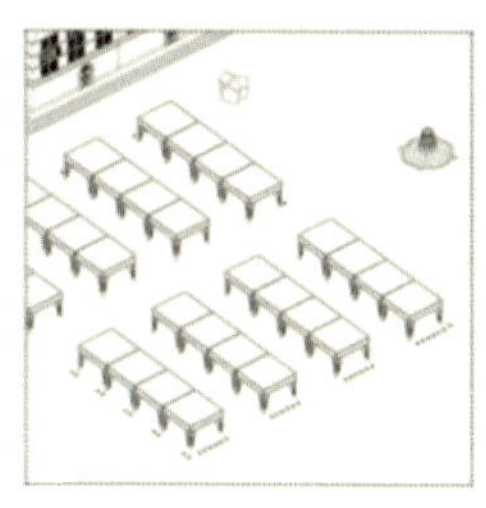

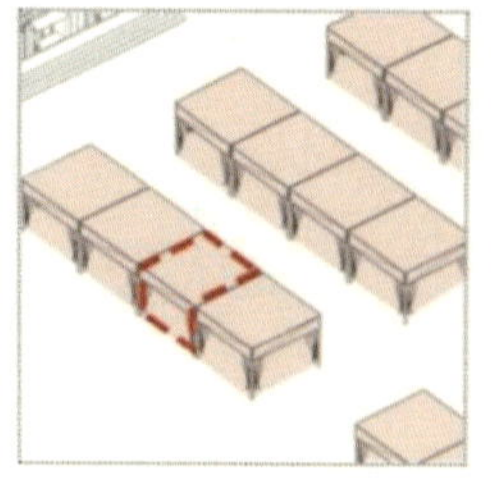

天津意风街区喷泉集市

商铺形式较为灵活，集中分布在开阔的场地，体现文化特色

不透明

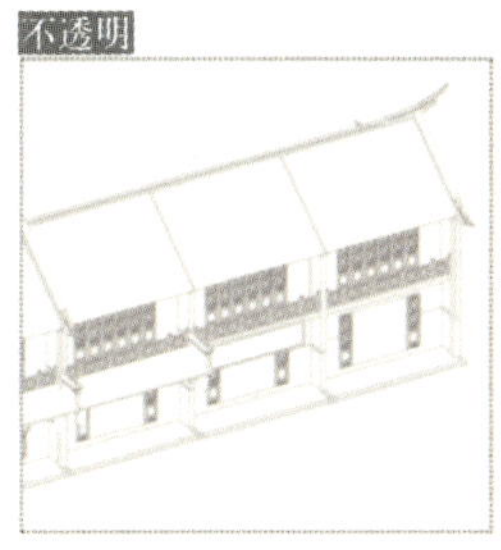

天津鼓楼茶楼

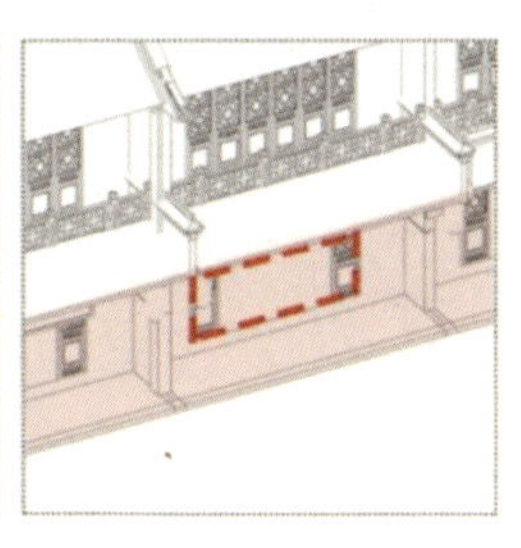

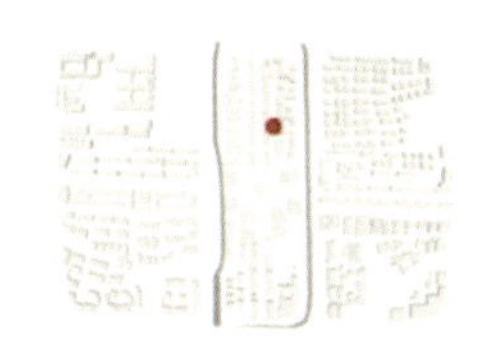

空间结构以砖混结构为主，各种装饰具有传统文化特色

天津意风街区成都串串

充分利用主体建筑空间，业态以特色美食为主，服务游客

图2-20　板片形式的旅游型表层空间分析图

全透明 暂无

半透明

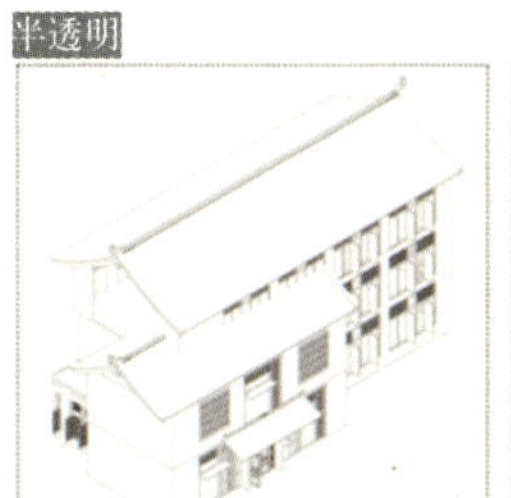

天津鼓楼二嫂子煎饼果子

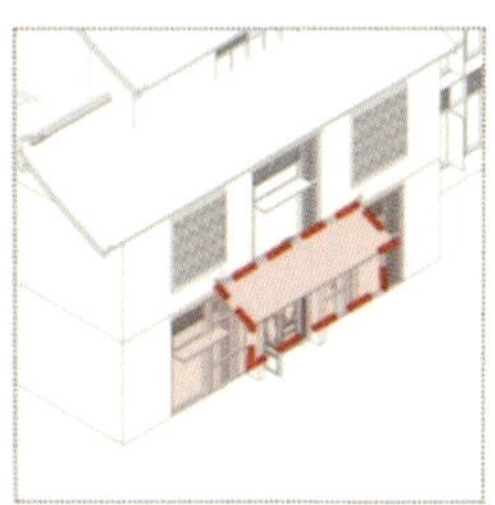

建筑空间紧凑，位于街角处，体现地方特色

天津古文化街毛猴张

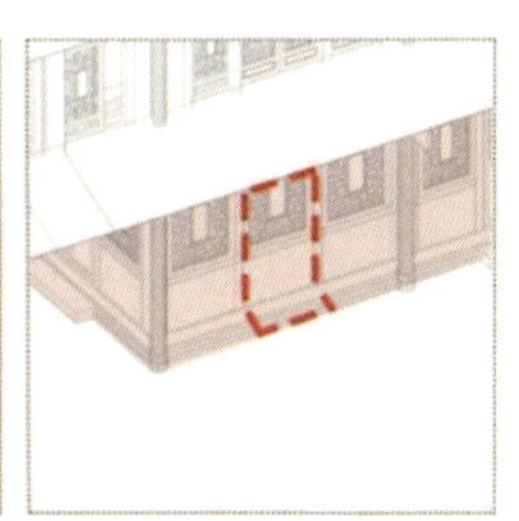

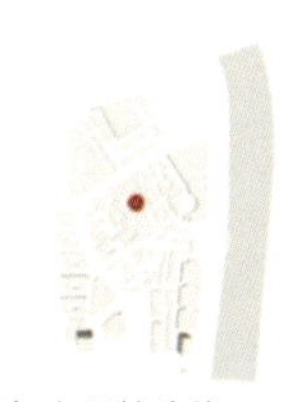

底层与上层较为统一，主要业态为特色手工艺品，吸引众多游客

天津意风街区星巴克

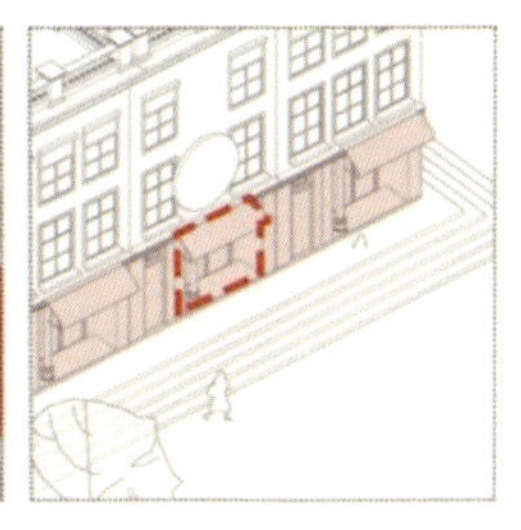

建筑层高较高，欧式风格的建筑及装饰与业态结合，相得益彰

图2-21

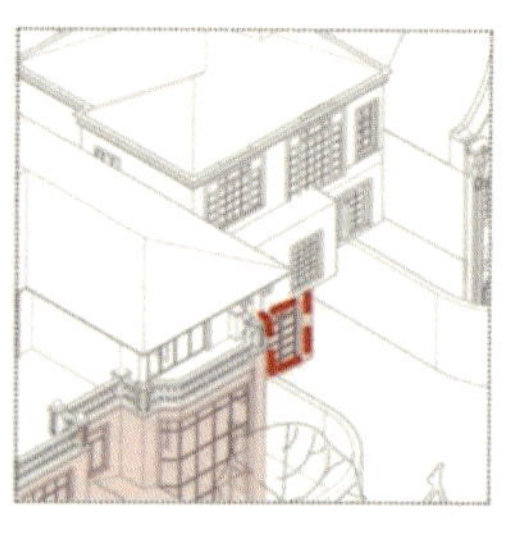
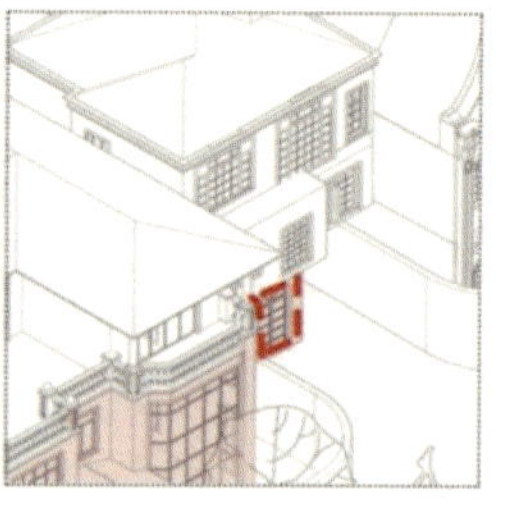

天津五大道民园西里

作为旅游区内的文化创意街区，业态丰富，商铺集中，人流量较大

图2-21　体块形式的旅游型表层空间分析图

2.3 临街商业建筑表层空间行为注记分析

调研分别针对三个类型选取40个点，从外部空间环境对临街商业建筑表层空间进行研究，将停留位置在平面上进行标记。以KIKV（滨江道-商业型）、六里服饰（五大道-旅游型）、大吉利（万德庄-生活型）为例（图2-22～图2-24）。

春季选取2021年4月4日（清明节）、6月2日（平日）和5月5日（周末）三天；夏季选取6月14日（端午节）、7月13日（平日）和7月17日（周末）三天进行调研，并按照不同时间段（10时、12时、20时）对五大道桂林路、重庆道到成都道段进行现场调研和测绘，可以看出在五大道上人流适中，在春季的中午与晚上人会稍多。六里服饰建筑总长约100m，包含街角空间，共6开间，共计7家店面。各店面开间各有区别，整体协调，通过招牌和橱窗以及杆件的不同形成差异和可识别性。其中有四处表层空间与入口结合，进深2～2.8m，橱窗进深1.5m。步行道宽2m，还有伸出的凉篷。从外部空间环境对表层空间进行研究，将停留位置在平面上进行标记。

同时段对滨江道进行调研，KIKV属于商业型表层空间形式，人流适中，晚上与春季中午人稍多，街道共5个开间，其中两处表层空间与入口结合，进深2～2.8m，橱窗进深1.5m。步行道宽2m，还有伸出的凉篷。鹿客西街属于商业型表层空间形式，人流适中，夏季与春季节假日人稍多；街道共8开间，共计7家店面。进深4.5～5m，橱窗进深1.2m。步行道宽3.5m。并对万德庄西南角进行调研，比如大吉利属于生活型表层空间形式，人流适中，夏季与春季的周末与节假日人稍多；街道包含街角空间，共8开间，共计7家店面。

商业型的消费群体包括本市居民和外地游客，生活型的消费群体以本市居民为主，旅游型的消费群体以外地游客为主，平日游客量较少。其中，鼓楼商业街因室外商业摊位多布置于步行街中间，消费人群受室外摊位的商品吸引产生驻足行为较多，对研究临街商业建筑表层空间的视觉吸引要素产生影响，故遴选商业型和生活型两种模式进行主要调研。其次，由于旅游型商业街区类型复杂，部分

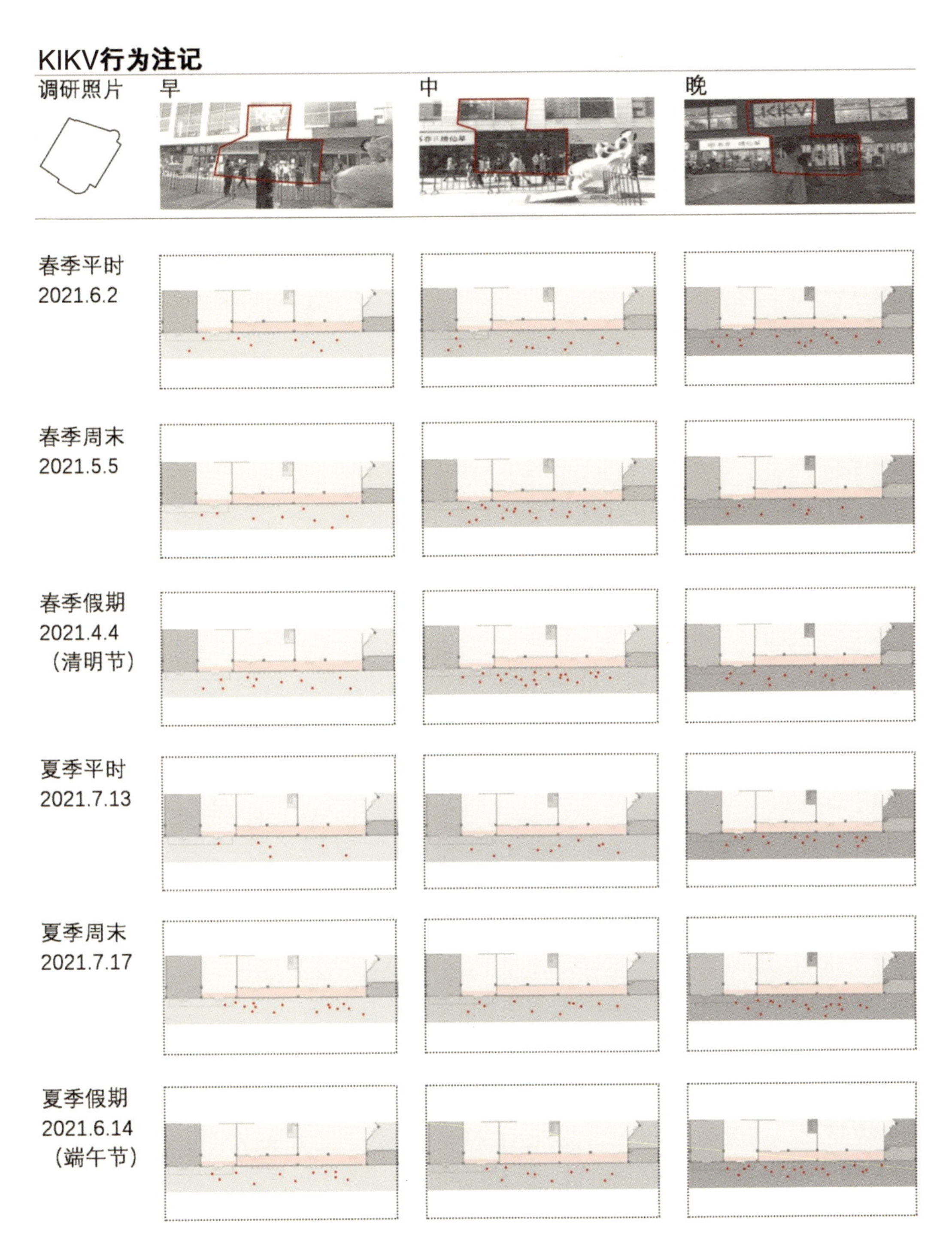

地点类型 KIKV属于商业型表层空间形式，分别选取春季与夏季的平时、周末、节假日对滨江道段进行现场调研

行为特征 人流适中，晚上与春季中午人稍多

空间特征 街道包含街角空间，共5开间，共计4家店面。其中有两处表层空间与入口结合，进深2～2.8m，橱窗进深1.5m。步行道宽2m，还有伸出的凉篷

图2-22 滨江道-KIKV行为注记图

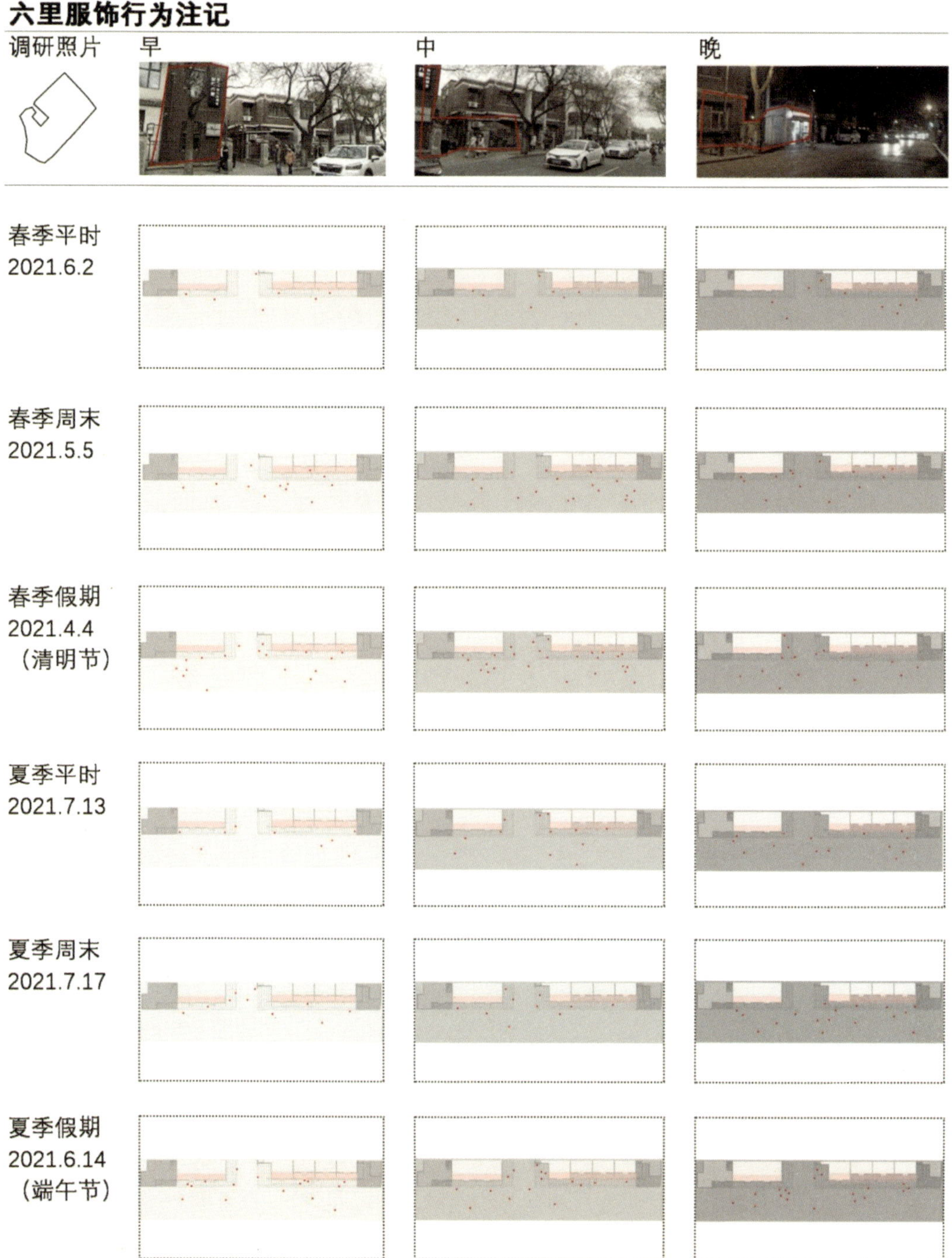

地点类型 六里服饰属于旅游型表层空间形式，分别选取春季与夏季的平时、周末、节假日对五大道进行现场调研

行为特征 人流适中，春季中午与晚上人稍多

空间特征 街道包含街角空间，共6开间，共计7家店面。其中有两处表层空间与入口结合，进深2～2.8m，橱窗进深1.5m。步行道宽2m，还有伸出的凉篷

图2-23　五大道-六里服饰行为注记图

大吉利行为注记

调研照片　早　中　晚

春季平时
2021.6.2

春季周末
2021.5.5

春季假期
2021.4.4
（清明节）

夏季平时
2021.7.13

夏季周末
2021.7.17

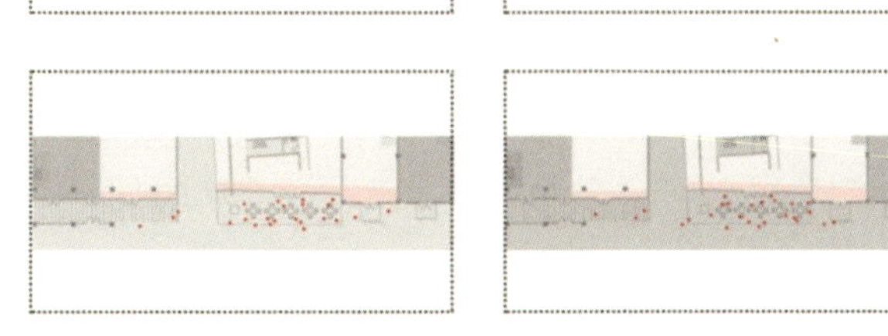
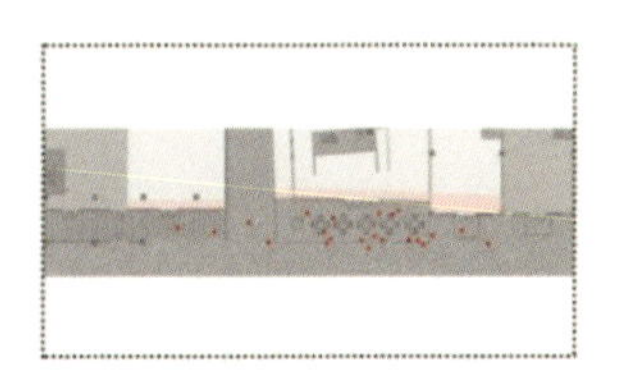

夏季假期
2021.6.14
（端午节）

地点类型　大吉利属于生活型表层空间形式，分别选取春季与夏季的平时、周末、节假日对万德庄段进行调研

行为特征　人流适中，夏季与春季的周末与节假日人稍多

空间特征　街道包含街角空间，共8开间，共计7家店面。其中有五处表层空间与入口结合，进深4.5～5m，橱窗进深1.2m。步行道宽3.5m

图2-24　万德庄-大吉利行为注记图

属于历史文化街区，且受地域环境影响，表层空间形式各异，对旅游型建筑表层空间的研究需进一步分类。由于商业型表层空间和生活型表层空间在研究中具有吸引力，在空间分析方面存在优势，而且两类空间广泛存在，分析及实验的可行性强，因此选取临街商业建筑表层空间改造频繁、普遍存在的商业型表层空间和生活型表层空间做进一步的实证研究。

2.4 本章小结

本章主要是对临街商业建筑表层空间的调研与分析。首先对表层空间进行预调研，综合秋冬季气候特点，重点选取滨江道的商业型表层空间进行具体叙述与比较。预调研结果表明表层空间具有较高的关注度，对周边人群行为具有显著影响，居民对表层空间的构成和改善具有较高的期待。

主要调研地点位于天津市，春末夏初和秋季是最佳季节。适宜的气候特征保证了建筑表层空间形式的多样性，不同于东北地区，天津市的商业建筑表层空间可使用大面积玻璃橱窗；区别于南方地区的灰空间，表层空间能有效为人群提供不同的活动空间。灰空间介于黑白空间之间，与气候有着不可分割的关系。而表层空间没有明确的黑白灰关系，不是连通的空间。因此表层空间与灰空间不在同一体系下，有着本质的区别。

临街商业建筑表层空间分为商业型、生活型和旅游型三类。分别按照三种类型选取代表性街道，即商业型（乐宾和恒隆广场）表层空间、生活型（西南角和万德庄大街）表层空间、旅游型（鼓楼、古文化街、意风街区和五大道）表层空间，分别对春季及夏季的平日、周末、节假日进行数据采集，并获取不同时段（10时、12时、14时、20时）的热力图。进一步选取天津市南开区及和平区商业型、生活型和旅游型街道的建筑组群以及表层商铺空间，从日变化到季节变化等方面分别进行深入调研，进行现场测绘、绘制CAD图纸并建立模型。采取现场拍照，发放纸质问卷和电子问卷、组织现场访谈的形式对调研数据进行采集、整理和分析。

商业型表层空间建筑以框架结构为主，商铺空间开间较大，层高较高，且与整体商业建筑立面相协调，底层与上层沿街立面一体化设计，整体性强。生活型表层商铺空间以剪力墙结构为主，业态种类齐全，以餐饮业为主，还包括理发店、洗衣店、便利店等。旅游型表层商铺空间以砖混结构或剪力墙结构为主，楹联匾额鳞次栉比，各种灯饰富有传统特色，空间层次丰富。旅游型街区体现地方特色，是城市的旅游景点，多吸引外地游客。店铺业态以特色手工艺品、旅游纪念品、当地特色美食为主。这三类临街商铺表层空间按空间类型又可分为九小类：全透明、半透明及不透明的杆件形式建筑的表层空间，全透明、半透明及不透明的板片形式建筑的表层空间，全透明、半透明及不透明的体块形式建筑的表层空间。再对27种形式进行归纳总结，通过建模进行分类绘制。

商业型、生活型与旅游型三种类型的商铺运营模式和所面向的消费群体各有不同。对三种类型的40小类样本采取现场调研的方式，采集不同类型表层空间的物质空间信息。集中选取商业型和生活型两类表层空间进行进一步问卷调研，通过现场访谈和发放纸质问卷的方式研究表层空间的吸引力，现场观测引发驻足行为的吸引要素，并进行现场行为注记。采集驻足人群行为数据，得出临街商业建筑表层空间的空间类型、视觉吸引要素与驻足行为之间的关联。

典型案例选取以餐饮和零售为主，为得到普适性结论，新增了临街商业建筑表层空间的研究案例。在案例遴选过程中，着重考量店铺位置、店铺规模、店铺形态、价格政策、销售方式、销售服务等内容，尽力缩小经营项目吸引力的差异，集中考虑到物质空间布局层面。选取的店铺具有较为相似的经营模式和业态，从而有利于得到普适性结论。本书不考虑网红效应等特殊因素对商业建筑的影响。

第 3 章

视觉环境对建筑表层空间停留行为的影响

建筑表层空间容纳各种公众行为，是研究行为-空间关联的场所，主要可分为“商业型”“生活型”和“旅游型”。底层临街界面定义了城市空间，并充当人与物质空间交流的区域。当公共空间与其边缘或底层界面之间存在连接时，室内外空间的边界变得模糊，室内活动延伸到室外，各种活动直接发生在建筑表层空间。空间体验研究中讨论外部空间的研究日益增多，视觉吸引力成为讨论的重点。同时，建筑物底层用途的多样性、临街面的物质性和视觉感知渗透性等在促进步行道上的停留性行为方面也起到了重要作用。建筑改造多发生于建筑边界，目标由提升城市形象逐渐转变为提升空间品质。在街道空间构成和街道景观及形象的塑造中，建筑表层空间同样起着重要作用，如商业吸引力主要体现在建筑表层空间。

3.1 表层空间视觉环境对人群行为的影响分析

3.1.1 表层空间吸引要素调研

在对表层空间视觉吸引要素的调查中，首先对冲动性消费进行调研。冲动性消费行为指本来漫无目的地闲逛，被特定购物场所吸引后产生非计划性的消费行为。问卷调查结果显示，73.8%的评价者有过冲动性消费行为，44.93%的评价者因为表层空间的视觉环境吸引产生过冲动性消费行为。吸引消费者产生进店购物的主要视觉吸引要素包括店铺形象有特色、有新鲜感（占44.93%），商品本身（占35.51%），文化氛围（占30.43%），商业活动宣传（打折促销等标识）（占28.99%），店面主题鲜明、有趣（占19.57%），橱窗展示（占15.94%），店面开敞、通透（占10.87%），室内陈设（占10.87%），品牌标识（占9.42%），绿化环境（占5.8%），可休憩家具（占5.8%），其他因素还包括受排队人群影响、广告牌、消费者心情等（图3-1）。虽然对商品的喜爱是产生消费行为的最主要因素，但临街商铺表层空间有特色、主题鲜明、具有趣味性和开敞性等良好的视觉环境也是吸引消费者产生消费行为的重要因素。

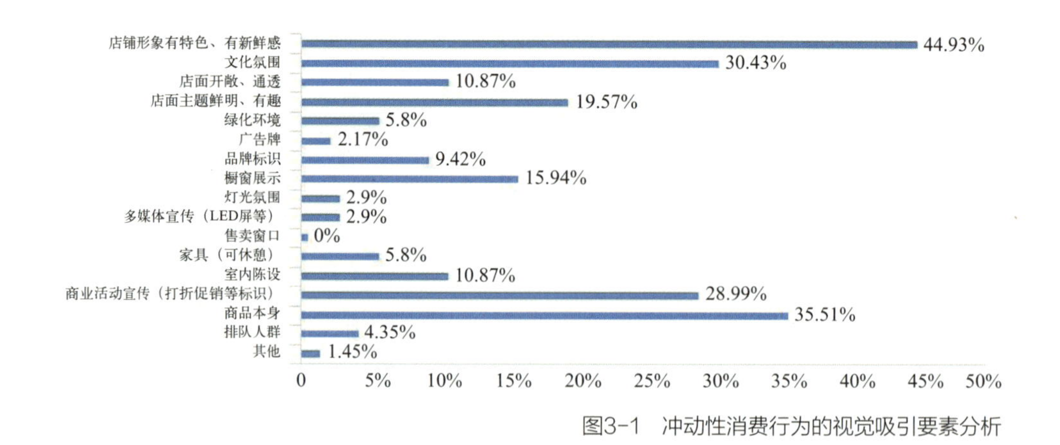

图3-1　冲动性消费行为的视觉吸引要素分析

3.1.2 吸引要素与人群行为相关性分析

在对商业步行街满意度的调查中，半数以上的消费者（占52.41%）对所在城市的商业步行街的评价为一般满意，28.34%的评价者表示比较满意，只有7.49%的评价者感到非常满意，11.77%的评价者则感到不太满意和很不满意（图3-2）。假设不同性别、年龄、职业、受教育程度、所在城市、健康状况的评价者对商业步行街的整体满意度存在差异，将样本的满意度评价数据与评价者社会属性进行相关性评价。由于数据属于定类及定序数据，采用非参数检验的Kendall和Spearman相关系数结果进行分析。根据非参数相关性的检验结果可知，评价者社会属性与商业步行街整体满意度的Kendall和Spearman相关性分析P值[Sig.(双侧)]均大于0.05，说明二者无显著相关性（表3-1）。

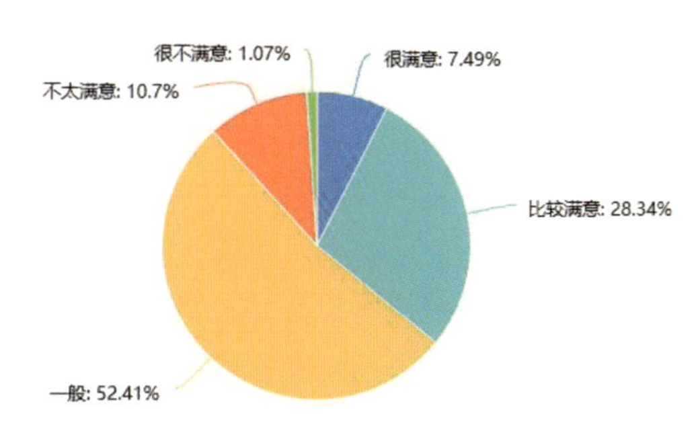

图3-2 商业步行街满意度调查表

表3-1 评价者社会属性与整体满意度相关性分析

项目			性别	年龄	职业	教育程度	所在城市	健康状况
Kendall的tau_b	对您所在城市的商业步行街的满意度	相关系数	−0.012	0.072	0.054	−0.073	−0.075	0.061
		P值[Sig.(双侧)]	0.861	0.269	0.405	0.272	0.253	0.364
		N	187	187	187	187	187	187
Spearman的rho	对您所在城市的商业步行街的满意度	相关系数	−0.013	0.082	0.062	−0.081	−0.086	0.064
		P值[Sig.(双侧)]	0.861	0.265	0.402	0.269	0.241	0.384
		N	187	187	187	187	187	187

注：1. P值[Sig.(双侧)]为0.01时，相关性是极显著的；在0.01＜P值[Sig.(双侧)]＜0.05时，相关性是显著的。
2. N为观察值的数量。

临街商铺表层空间的吸引要素将直接影响人们的整体满意度。其中，选择比较满意和非常满意的吸引要素的评价者中，56.72%是因为业态多样，47.76%是因为步行街热闹，40.3%是因为店面主题鲜明、有趣，34.33%是因为店面有特色、有新鲜感（图3-3）。评价者感到不太满意和很不满意的要素为，59.09%认为业态单一，50%认为店面无新鲜感，36.36%认为无聊、无趣，31.82%认为步行街冷清（图3-4）。由此可见，影响建筑表层空间整体满意度的主要吸引要素为商铺业态多样性；商铺是否有特色，有新鲜感；商铺是否主题鲜明、有趣；步行街是否热闹。确定对满意度有重要影响的构成要素，通过统计数据发现，业态多样性、人群密集度（街道热闹程度）、表层空间趣味性、表层空间特色、表层开敞通透与街道满意度有显著的正相关关系，且影响程度依次由大到小。

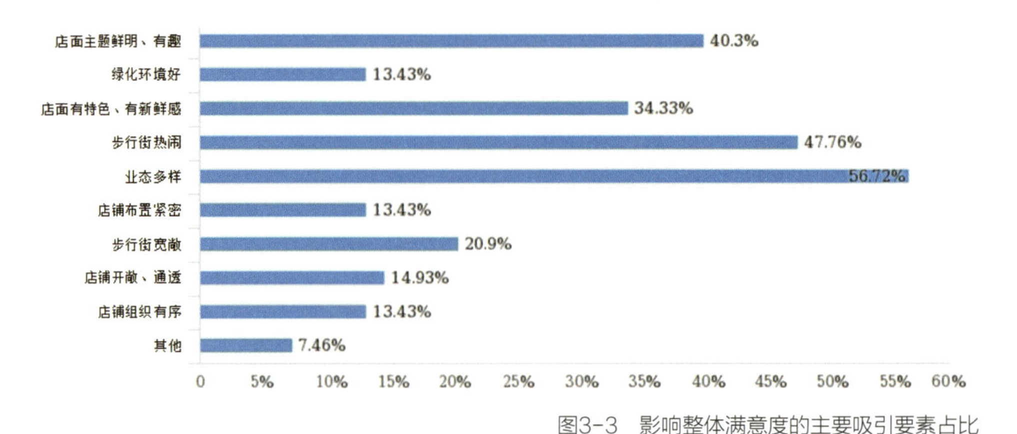

图3-3　影响整体满意度的主要吸引要素占比

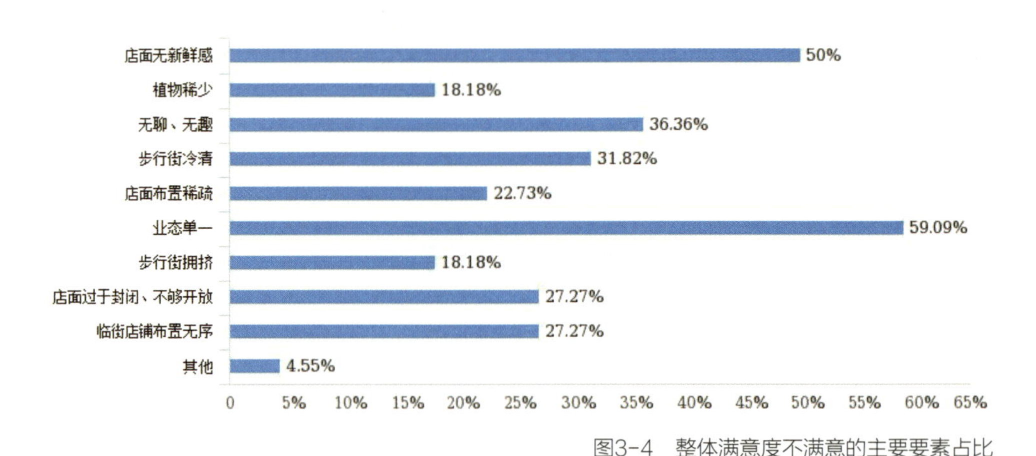

图3-4　整体满意度不满意的主要要素占比

假设不同性别、年龄、职业、受教育程度、所在城市、健康状况的评价者对表层空间的关注点存在差异，将统计社会属性数据分别定为多变量，把所有选项定义为一个变量集，进行频率分析，将得到的频数数据制成新的SPSS表格，继而以频数数据为权重进行个案加权处理。将其与商铺关注点的数据构建交叉表，进行卡方检验（表3-2～表3-9）。结果显示，在社会属性与商铺关注点卡方检验中，评价者性别数据的相关性分析P值[Sig.(双侧)]小于0.05，说明不同性别的评价者的店铺关注点有显著差异。职业、年龄、受教育程度、所在城市、健康状况与商铺关注点的卡方检验中相关性分析P值[Sig.(双侧)]小于0.05，说明不同职业、年龄、受教育程度、所在城市、健康状况的评价者的商铺关注点具有显著差异。

表3-2 评价者性别与商铺关注点交叉制表

调查对象		商铺关注点													合计
		店铺外观美观	店面品牌标识	店铺空间层次丰富	主题有趣	绿化环境好	被橱窗展示的商品吸引	通透性好	光线效果好	有座椅摆放	有用来取景拍照的地方	花车等促销商品展示	商业促销活动	其他	
性别	男	1	2	3	4	5	6	7	8	9	10	11	12	13	91
	女	1	2	3	4	5	6	7	8	9	10	11	12	13	91
合计		2	4	6	8	10	12	14	16	18	20	22	24	26	182

表3-3 评价者性别与商铺关注点卡方检验结果

项目	值	*df*	*P*值[Sig.（双侧）]
Pearson卡方	56.245	36	0.017
似然比	58.596	36	0.010
线性和线性组合	0.116	1	0.733
有效案例中的*N*	486		

注：56.245为实测值；*N*表示用于检验的样本数量；*df*为自由度。

表3-4 评价者年龄与商铺关注点交叉制表

调查对象		商铺关注点													合计
		店铺外观美观	店面品牌标识	店铺空间层次丰富	主题有趣	绿化环境好	被橱窗展示的商品吸引	通透性好	光线效果好	有座椅摆放	有用来取景拍照的地方	花车等促销商品展示	商业促销活动	其他	
年龄	18～25岁	10	7	11	10	1	11	11	6	4	2	0	6	0	79
	26～40岁	31	29	27	58	15	30	33	22	23	8	1	34	3	314
	41～60岁	4	8	6	10	3	6	5	1	7	1	3	3	2	59
	>60岁	3	7	2	1	5	0	3	2	7	3	0	1	0	34
合计		48	51	46	79	24	47	52	31	41	14	4	44	5	486

表3-5　评价者年龄与商铺关注点卡方检验结果

项目	值	*df*	*P*值[Sig.(双侧)]
Pearson卡方	66.464	36	0.001
似然比	61.721	36	0.005
线性和线性组合	0.384	1	0.535
有效案例中的*N*	486		

注：66.464为实测值；*N*表示用于检验的样本数量；*df*为自由度。

表3-6　评价者职业与商铺关注点卡方检验结果

项目	值	*df*	*P*值[Sig.(双侧)]
Pearson卡方	56.245	36	0.017
似然比	58.596	36	0.010
线性和线性组合	0.116	1	0.733
有效案例中的*N*	486		

注：56.245为实测值；*N*表示用于检验的样本数量；*df*为自由度。

表3-7　评价者受教育程度与商铺关注点卡方检验结果

项目	值	*df*	*P*值[Sig.(双侧)]
Pearson 卡方	49.615	24	0.002
似然比	48.191	24	0.002
线性和线性组合	0.009	1	0.925
有效案例中的*N*	486		

注：49.615为实测值；*N*表示用于检验的样本数量；*df*为自由度。

表3-8　评价者所在城市与商铺关注点卡方检验结果

项目	值	*df*	*P*值[Sig.(双侧)]
Pearson卡方	44.615	24	0.006
似然比	45.188	24	0.006
线性和线性组合	0.366	1	0.545
有效案例中的*N*	486		

注：44.615为实测值；*N*表示用于检验的样本数量；*df*为自由度。

表3-9　评价者健康状况与商铺关注点卡方检验结果

项目	值	*df*	*P*值[Sig.(双侧)]
Pearson卡方	76.558	36	0.000
似然比	33.556	36	0.585
线性和线性组合	2.179	1	0.140
有效案例中的*N*	486		

注：76.558为实测值；*N*表示用于检验的样本数量；*df*为自由度。

假设不同性别、年龄、职业、受教育程度、所在城市、健康状况的评价者对实体商铺类型的选择存在差异，将统计社会属性数据分别定为多变量，把所有选项定义为一个变量集，进行频率分析，将得到的频数数据制成新的SPSS表格，继而以频数数据为权重进行个案加权处理。将其与实体商铺类型的数据构建交叉表，进行卡方检验（表3-10～表3-15）。结果显示，在社会属性与商铺类型卡方检验中，评价者所在城市、健康状况数据的P值[Sig.(双侧)]大于0.05，说明不同所在城市、不同健康状况的评价者在选择实体店铺时没有差异。不同性别、年龄、职业、受教育程度与实体商铺类型的卡方检验中P值[Sig.(双侧)]小于0.05，说明不同性别、年龄、职业、受教育程度的评价者在实体商铺类型的选择上具有显著差异。

表3-10　评价者性别与实体商铺类型选择的卡方检验结果

项目	值	*df*	P值[Sig.(双侧)]
Pearson卡方	47.580	20	0.000
似然比	49.833	20	0.000
线性和线性组合	7.335	1	0.007
有效案例中的N	867		

注：47.580为实测值；N表示用于检验的样本数量；*df*为自由度。

表3-11　评价者年龄与实体商铺类型选择的卡方检验结果

项目	值	*df*	P值[Sig.(双侧)]
Pearson卡方	91.699	60	0.005
似然比	99.296	60	0.001
线性和线性组合	0.068	1	0.795
有效案例中的N	867		

注：91.699为实测值；N表示用于检验的样本数量；*df*为自由度。

表3-12　评价者职业与实体商铺类型选择的卡方检验结果

项目	值	*df*	P值[Sig.(双侧)]
Pearson卡方	85.973	60	0.016
似然比	99.596	60	0.001
线性和线性组合	0.152	1	0.696
有效案例中的N	867		

注：85.973为实测值；N表示用于检验的样本数量；*df*为自由度。

表3-13　评价者受教育程度与实体商铺类型选择的卡方检验结果

项目	值	*df*	P值[Sig.(双侧)]
Pearson卡方	62.078	40	0.014
似然比	64.653	40	0.008
线性和线性组合	0.113	1	0.737
有效案例中的N	867		

注：62.078为实测值；N表示用于检验的样本数量；*df*为自由度。

表3-14　评价者所在城市与实体商铺类型选择的卡方检验结果

项目	值	*df*	*P*值[Sig. (双侧)]
Pearson卡方	46.431	40	0.224
似然比	43.068	40	0.341
线性和线性组合	0.433	1	0.510
有效案例中的*N*	867		

注：46.431为实测值；*N*表示用于检验的样本数量；*df*为自由度。

表3-15　评价者健康状况与实体商铺类型选择的卡方检验结果

项目	值	*df*	*P*值[Sig. (双侧)]
Pearson卡方	64.188	60	0.332
似然比	53.118	60	0.723
线性和线性组合	1.863	1	0.172
有效案例中的*N*	867		

注：64.188为实测值；*N*表示用于检验的样本数量；*df*为自由度。

假设不同性别、年龄、职业、受教育程度、所在城市、健康状况的评价者的有无冲动性消费行为存在相关性。将样本的冲动性消费行为评价数据与评价者社会属性进行相关性评价。由于数据属于定类及定序数据，采用非参数检验的Kendall和Spearman相关系数结果进行分析（表3-16）。根据非参数相关性的检验结果可知，评价者的年龄、职业、教育程度的社会属性与有无冲动性消费情况的Kendall和Spearman相关系数*P*值[Sig. (双侧)]均大于0.05，说明数据间无显著相关性。而评价者性别、所在城市和健康状况与冲动性消费情况的Kendall与Spearman相关系数结果显示，*P*值[Sig. (双侧)]小于0.05，即相关系数有效，且二者呈正相关。即评价者所在城市消费环境越好，健康状况越好，越容易产生冲动性消费行为。

表3-16　评价者社会属性与冲动性消费行为的相关性分析表

项目			性别	年龄	职业	教育程度	所在城市	健康状况
Kendall的tau_b	有无冲动性消费情况	相关系数	−0.155①	0.081	0.093	0.042	0.172①	0.201②
		Sig.（双侧）	0.034	0.243	0.180	0.553	0.014	0.005
		N	187	187	187	187	187	187
Spearman的rho	有无冲动性消费情况	相关系数	−0.155①	0.086	0.098	0.044	0.181①	0.207②
		Sig.（双侧）	0.034	0.244	0.181	0.554	0.013	0.004
		N	187	187	187	187	187	187

① 0.01＜*P*值[Sig.(双侧)]＜0.05时，相关性是显著的。

② *P*值[Sig.(双侧)]为0.01时，相关性是非常显著的。

进一步对评价者的性别、年龄、职业、受教育程度、所在城市和健康状况的社会属性数据与引起评价者产生冲动性消费的视觉吸引要素进行差异性分析。将统计社会属性数据分别定为多变量，把所有选项定义为一个变量集，进行频率分析，将得到的频数数据制成新的SPSS表格，继而以频数数据为权重进行个案加权处理。将其与视觉吸引要素的数据构建交叉表，进行卡方检验（表3-17～表3-22）。结果显示，在社会属性与视觉吸引要素卡方检验中，性别、年龄、职业、受教育程度、所在城市数据的*P*值[Sig.(双侧)]大于0.05，说明不同性别、年龄、职业、受教育程度、所在城市的评价者产生冲动性消费行为时视觉吸引要素没有差异。健康状况与视觉吸引要素的卡方检验中*P*值[Sig.(双侧)]小于0.05，说明不同健康状况的评价者的视觉吸引要素具有显著差异。

表3-17　评价者性别与视觉吸引要素卡方检验结果

项目	值	*df*	*P*值[Sig. (双侧)]
Pearson卡方	16.888	15	0.326
似然比	18.707	15	0.227
线性和线性组合	1.456	1	0.228
有效案例中的*N*	320		

注：16.888为实测值；*N*表示用于检验的样本数量；*df*为自由度。

表3-18　评价者年龄与视觉吸引要素卡方检验结果

项目	值	*df*	*P*值[Sig. (双侧)]
Pearson卡方	40.585	45	0.659
似然比	44.229	45	0.504
线性和线性组合	0.146	1	0.702
有效案例中的*N*	320		

注：40.585为实测值；*N*表示用于检验的样本数量；*df*为自由度。

表3-19　评价者职业与视觉吸引要素卡方检验结果

项目	值	*df*	*P*值[Sig. (双侧)]
Pearson卡方	37.461	45	0.780
似然比	40.654	45	0.656
线性和线性组合	0.795	1	0.373
有效案例中的*N*	320		

注：37.461为实测值；*N*表示用于检验的样本数量；*df*为自由度。

表3-20　评价者受教育程度与视觉吸引要素卡方检验结果

项目	值	*df*	*P*值[Sig. (双侧)]
Pearson卡方	33.730	30	0.292
似然比	31.837	30	0.375

续表

项目	值	*df*	*P*值[Sig. (双侧)]
线性和线性组合	1.513	1	0.219
有效案例中的*N*	320		

注：33.730为实测值；*N*表示用于检验的样本数量；*df*为自由度。

表3-21　评价者所在城市与视觉吸引要素卡方检验结果

项目	值	*df*	*P*值[Sig. (双侧)]
Pearson卡方	28.206	30	0.559
似然比	28.646	30	0.536
线性和线性组合	4.751	1	0.029
有效案例中的*N*	320		

注：28.206为实测值；*N*表示用于检验的样本数量；*df*为自由度。

表3-22　评价者健康状况与视觉吸引要素卡方检验结果

项目	值	*df*	*P*值[Sig. (双侧)]
Pearson卡方	85.739	45	0.000
似然比	44.062	45	0.512
线性和线性组合	1.806	1	0.179
有效案例中的*N*	320		

注：85.739为实测值；*N*表示用于检验的样本数量；*df*为自由度。

3.1.3　疫情影响下消费行为的调查

3.1.3.1　消费频率比较

疫情防控期间的居家体验是否会改变部分居民的消费观念？居家隔离对实体店铺商品购买力确实形成了严重冲击。但在物联网时代，网上购物的消费行为受疫情影响却不大，甚至得到了良性发展。问卷调查结果显示，疫情防控期间消费者网购频率相比疫情前略有增多，选择每周网上购物频率在一次及多次的消费者占比68.98%，与平日的占比62.1%相比增加了6个百分点。消费频率增多的主要原因是人们居家隔离，居家办公，有更多时间整理家务享受生活，重新布置居家空间，从而刺激消费行为。在对出门逛街频率的统计中，发现调查者以逛商业步行街或购物中心两类购物场所为主，4.28%的调查者选择每周多次，21.93%的调查者选择几乎每周一次，40.64%的调查者选择大概每月一两次，25.13%的选择只在节假日逛街，剩余8.02%表示除特殊原因外，基本不逛街。

3.1.3.2　消费场所选择预测

对疫情防控之后的购物行为预测调查，研究与以往相比逛实体店的频率会有何变化，54.01%的消费者认为不会受疫情影响，不会有太大变化；34.22%的消费者选择会尽可能多地在网上购物，去实体店的次数会减少；11.76%的消费者选择更喜欢逛实体店，可能逛实体店的频率会增加。半数以上的消费者认为：对疫情防控有信心，疫情防控不会改变逛街的习惯；喜欢实体店消费，体验好；不喜欢网购，网购体验差，更花时间；可以逛街看景，更享受逛街本身，而不是购物。近1/3的消费者认为：逛实体店的次数相应减少，是因为受疫情防控影响很少出门，不去人员密集场所；疫情防控常态化，网购更方便安全；出于公共卫生考虑，不想去人多的地方，网购可以减少病毒接触和传播；逛街伙伴不好约等原因。而有约1/10的消费者认为：疫情防控过后逛实体店铺的次数会增多，主要是因为个人喜好，逛街已成为生活习惯，具有规律性；再加上受实体消费券或是疫情防控积压库存打折等促销活动影响；实体店铺更具有吸引力；太久不出门消费欲望变大等原因。基于以上对疫情防控前后消费观念及消费行为的比较，表层商铺空间在把人拉回实体店消费方面将会做出一定贡献。

3.2 室外视角下表层空间界面开敞度与视觉感知

3.2.1 调研对象特征

本节内容集中在城市“表层”的“薄”空间，强调空间的公共性和交流性，体现“建筑表层空间”具有的社会属性。按照商业建筑类型排出26个样本，预调研选取其中的12个样本，精细调研之后做出比较，最终选取最具有代表性的9处。再对9组商业建筑群做深入的调研、分析与评价，总结出商业型、生活型和旅游型三种建筑表层空间类型。商业型表层空间位于现代商业建筑的底层，多与商业步行街结合，由于现代商业建筑多为大体量商业综合体，界面多采用玻璃幕墙，故透明性是现代商业建筑不同于传统街区建筑的典型特征。玻璃具有足够刚度后，既可以充当墙体，又可以充当一层薄薄的界面，可视却不可达。现代商业建筑的透明性使室内的灯光、陈设、人物布景及活动内容参与表层的构成，使街道呈现出纵深的层次性和丰富性。生活型表层空间位于生活街区或传统街区的沿街底层，住宅底商体量细碎，建筑一次面多采用实墙开洞、部分玻璃门窗的开敞形式，单元开间尺度较小，表层空间类型丰富多样；旅游型表层空间的底层店铺体型更细碎，建筑一次面以开敞式或半开敞半封闭为主，多为开门后摆摊的布局形式，二次面以雨篷式和悬挂式为主，组合形式多样。

表层空间特征可以概括为轻薄、开敞、透明。虽然不同空间类型的体型特征、结构形式和设备布置方式各不相同，但其空间尺度、开敞程度、透明度却具有可比性，为研究其他城市的临街商铺表层空间提供了一个比较的基础。

商业型的消费群体包括本市居民和外地游客；生活型的消费群体以本市居民为主；旅游型的消费群体以外地游客为主，平日游客量较少。其中，鼓楼、古文化街商业街因多在商业步行街中间布置室外商业摊位，消费人群受室外摊位的商品吸引产生较多驻足行为，对研究建筑表层空间的视觉吸引要素产生影响，所以遴选商业型和生活型两种模式进行调研。由于旅游型商业街区类型复杂，有些属于历史文化街区，如五大道，且受地域环境影响，表层空间形式各异，对旅游型建筑表层空间的研究需进一步分类。由于商业型和生活型表层空间在表层空间研究中具有吸引力，在空间分析方面存在优势，而且两类空间广泛存在，分析及实验的可行性强，因此选取商业型和生活型表层空间做进一步的实证研究。

3.2.1.1 调研对象选取

根据建筑表层空间的三个类型，研究选取天津市三条代表性的商业街：滨江道（商业型）、万德庄大街（生活型）和鼓楼商业街（旅游型）作为调研对象（图3-5）。于2019年8、9月份先进行预调研，现场拍照并测绘，确定调研地点和范围，选取调研对象。通过预调研，发现三种类型的商业运营模式和所面向的消费群体各有不同。

（a）滨江道商业街

（b）万德庄大街

（c）鼓楼商业街

图3-5　调研对象

选取人流量大、样本类型多样的路段采集数据。采用实地问卷的调研方式，以有奖问答的形式鼓励评价者现场填写纸质问卷。由于不同年龄段的使用人群对临街商铺表层空间的关注点和受吸引要素可能存在差异，所以尽可能多地获取不同年龄段评价者的有效问卷，针对不同使用人群，尤其是60岁以上的老年人，进行面对面的耐心讲解。首先从室外视角分析表层空间的空间类型、视觉吸引要素和人群的驻足行为。

于2020年1月3日～2020年1月4日对滨江道进行调查，共发放问卷120份，回收有效样本111份，问卷有效率92.5%。对滨江道南京路至山西路段两侧的商业店铺表层空间进行现场测绘，绘制CAD平面图，并用Sketch Up软件建模。于2020年1月16日对万德庄大街进行调研，共发放问卷60份，回收有效样本60份，问卷有效率100%。

① 街道样本1：滨江道商业街，位于天津市中心城区，是天津最繁华的商业步行街，南起南京路，向北延伸至海河边的张自忠路，全长2千多米，汇集了商业、餐饮业、服务业等，是最新潮流时尚的聚集地（图3-6）。街道样本1选取其中的南京路至山西路段，全长约340m，主要由三组建筑群组成。中心商业步行街平均宽为34m，两侧步行道宽约5m，由大台阶与中心步行道相连。

② 街道样本2：万德庄大街，位于天津市南开区海光寺地区，是最具特色的美食街，被网友称作“城市乌托邦”。其位于生活街区，具有典型的居住区特点，底层商铺类型多样，有众多网红店，是美食爱好者们的热门打卡地。街道样本2选取万德庄南北街至万峰路路段，全长约300m，车行道宽9m，两侧步行道平均宽约4m，最宽处9m，最窄处2m。底层店铺业态以餐饮业、服务业为主（图3-7）。

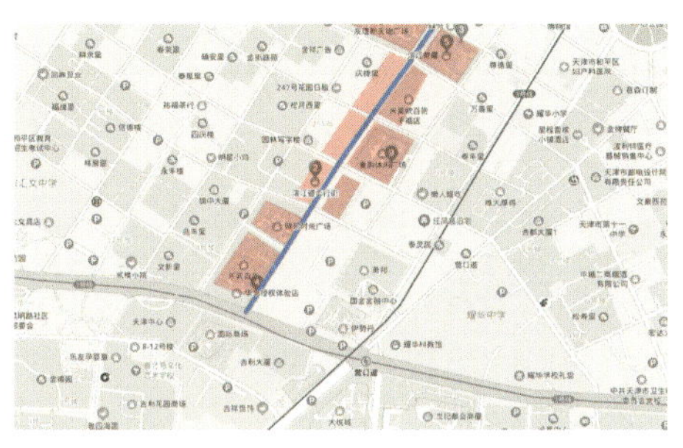

图3-6　滨江道商业步行街

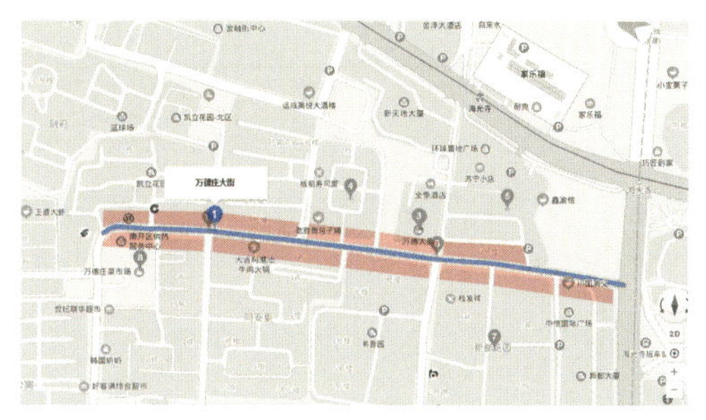

图3-7　万德庄大街

3.2.1.2　评价者特征

两组样本评价者的社会属性构成为：滨江道有效评价者样本总计111人，其中女性有效评价者58人（占总样本数的52.2%），男性有效评价者53人（占总样本数的47.8%）；万德庄大街有效评价者样本数量总计60人，其中女性有效评价者25人（占总样本数的41.7%），男性有效评价者35人（占总样本数的58.3%）。分别对滨江道与万德庄大街有效样本评价者男女性别数量占比进行分析，其中滨江道男性评价者数量占比明显低于女性，而万德庄大街有效评价者样本中男性评价者数量占比明显高于女性。

分别对滨江道和万德庄大街有效评价者样本职业构成进行分析，滨江道有效样本总计111人，其中学生70人（占总样本数的63.1%），全职工作者39人（占总样本数39人），退休2人（占总样本数1.8%）；万德庄大街有效样本总计60人，其中学生24人（占总样本数的40.0%），全职工作者27人（占总样本数45%），无职业者1人（占总样本数1.7%），退休8人（占总样本数13.3%）。两个样本评价者的职业构成见表3-23。

表3-23　两组样本评价者的职业构成表（职业）

地点	有效性	职业	人数	百分比/%	有效百分比/%	累积百分比/%
滨江道	有效	学生	70	63.1	63.1	63.1
		全职工作	39	35.1	35.1	98.2
		退休	2	1.8	1.8	100.0
		总计	111	100.0	100.0	
万德庄	有效	学生	24	40.0	40.0	40.0
		全职工作	27	45.0	45.0	85.0
		无职业	1	1.7	1.7	86.7
		退休	8	13.3	13.3	100.0
		总计	60	100.0	100.0	

经过对比发现，滨江道与万德庄大街的有效评价者样本职业构成中，学生样本数量最多，且滨江道该职业类型样本数量多于万德庄，其次为全职工作者样本数量，但万德庄大街该职业类型样本数量多于滨江道。分别对滨江道和万德庄大街样本评价者同行人数构成进行分析，滨江道有效样本数量总计111人，其中“朋友≤3人”人数45人，占总样本数的40.5%，其次为“朋友＞3人”和“家庭≤3人”，样本数量最少的是“家庭＞3人”，仅占总样本数的4%；万德庄大街有效样本数量总计60人，其中“朋友≤3人”人数25人，占总样本数的41.7%，其次为“1人”和“家庭≤3人”，样本数量最少的是“朋友＞3人”，仅占总样本数的1.7%（表3-24）。

表3-24　两组样本评价者的同行人数构成表（您跟几个人一起来的）

地点	有效性	同行构成	人数	百分比/%	有效百分比/%	累积百分比/%
滨江道	有效	1人	6	5.4	5.4	5.4
		家庭≤3人	27	24.3	24.3	29.7
		家庭>3人	4	3.6	3.6	33.3
		朋友≤3人	45	40.5	40.5	73.9
		朋友>3人	29	26.1	26.1	100.0
		总计	111	100.0	100.0	
万德庄	有效	1人	19	31.7	31.7	31.7
		家庭≤3人	13	21.7	21.7	53.3
		家庭>3人	2	3.3	3.3	56.7
		朋友≤3人	25	41.7	41.7	98.3
		朋友>3人	1	1.7	1.7	100.0
		总计	60	100.0	100.0	

对比发现，滨江道样本中同行人数“朋友≤3人”“朋友>3人”和“家庭≤3人”的样本数量较多，而在万德庄大街样本中“朋友≤3人”“1人”“家庭≤3人”的样本数量较多（图3-8）。

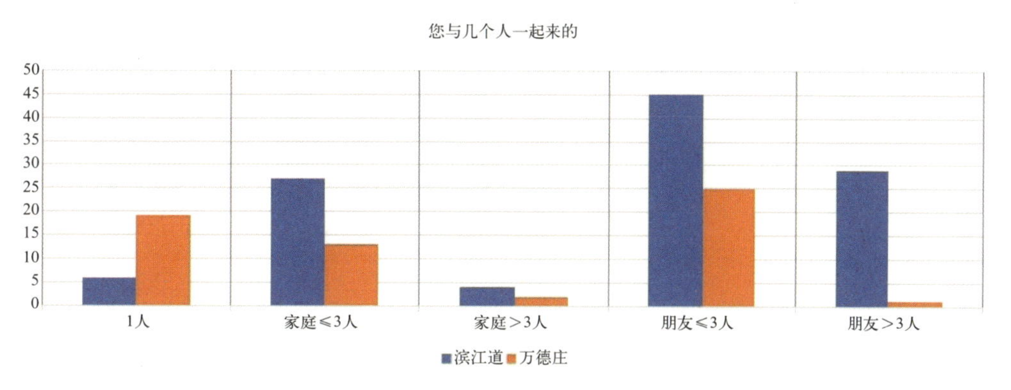

图3-8　两组样本的同行人数柱状图

3.2.1.3　评价者出行目的分析

假设不同出行目的的评价者对表层空间的关注点不同，将样本1与样本2的出行目的进行比较（表3-25）：滨江道评价者的出行目的以休闲娱乐为主，占比36%，商业购物次之，占比28%；而万德庄评价者的出行目的以就餐为主，占比28%，会友与休闲娱乐次之，占比分别为17%和10%。万德庄样本的通勤量（占比13%）明显高于滨江道（占比1%）。由于评价者的出行目的不同，其对表层空间的关注点也存在差异：在滨江道（以休闲娱乐为主），使用者更关注表层空间的美观性和实用性，分别占比22%和21%；而在万德庄大街（以就餐为主），使用者更关注表层空间是否主题鲜明、有趣，占比24%，21%的使用者更关注外观是否美观，关注功能实用的占比13%。两组样本中都约有1/4的使用者选择没有值得关注的方面（选无所谓，消遣）。

表3-25　两组样本的基础数据整体评价表

项目	基础数据的整体评价
出行目的	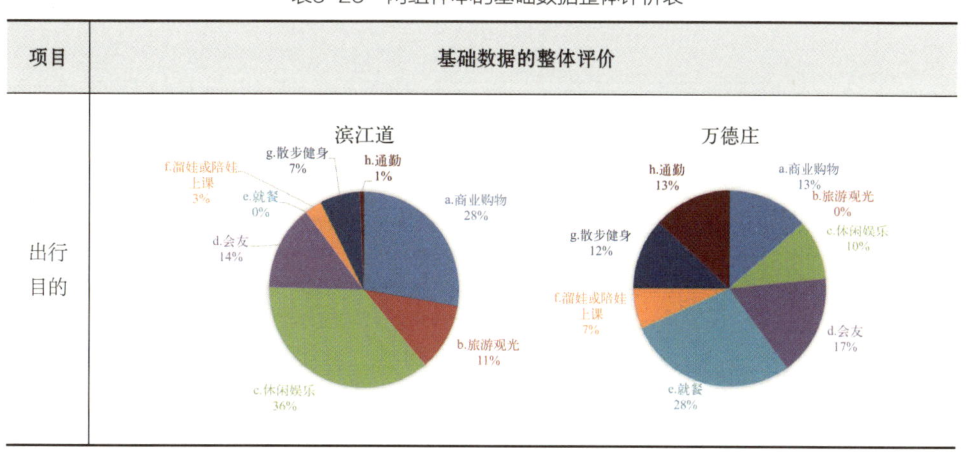

续表

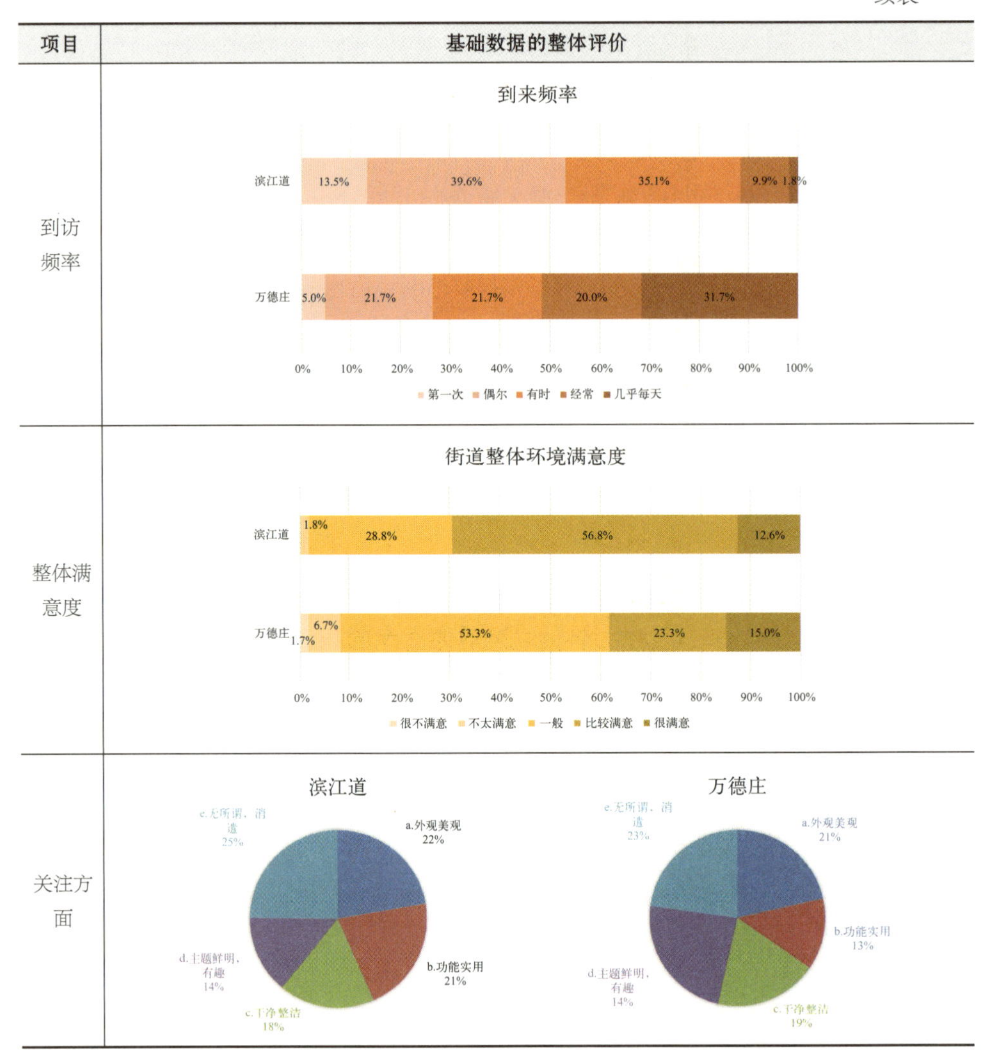

项目	基础数据的整体评价
到访频率	到来频率
整体满意度	街道整体环境满意度
关注方面	滨江道 万德庄

本调研数据中人群出行目的与年龄、职业、受教育程度和同行人数几方面的关系均非常显著。以图表作为参考，用有显著相关性的数据构建交叉表，得出以上各属性人群的出行目的占比图表（表3-26）。

表3-26　两组样本各社会属性人群的出行目的占比表

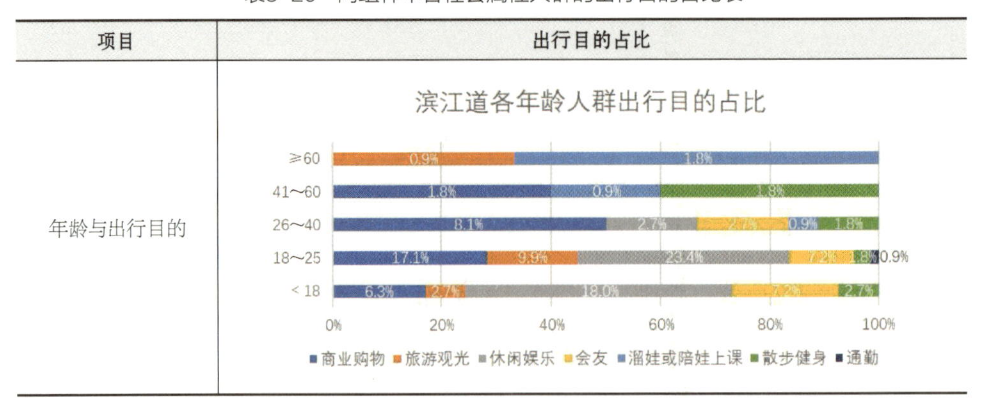

项目	出行目的占比
年龄与出行目的	滨江道各年龄人群出行目的的占比

续表

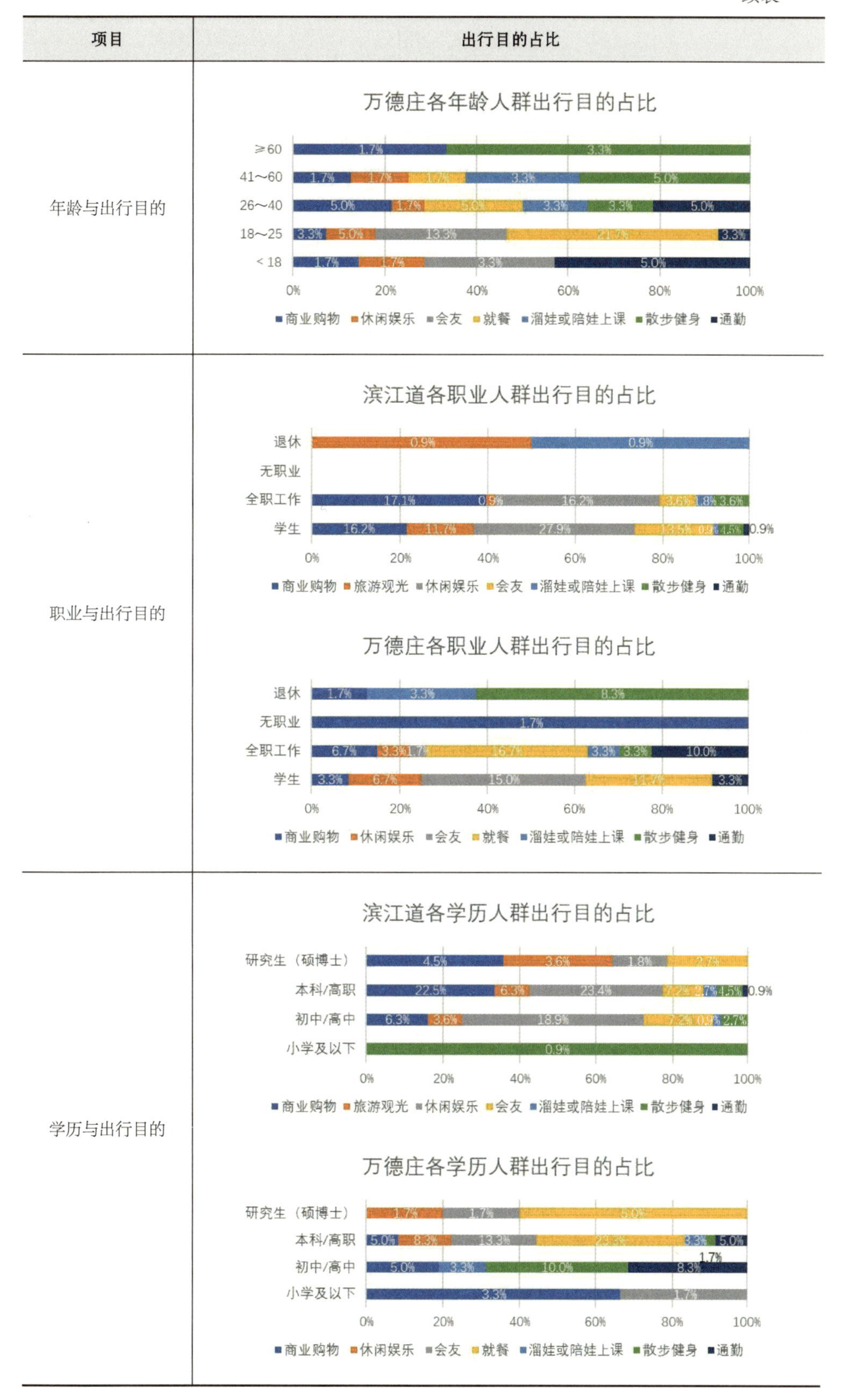

项目	出行目的占比
年龄与出行目的	万德庄各年龄人群出行目的占比
职业与出行目的	滨江道各职业人群出行目的占比 万德庄各职业人群出行目的占比
学历与出行目的	滨江道各学历人群出行目的占比 万德庄各学历人群出行目的占比

续表

项目	出行目的占比
同行人数与出行目的	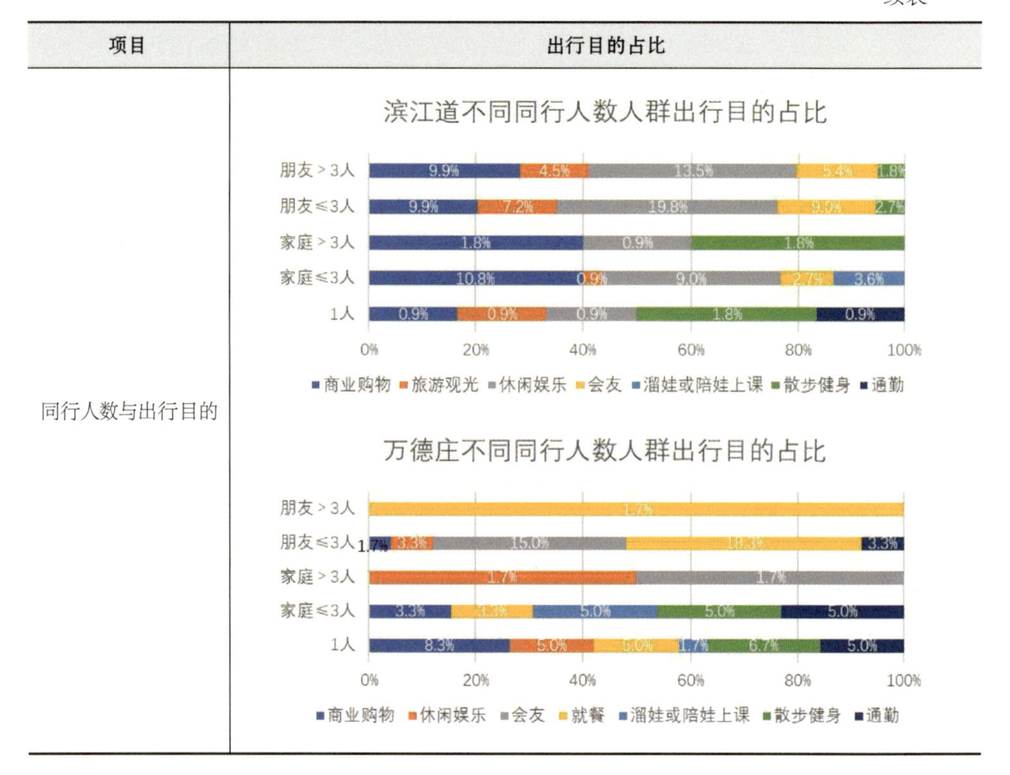

3.2.1.4　研究方法和语义差别量表

从使用者角度出发进行感知研究，分析其对表层空间的心理感受，从而通过定性分析有针对性地提高表层空间设计的舒适度和满意度，最终达到为使用者服务的目的。语义分析法是用来研究概念内涵意义的等级测量方法，又称SD（Semantic Differential）法。SD法作为一种心理测定的方法，最早于1957年由美国心理学家C.E.奥斯古德（Charles Egerton Osgoood）提出。语义分析法的实施程序是让被测试者根据一组尺度值评价若干概念或实物。尺度的呈现方式是一对意义相反的形容词，中间划分若干等级，在所选择的等级上做标记。研究者对相应分数进行统计和计算，来获取对某一概念、事物的看法或态度。SD法通常与其他分析法结合运用，比如因子分析法、聚类分析法等，本节会将这些方法紧密结合，得出结论。

在制定SD量表时，借鉴建筑空间、城市空间、街道表层空间、景观设计等相关领域研究采用的形容词对，选取与表层空间的空间尺度、开敞度、界面透明度、空间变化程度、绿化配置等有关的形容词共20对，按$X_1 \sim X_{20}$进行存储，形成语义差别量表。根据人的五档感觉量级，确定5级主观评价等级，用“非常”“很”“适中”进行区分，并对应赋值2、1、0、－1、－2用于量化分析（表3-27）。

表3-27　语义差别量表

编号	语义	非常	很	适中	很	非常	语义
X_1	宽敞的	2	1	0	−1	−2	拥挤的
X_2	开敞的	2	1	0	−1	−2	封闭的
X_3	有序的	2	1	0	−1	−2	无序的
X_4	安静的	2	1	0	−1	−2	喧闹的
X_5	紧密的	2	1	0	−1	−2	稀疏的
X_6	整洁的	2	1	0	−1	−2	混乱的
X_7	亲切的	2	1	0	−1	−2	陌生的
X_8	丰富的	2	1	0	−1	−2	贫乏的
X_9	有个性的	2	1	0	−1	−2	无个性的
X_{10}	统一感	2	1	0	−1	−2	多样化
X_{11}	有趣的	2	1	0	−1	−2	无聊的
X_{12}	放松的	2	1	0	−1	−2	紧张的
X_{13}	热闹的	2	1	0	−1	−2	冷清的
X_{14}	豪华的	2	1	0	−1	−2	朴素的
X_{15}	绿色的	2	1	0	−1	−2	植物稀少的
X_{16}	方便	2	1	0	−1	−2	不便
X_{17}	新鲜感	2	1	0	−1	−2	厌倦感
X_{18}	明亮的	2	1	0	−1	−2	昏暗的
X_{19}	通透的	2	1	0	−1	−2	密实的
X_{20}	层次分明	2	1	0	−1	−2	杂乱无章

3.2.2　开敞度因子提取

3.2.2.1　SD得分表和评价曲线的获得

由两组样本的数据统计，可以得到SD得分表和评价曲线图（表3-28、图3-9）。表中综合平均得分表示两条街道在各个形容词对上的总分平均值，正值代表表层空间印象接近于右边的形容词，负值代表表层空间偏好接近于左边的形容词，通过图3-9直观地反映出来。

表3-28　语义分析得分表

编号	语义	滨江道	万德庄
X_1	拥挤的—宽敞的	0.63	0.57
X_2	封闭的—开敞的	0.81	0.60

续表

编号	语义	滨江道	万德庄
X_3	无序的—有序的	0.66	0.45
X_4	喧闹的—安静的	－0.1	－0.18
X_5	稀疏的—紧密的	0.5	0.46
X_6	混乱的—整洁的	0.77	0.52
X_7	陌生的—亲切的	0.75	0.70
X_8	贫乏的—丰富的	0.98	0.82
X_9	无个性的—有个性的	0.78	0.52
X_{10}	多样化—统一感	0.4	0.36
X_{11}	无聊的—有趣的	0.82	0.62
X_{12}	紧张的—放松的	1.08	0.91
X_{13}	冷清的—热闹的	1.2	1.06
X_{14}	朴素的—豪华的	0.8	0.55
X_{15}	植物稀少的—绿色的	0.46	0.29
X_{16}	不便—方便	0.99	0.91
X_{17}	厌倦感—新鲜感	0.82	0.58
X_{18}	昏暗的—明亮的	1.31	0.83
X_{19}	密实的—通透的	0.98	0.63
X_{20}	杂乱无章—层次分明	0.87	0.45

比较两条代表性街道的语义分析得分及平均得分曲线可以发现以下规律：两条街道表层空间的SD得分整体在0～1之间波动，说明两条街道的总体印象特征明显，使用者总体评价情况较好。仅有“喧闹的—安静的”一对形容词对应的SD得分在0分以下，可见使用者认为两条街道在热闹之余噪声较大。虽然两条街道分属于不同类型的表层商铺空间，使用者的出行目的也不相同，但评价曲线的整体趋势拟合度较高，证明两个样本在空间感知上存在相似性，使用者具有同样的印象偏好。滨江道的突出特点是：明亮、热闹、放松，丰富；万德庄的突出特点是：热闹、方便、放松、明亮。

由SD评价曲线图可知，滨江道的各个因子得分都不同程度地优于万德庄大街（图3-9）。在检验调研样本数据属于正态分布之后，对两个街道20个因子的所有个体评分数据进行进一步的独立样本t检验（表3-29）。结果显示，使用者对两个街道“宽敞—拥挤，安静—喧闹，紧密—稀疏，亲切—陌生，统一—多样化，方便—不便”6个因子的评价无显著差异；除此之外，其余的14个因子，滨江道的评价情况都明显优于万德庄大街。滨江道在调查人群的心目中更明亮、更热闹、更放松、更开敞、更有序、更整洁、更丰富、更有趣。通过语义分析法得出评价者对街道空间的心理感受，做出相应心理评价，并进一步分析街道客观空间环境和心理感知的量化关系，希望能够找出心理感知和客观指标之间的关系。

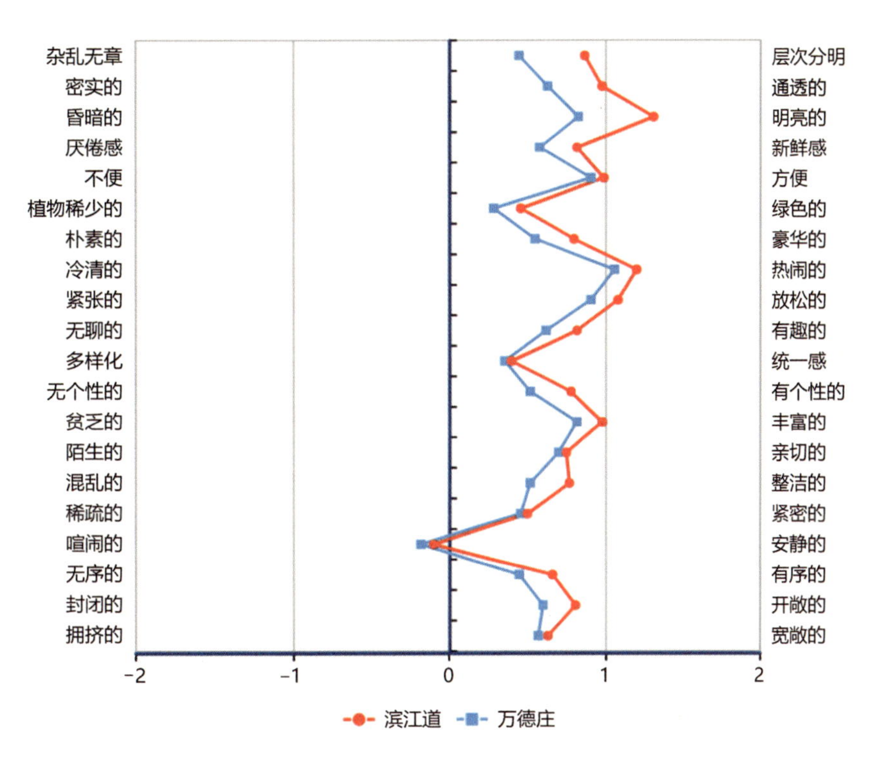

图3-9 评价曲线图

3.2.2.2 评价者的心理结构

本课题中20个形容词作为变量数量较多，为降低复杂性，研究借助SPSS 25.0中的主成分分析法（Principal Components Analysis），分别将两个步行街具有一定相关性的20个评价因子进行降维，重新组合成几组新的互相无关的综合指标（主成分），并根据各组主成分的综合特征为其命名。

① 滨江道：在运用主成分分析法进行因子分析前，首先进行KMO检验和巴特利球形度检验。KMO值为0.924，大于0.5，（巴特利特球形度检验的统计值的显著性概率）显著性P值<0.05，问卷具有结构效度，可以进行因子分析，分析结果具有统计学意义（表3-30）。由滨江道的总方差解释表可知（表3-31），可提取的特征值大于1的主成分因子共有三个，总方差解释度为58.254%，解释度较低。

表3-29　两个街道20个因子的独立样本t检验表

项目		莱文方差等同性检验		平均值等同性t检验						
		F	显著性	t	自由度	Sig.（双侧）	平均值差值	标准误差差值	差值 95% 置信区间	
									下限	上限
X_1	假定等方差	1.403	0.238	1.034	169	0.302	0.181	0.175	−0.164	0.525
	不假定等方差			1.012	113.703	0.314	0.181	0.178	−0.173	0.534
X_2	假定等方差	0.778	0.379	3.920	169	0.000	0.594	0.152	0.295	0.893
	不假定等方差			3.768	108.151	0.000	0.594	0.158	0.282	0.907
X_3	假定等方差	0.025	0.875	3.401	169	0.001	0.591	0.174	0.248	0.934
	不假定等方差			3.375	118.381	0.001	0.591	0.175	0.244	0.938
X_4	假定等方差	0.239	0.625	1.305	169	0.194	0.218	0.167	−0.112	0.547
	不假定等方差			1.349	132.980	0.180	0.218	0.161	−0.101	0.537
X_5	假定等方差	0.002	0.964	0.939	169	0.349	0.138	0.147	−0.152	0.427
	不假定等方差	—	—	0.937	120.293	0.350	0.138	0.147	−0.153	0.429
X_6	假定等方差	0.339	0.561	4.141	169	0.000	0.699	0.169	0.366	1.032
	不假定等方差	—	—	3.999	109.594	0.000	0.699	0.175	0.353	1.046
X_7	假定等方差	1.346	0.248	0.944	169	0.347	0.148	0.157	−0.161	0.457
	不假定等方差	—	—	0.921	112.913	0.359	0.148	0.160	−0.170	0.466
X_8	假定等方差	3.018	0.084	3.073	169	0.002	0.465	0.151	0.166	0.764
	不假定等方差	—	—	2.967	109.517	0.004	0.465	0.157	0.155	0.776
X_9	假定等方差	0.061	0.805	4.529	169	0.000	0.750	0.166	0.423	1.078
	不假定等方差	—	—	4.451	115.169	0.000	0.750	0.169	0.416	1.084
X_{10}	假定等方差	7.644	0.006	0.557	169	0.578	0.096	0.173	−0.245	0.438
	不假定等方差	—	—	0.594	144.893	0.553	0.096	0.162	−0.224	0.417

续表

项目		莱文方差等同性检验		平均值等同性t检验						
		F	显著性	t	自由度	Sig.（双侧）	平均值差值	标准误差差值	差值 95% 置信区间	
									下限	上限
X_{11}	假定等方差	0.559	0.456	3.730	169	0.000	0.570	0.153	0.268	0.871
	不假定等方差	—	—	3.802	127.894	0.000	0.570	0.150	0.273	0.866
X_{12}	假定等方差	0.126	0.723	3.245	169	0.001	0.481	0.148	0.188	0.774
	不假定等方差	—	—	3.372	134.969	0.001	0.481	0.143	0.199	0.763
X_{13}	假定等方差	0.102	0.750	2.610	169	0.010	0.398	0.153	0.097	0.699
	不假定等方差	—	—	2.565	115.163	0.012	0.398	0.155	0.091	0.706
X_{14}	假定等方差	2.587	0.110	4.521	169	0.000	0.718	0.159	0.405	1.032
	不假定等方差	—	—	4.547	123.077	0.000	0.718	0.158	0.406	1.031
X_{15}	假定等方差	7.780	0.006	2.723	169	0.007	0.493	0.181	0.136	0.850
	不假定等方差	—	—	2.880	141.532	0.005	0.493	0.171	0.155	0.831
X_{16}	假定等方差	0.185	0.667	1.713	169	0.089	0.241	0.141	−0.037	0.519
	不假定等方差	—	—	1.733	125.063	0.086	0.241	0.139	−0.034	0.516
X_{17}	假定等方差	3.024	0.084	4.378	169	0.000	0.670	0.153	0.368	0.972
	不假定等方差	—	—	4.498	130.730	0.000	0.670	0.149	0.375	0.964
X_{18}	假定等方差	0.515	0.474	5.898	169	0.000	0.843	0.143	0.561	1.125
	不假定等方差	—	—	5.751	112.619	0.000	0.843	0.147	0.552	1.133
X_{19}	假定等方差	0.889	0.347	6.357	169	0.000	1.015	0.160	0.700	1.331
	不假定等方差	—	—	6.136	109.400	0.000	1.015	0.165	0.687	1.343
X_{20}	假定等方差	0.202	0.654	7.903	169	0.000	1.207	0.153	0.906	1.509
	不假定等方差	—	—	7.846	118.525	0.000	1.207	0.154	0.903	1.512

表3-30 滨江道KMO和巴特利特检验表[①]

检验项目		检验值
KMO取样适切性量数		0.924
巴特利特球形度检验	近似卡方	1170.596
	自由度	190
	显著性P值	0.000

① 地点为滨江道。

表3-31 滨江道总方差解释表

成分	总方差解释[①]								
	初始特征值			提取载荷平方和			旋转载荷平方和		
	总计	方差百分比/%	累积/%	总计	方差百分比/%	累积/%	总计	方差百分比/%	累积/%
1	8.890	44.452	44.452	8.890	44.452	44.452	4.743	23.717	23.717
2	1.554	7.770	52.222	1.554	7.770	52.222	3.615	18.075	41.792
3	1.206	6.031	58.254	1.206	6.031	58.254	3.292	16.462	58.254
4	0.984	4.920	63.173						
5	0.902	4.512	67.685						
6	0.804	4.022	71.707						
7	0.791	3.954	75.661						
8	0.665	3.323	78.984						
9	0.574	2.872	81.856						
10	0.531	2.657	84.513						
11	0.465	2.323	86.836						
12	0.387	1.937	88.772						
13	0.383	1.916	90.688						
14	0.337	1.683	92.371						
15	0.314	1.571	93.943						
16	0.299	1.496	95.438						
17	0.258	1.292	96.731						
18	0.248	1.242	97.972						
19	0.213	1.063	99.035						
20	0.193	0.965	100.000						

① 地点为滨江道。

注：提取方法为主成分分析法。

运用凯撒正态化最大方差法将成分矩阵进行旋转，排除“因子载荷系数”绝对值小于0.4的系数，并按系数大小排序，得出旋转后的成分矩阵表格（表3-32）。由表可知，X_{11}、X_8、X_{20}、X_6、X_{18}、X_{16}、X_7七个因子存在交叉载荷，因子结构不够清晰。因此，结合专业知识进行判断，得出最终的因子对应情况。根据“载荷绝对值离1越接近，这项因子所能够代表的成分力度越大”的原理，总结每个维度的综合特征并进行命名，可将20个形容词对划分为以下三组（表3-33）。

表3-32　滨江道旋转后的成分矩阵表

维度	成分		
	1	2	3
X_{17} 新鲜感—厌倦感	0.774		
X_{15} 绿色的—植物稀少的	0.730		
X_{11}有趣的—无聊的	0.666	0.405	
X_9有个性的—无个性的	0.664		
X_8丰富的—贫乏的	0.553	0.464	
X_{19}通透的—密实的	0.536		
X_{20}层次分明—杂乱无章	0.533	0.403	
X_{14}豪华的—朴素的	0.520		
X_{04}安静的—喧闹的	0.505		
X_6整洁的—混乱的	0.470		0.458
X_{13}热闹的—冷清的		0.746	
X_5紧密的—稀疏的		0.706	
X_{12}放松的—紧张的		0.695	
X_{18}明亮的—昏暗的	0.546	0.553	
X_{16}方便—不便	0.504	0.523	
X_{10}统一感—多样化		0.416	
X_1宽敞的—拥挤的			0.804
X_{03}有序的—无序的			0.777
X_2开敞的—封闭的			0.770
X_7亲切的—陌生的	0.419		0.643

注：1. 提取方法：主成分分析法。

2. 旋转方法：凯撒正态化最大方差法。

表3-33　滨江道评价者的心理维度表

吸引力	繁华度	开敞度
X_{17}，新鲜感—厌倦感	X_{13}，热闹的—冷清的	X_1，宽敞的—拥挤的
X_{15}，绿色的—植物稀少的	X_5，紧密的—稀疏的	X_3，有序的—无序的
X_{11}，有趣的—无聊的	X_{12}，放松的—紧张的	X_2，开敞的—封闭的
X_9，有个性的—无个性的	X_{18}，明亮的—昏暗的	X_7，亲切的—陌生的

续表

吸引力	繁华度	开敞度
X_8，丰富的—贫乏的	X_{16}，方便—不便	
X_{19}，通透的—密实的	X_{10}，统一感—多样化	
X_{20}，层次分明—杂乱无章		
X_{14}，豪华的—朴素的		
X_4，安静的—喧闹的		
X_6，整洁的—混乱的		

进一步提取载荷系数大于0.6的因子作为主成分的代表性因子，按分值从高到低排序，分为以下三个成分。

成分一包括：新鲜感—厌倦感、绿色的—植物稀少的、有趣的—无聊的、有个性的—无个性的。这4组形容词代表了商场型表层空间的吸引力，将第一个心理维度命名为表层空间的吸引力因子。

成分二包括：热闹的—冷清的、紧密的—稀疏的、放松的—紧张的。这3组形容词综合代表了表层空间的繁华程度，故将第二个心理维度命名为表层空间的繁华度因子。

成分三包括：宽敞的—拥挤的、有序的—无序的、开敞的—封闭的。由于X_7因子存在交叉荷载，故删除此项因子。这三组形容词主要表现了表层空间的开敞程度，故将第三个心理维度命名为表层空间的开敞度因子。

由此可知，将商业型表层店铺的影响因子归为以上三个心理维度。从表层空间的吸引力、繁华度和开敞度这三个心理评价轴对商业型的表层空间做出评价和分析。

② 对万德庄大街开展了相同的工作。得出结论：生活型表层空间评价者的心理结构由五个心理维度构成，从表层空间的开敞度、舒适度、繁华度、吸引力和环境因子这五个心理评价轴对老铺型的表层空间做出评价和分析。

通过上述分析，商业型与生活型表层空间有三个心理维度相同，分别为开敞度、繁华度和吸引力。其中开敞度因子的组成要素相同，二者都是由宽敞、开敞、有序三个变量组成。繁华度因子与吸引力因子的组成要素略有差异，提取相同变量，即繁华度因子中的紧密变量，吸引力因子中的绿色和有趣变量进行进一步的相关性分析。

3.2.2.3 评价者的社会特征与满意度的相关性

图3-10为滨江道和万德庄大街的整体环境满意度、底层界面协调性、人行道舒适性、底层界面透明性的各项满意度占比。分别假设各个社会属性的评价者（年龄、性别、职业、受教育程度以及同行人数）对街道整体环境满意度、底层界

面协调性、人行道舒适性以及底层界面透明性的满意度之间存在差异，将两组样本的评价数据进行相关性评价。由于数据属于定类及定序数据，采用非参数检验的Kendall和Spearman相关系数结果进行分析。

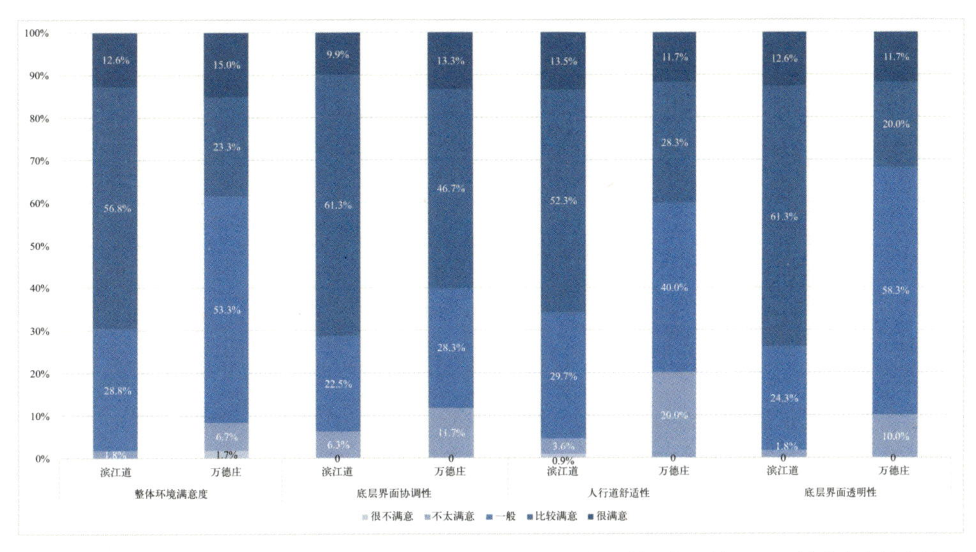

图3-10 整体环境满意度与协调性、舒适性、透明性满意度的占比表

根据非参数相关性的检验结果可知，在滨江道的五个社会属性指标中，性别、职业这两项与四项满意度均无明显相关性；而受教育程度与四项满意度相关性显著，且呈负相关。即受教育程度越高，整体环境满意度及各项满意度越低。年龄与人行道舒适性和底层商业店面的透明性满意度呈负相关。即使用者年龄越大，对人行道舒适性和底层商业店面的透明性要求就越高——为了便捷可达，年龄大的受调查者更注重步行街底界面的舒适性和表层空间侧界面的透明性。同行人数与街道整体满意度的Spearman相关系数结果呈负相关，即同行人数越多，要求越高，对街道整体环境的满意度就越低。

3.2.3 心理维度与满意度的相关性——视觉感知比较SD

假设临街商铺表层空间的开敞度、吸引力以及繁华度越高，被测试者对于表层空间的舒适性心理感知就越好。三个心理维度指标在一定程度上直接影响了使用者对表层空间的心理感知。表层空间心理维度的相关性分析如下。

（1）商业型表层空间

将滨江道的三个心理维度与整体满意度、底层界面协调性、人行道舒适性、底层商业店面透明性进行相关性分析。结果显示吸引力因子与整体环境满意度和其他各分项满意度的相关性P值[Sig.(双侧)]在0.01级别，呈显著正相关。繁华度因子与整体环境满意度、底层界面协调性、人行道舒适性的相关性不显著，与底层商业店面透明性呈弱相关。开敞度因子与整体环境满意度的相关性不显著，与底层界面协调性呈弱相关，与人行道舒适性和底层商业店面透明性满意度相关性在0.01级别，呈显著正相关（表3-34）。由此可知，开敞度因子与舒适性和透明性的相关性较高，即商业型表层空间的开敞度越高，使用者对底层商业店面的舒适性和透明性感知越高。

表3-34 滨江道三个心理维度的相关性分析表

维度及相关性		Y_1街道整体环境满意度	Y_2底层界面协调性满意度	Y_3人行道舒适性满意度	Y_4底层商业店面的透明性满意度
吸引力维度	皮尔逊相关性	0.499①	0.373①	0.498①	0.392①
	*P*值[Sig.(双侧)]	0.000	0.000	0.000	0.000
繁华度维度	皮尔逊相关性	0.097	0.077	0.095	0.235②
	*P*值[Sig.(双侧)]	0.311	0.424	0.321	0.013
开敞度维度	皮尔逊相关性	0.156	0.243②	0.432①	0.300①
	*P*值[Sig.(双侧)]	0.102	0.010	0.000	0.001

① 在*P*值[Sig.(双侧)]为0.01时，相关性是极显著的。

② 在*P*值[Sig.(双侧)]为0.05时，相关性是显著的。

（2）生活型表层空间

将万德庄的五个心理维度分别与整体满意度和其他三个分项满意度进行相关性分析。其中万德庄的大部分数据均无显著相关性，仅在开敞度因子与底层商业店面透明性的满意度上呈弱相关，环境因子与底层界面协调性呈弱相关。万德庄大街单个因子与各项满意度的相关性也比较差。

3.2.3.1 街道感知显著影响因子分析

本课题因子数量较多，但并非每种因子均会对街道整体环境满意度产生影响。因此，研究采用逐步回归分析方法剔除不显著的自变量，以确定影响人们对街道整体环境满意度、底层界面协调性、人行道舒适性、底层商业店面透明性的满意度评价的显著影响因子组合。

（1）街道整体环境满意度（Y_1）

运用SPSS 25.0将滨江道的X_1～X_{20}作为自变量，与街道整体环境满意度（Y_1）进行逐步线性回归分析（表3-35）。最终模型4的R^2=0.400，即模型对街道整体环境满意度的解释度为40.0%。根据SPSS的输出ANOVA表格，可知F=17.650，P<0.001，因变量和自变量之间存在线性相关（图3-11）。对街道整体环境满意度有显著影响的因子有X_9（有个性的—无个性的）、X_4（安静的—喧闹的）、X_{14}（豪华的—朴素的）、X_{10}（统一感—多样化）4个。

表3-35　街道整体环境满意度多元线性回归系数[①②]

模型		未标准化系数		标准化系数β	t	显著性	相关性			共线性统计	
		B	标准误差				零阶	偏	部分	容差	VIF
模型1（R^2=0.289）	（常量）	-1.545×10^{-16}	0.080		0.000	1.000					
	X_9	0.538	0.081	0.538	6.660	0.000	0.538	0.538	0.538	1.000	1.000
模型2（R^2=0.345）	（常量）	-1.538×10^{-16}	0.078		0.000	1.000					
	X_9	0.471	0.081	0.471	5.821	0.000	0.538	0.489	0.453	0.926	1.080
	X_4	0.246	0.081	0.246	3.045	0.003	0.374	0.281	0.237	0.926	1.080
模型3（R^2=0.377）	（常量）	-1.135×10^{-16}	0.076		0.000	1.000					
	X_9	0.376	0.089	0.376	4.234	0.000	0.538	0.379	0.323	0.736	1.359
	X_4	0.224	0.080	0.224	2.799	0.006	0.374	0.261	0.214	0.912	1.096
	X_{14}	0.206	0.088	0.206	2.343	0.021	0.442	0.221	0.179	0.751	1.332
模型4（R^2=0.400）	（常量）	-9.992×10^{-17}	0.075		0.000	1.000					
	X_9	0.401	0.089	0.401	4.524	0.000	0.538	0.402	0.340	0.722	1.385
	X_4	0.229	0.079	0.229	2.904	0.004	0.374	0.271	0.218	0.911	1.097
	X_{14}	0.247	0.089	0.247	2.772	0.007	0.442	0.260	0.209	0.710	1.408
	X_{10}	−0.161	0.081	−0.161	−1.989	0.049	0.067	−0.190	−0.150	0.867	1.154

① 地点为滨江道。

② 因变量：Y_1，街道整体环境满意度。

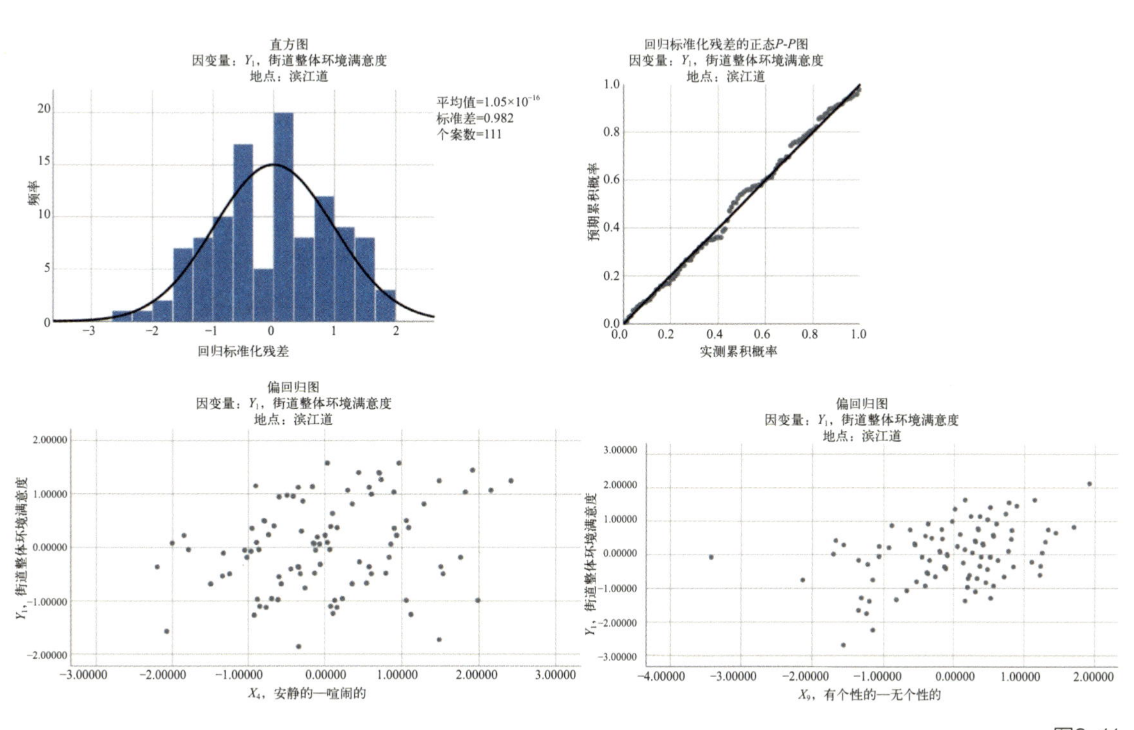

图3-11

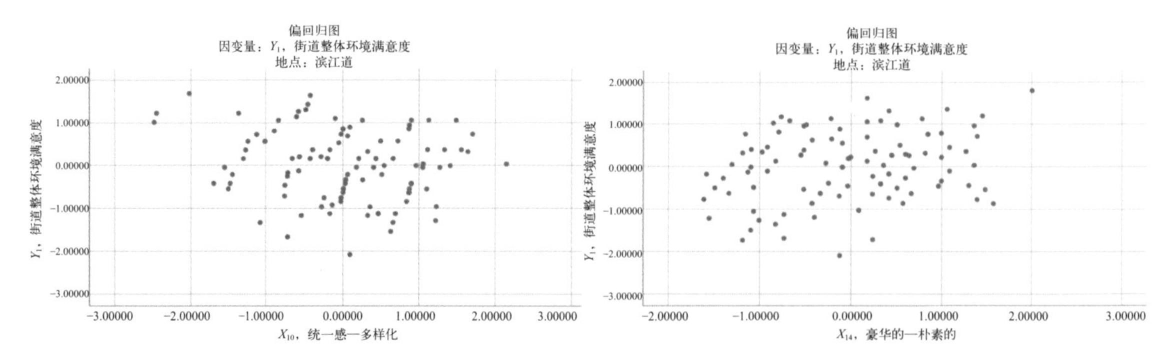

图3-11　整体环境满意度显著自变量与因变量相关性分析

由系数表格可知，回归方程可表示为：

$$Y_1=0.401X_9+0.229X_4+0.247X_{14}-0.161X_{10}$$

可知，有个性、安静、豪华3个因子对街道整体环境满意度有显著正相关影响，而统一感对街道整体环境满意度有负相关影响，即街道整体环境满意度与统一感的反义词多样化正相关。因此，影响因子排序为：有个性>安静>豪华>多样化。

（2）底层界面协调性（Y_2）

运用SPSS 25.0将X_1～X_{20}作为自变量，与商业店铺底层界面协调性（Y_2）进行逐步线性回归分析（表3-36）。最终模型3的R^2=0.501，即模型对底层界面协调性满意度的解释度为50.1%。根据SPSS的输出ANOVA表格，可知F=11.930，P<0.001，因变量和自变量之间存在线性相关（图3-12）。对商业店铺底层界面协调性有显著影响的因子有X_6（整洁的—混乱的）、X_4（安静的—喧闹的）、X_{14}（豪华的—朴素的）共3个。

表3-36　底层界面协调性多元线性回归系数①②

模型		未标准化系数		标准化系数β	t	显著性	相关性			共线性统计	
		B	标准误差				零阶	偏	部分	容差	VIF
模型1（R^2=0.406）	（常量）	-8.531×10^{-16}	0.087		0.000	1.000					
	X_6	0.406	0.088	0.406	4.644	0.000	0.406	0.406	0.406	1.000	1.000
模型2（R^2=0.464）	（常量）	-8.651×10^{-16}	0.085		0.000	1.000					
	X_6	0.310	0.093	0.310	3.339	0.001	0.406	0.306	0.285	0.843	1.186
	X_4	0.243	0.093	0.243	2.616	0.010	0.366	0.244	0.223	0.843	1.186
模型3（R^2=0.501）	（常量）	-8.433×10^{-16}	0.083		0.000	1.000					
	X_6	0.209	0.102	0.209	2.060	0.042	0.406	0.195	0.172	0.679	1.472
	X_4	0.232	0.091	0.232	2.543	0.012	0.366	0.239	0.213	0.841	1.190
	X_{14}	0.217	0.096	0.217	2.258	0.026	0.373	0.213	0.189	0.762	1.313

① 地点为滨江道。

② 因变量：Y_2，商业店铺外观协调度。

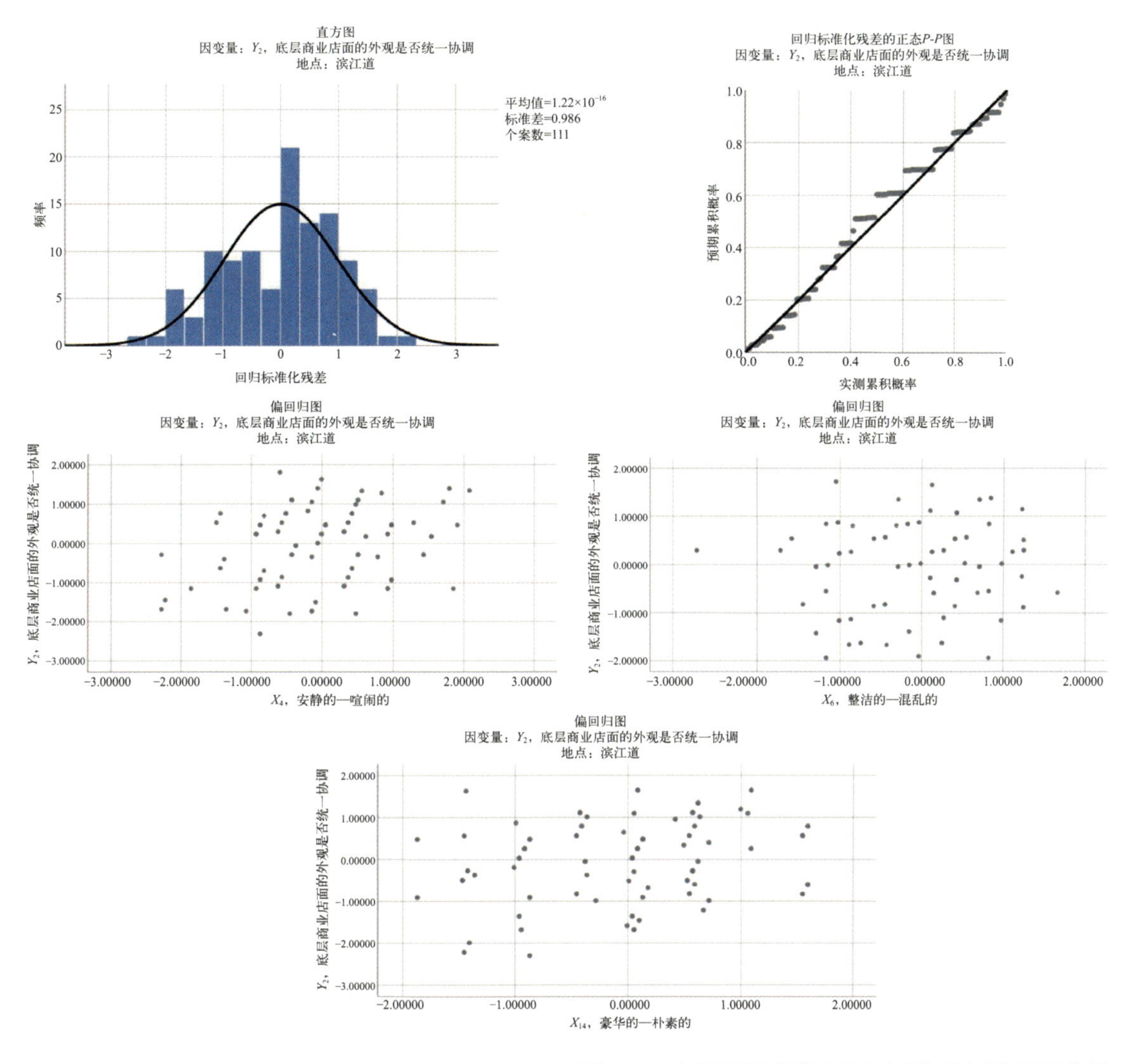

图3-12　底层界面协调性显著自变量与因变量相关性分析

由系数表格可知，回归方程可表示为：

$$Y_2=0.209X_6+0.232X_4+0.217X_{14}$$

可知，整洁、安静、豪华3个因子对商业店铺底层界面协调性有显著正相关影响。

（3）人行道舒适性（Y_3）

运用SPSS 25.0将X_1～X_{20}作为自变量，与人行道舒适性（Y_3）进行逐步线性回归分析（表3-37）。最终模型3的R^2=0.402，即模型对人行道舒适性的解释度为40.2%。根据SPSS的输出ANOVA表格，可知F=23.959，P<0.001，因变量和自变量之间存在线性相关（图3-13）。对人行道舒适性有显著影响的因子有X_{20}（层次分明—杂乱无章）、X_3（有序的—无序的）、X_8（丰富的—贫乏的）3个因子。

表3-37　人行道舒适性多元线性回归系数[①②]

模型		未标准化系数		标准化系数β	t	显著性	相关性			共线性统计	
		B	标准误差				零阶	偏	部分	容差	VIF
模型1	（常量）	4.555×10^{-16}	0.080		0.000	1.000					
（R^2=0.292）	X_{20}	0.541	0.081	0.541	6.710	0.000	0.541	0.541	0.541	1.000	1.000
模型2（R^2=0.373）	（常量）	4.662×10^{-16}	0.076		0.000	1.000					
	X_{20}	0.363	0.090	0.363	4.041	0.000	0.541	0.362	0.308	0.719	1.391
	X_3	0.335	0.090	0.335	3.727	0.000	0.527	0.338	0.284	0.719	1.391
模型3（R^2=0.402）	（常量）	4.436×10^{-16}	0.074		0.000	1.000					
	X_{20}	0.257	0.100	0.257	2.571	0.012	0.541	0.241	0.192	0.561	1.783
	X_3	0.311	0.089	0.311	3.498	0.001	0.527	0.320	0.262	0.709	1.411
	X_8	0.209	0.092	0.209	2.273	0.025	0.475	0.215	0.170	0.663	1.507

① 地点为滨江道。

② 因变量：Y_3，人行道舒适度。

由系数表格可知，回归方程可表示为：

$$Y_3=0.257X_{20}+0.311X_3+0.209X_8$$

可知，层次分明、有序、丰富3个因子对人行道舒适性有显著正相关影响。

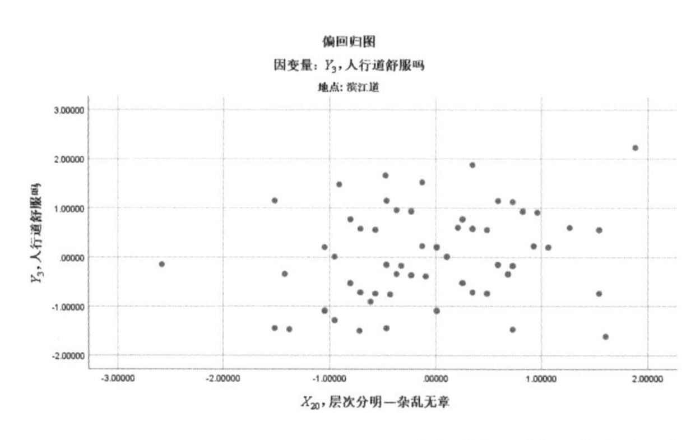

图3-13　人行道舒适性显著自变量与因变量相关性分析

（4）底层商铺的透明性满意度（Y_4）

运用SPSS 25.0将$X_1\sim X_{20}$作为自变量，与底层商铺的透明性满意度（Y_4）进行逐步线性回归分析（表3-38）。最终模型3的R^2=0.292，即模型对街道整体环境满意度的解释度为29.2%。根据SPSS的输出ANOVA表格，可知F=14.730，P<0.001，因变量和自变量之间存在线性相关（图3-14）。对透明性满意度有显著影响的因子有X_{20}（层次分明—杂乱无章）、X_7（亲切的—陌生的）、X_{19}（通透的—密实的）3个因子。

表3-38 底层商铺透明性满意度多元线性回归系数[①②]

模型		未标准化系数		标准化系数β	t	显著性	相关性			共线性统计	
		B	标准误差				零阶	偏	部分	容差	VIF
模型1（R^2=0.196）	（常量）	1.167×10^{-16}	0.086		0.000	1.000					
	X_{20}	0.442	0.086	0.442	5.148	0.000	0.442	0.442	0.442	1.000	1.000
模型2（R^2=0.259）	（常量）	3.613×10^{-17}	0.082		0.000	1.000					
	X_{20}	0.315	0.093	0.315	3.396	0.001	0.442	0.311	0.281	0.797	1.255
	X_7	0.282	0.093	0.282	3.034	0.003	0.424	0.280	0.251	0.797	1.255
模型3（R^2=0.292）	（常量）	1.915×10^{-17}	0.081		0.000	1.000					
	X_{20}	0.219	0.101	0.219	2.177	0.032	0.442	0.206	0.177	0.653	1.531
	X_7	0.232	0.094	0.232	2.476	0.015	0.424	0.233	0.201	0.753	1.328
	X_{19}	0.223	0.099	0.223	2.252	0.026	0.436	0.213	0.183	0.677	1.477

① 地点为滨江道。

② 因变量：Y_4，底层商业店铺的透明性满意度。

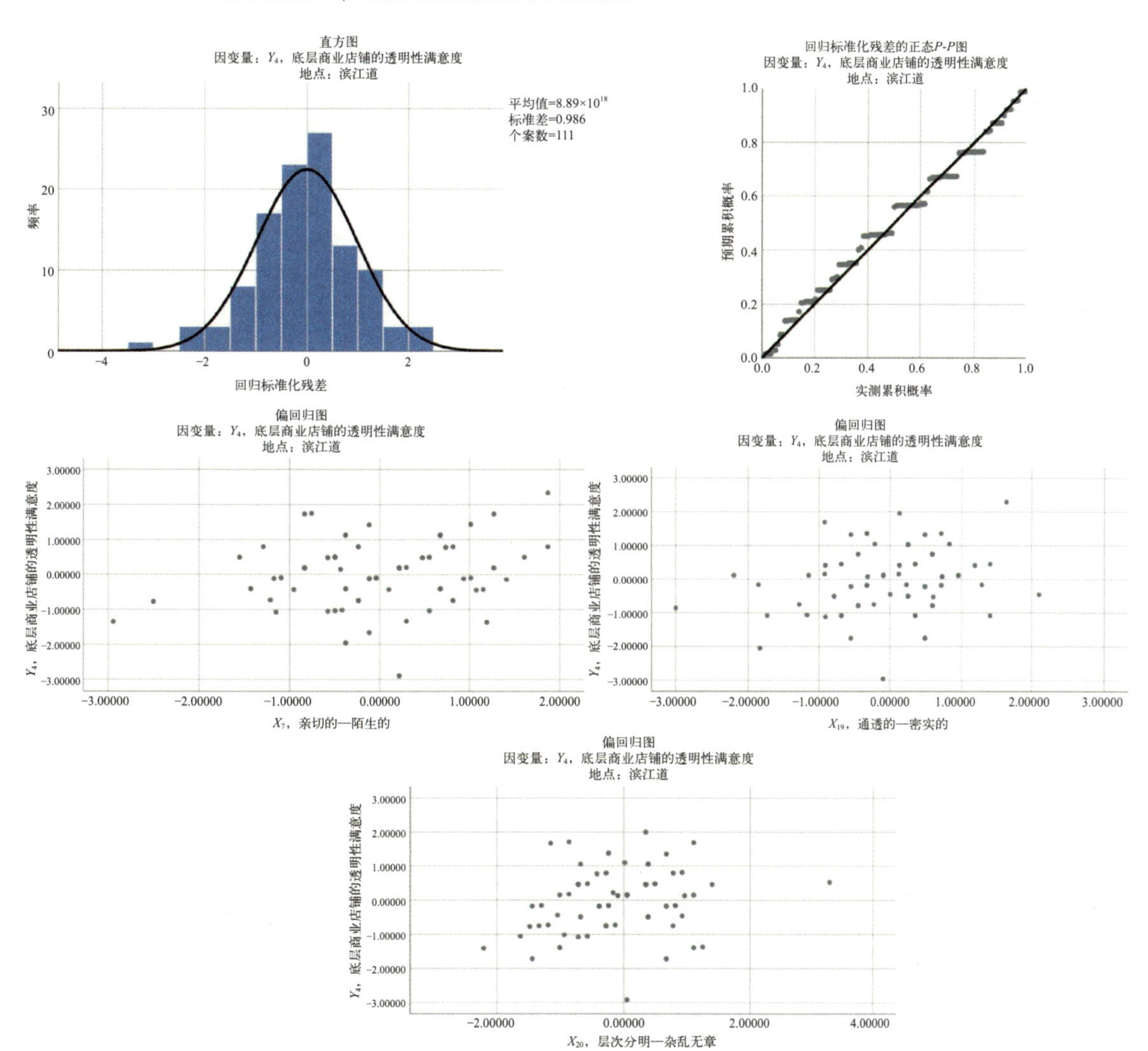

图3-14 底层商铺透明性满意度显著自变量与因变量相关性分析

由系数表格可知，回归方程可表示为：

$$Y_4=0.219X_{20}+0.232X_7+0.223X_{19}$$

可知，层次分明、亲切、通透3个因子对透明性满意度有显著正相关影响。

3.2.3.2　各分项满意度与整体满意度的相关性

将心理维度、单个因子与底层界面的协调性、人行道舒适性、底层商铺的透明性进行相关性分析，发现吸引力维度与整体满意度相关性显著，其中有个性、豪华、多样因子与整体满意度的相关性较高。开敞度因子与协调性、舒适性、透明性呈正相关。

假设底层界面协调性、人行道舒适性、底层商铺透明性与整体满意度呈正相关。把滨江道、万德庄二者总和的数据进行*XYZ*三维可视化分析：将底层界面协调性、人行道舒适性和底层界面透明性两两组合作为*XY*轴，研究其对街道整体满意度（*Z*轴）产生的影响。可以分成*X-Z*，*Y-Z*两个二维的坐标系，其中*Z*轴代表的是使用者街道整体满意度，而*X*和*Y*轴是（底层界面协调性、人行道舒适性、底层界面透明性）这三个分项的满意度指标两两组合。可见，滨江道与万德庄的底层界面协调性、人行道舒适性、底层商铺透明性三者与街道整体满意度呈正相关。虽然有的数据有波动，但整体上呈正相关（图3-15）。即临街商铺表层空间的侧界面越协调、透明性越高，底界面越舒适，使用者对街道的整体满意度越高。

滨江道

X：底层界面协调性（“很不协调”赋值为1；“不太协调”为2；“一般”为3；“还可以”为4；“很协调”为5

Y：人行道舒适性（“很不舒适”为1；“不太舒适”为2；“一般”为3；“比较舒适”为4；“很舒适”为5

Z：整体满意度（“很不满意”为1；“不太满意”为2；“一般”为3；“比较满意”为4；“很满意”为5

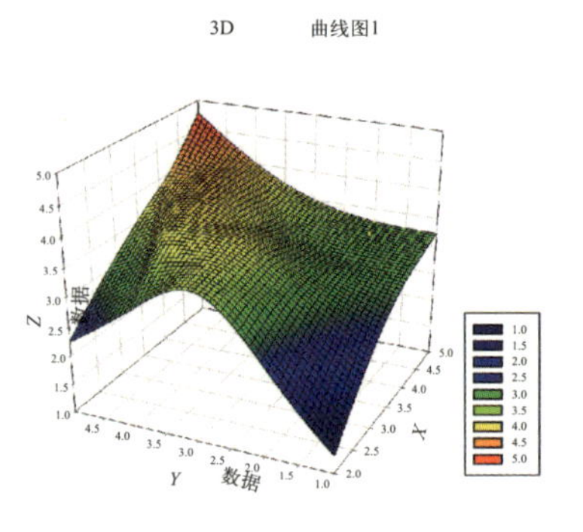

万德庄

滨江道

X：人行道舒适性（“很不舒适”为1；“不太舒适”为2；“一般”为3；“比较舒适”为4；“很舒适”为5

Y：底层界面透明性（“很不满意”赋值为1；“不太满意”为2；“一般”为3；“比较满意”为4；“很满意”为5

Z：整体满意度（“很不满意”为1；“不太满意”为2；“一般”为3；“比较满意”为4；“很满意”为5

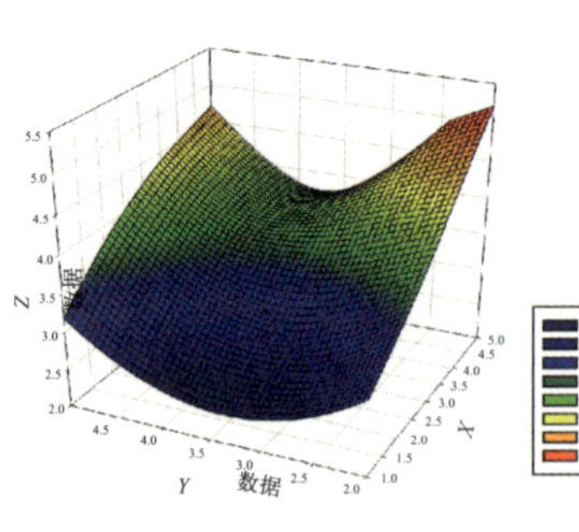

万德庄

滨江道

X：底层界面协调性（“很不协调”赋值为1；“不太协调”为2；“一般”为3；“还可以”为4；“很协调”为5

Y：底层界面透明性（“很不满意”赋值为1；“不太满意”为2；“一般”为3；“比较满意”为4；“很满意”为5

Z：整体满意度（“很不满意”为1；“不太满意”为2；“一般”为3；“比较满意”为4；“很满意”为5

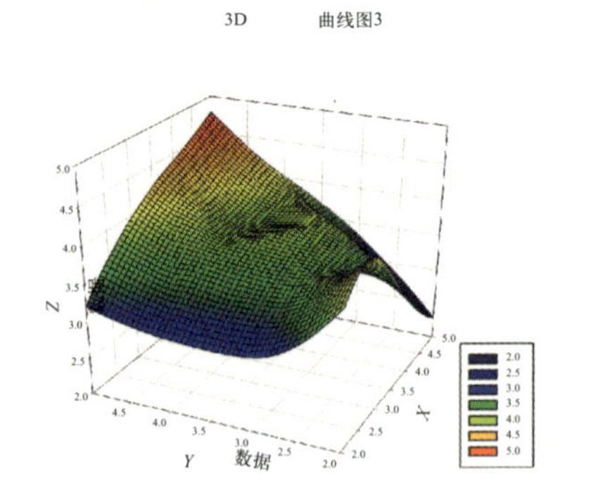

万德庄

万德庄

X：底层界面协调性（“很不协调”赋值为1；“不太协调”为2；“一般”为3；“还可以”为4；“很协调”为5

Y：人行道舒适性（“很不舒适”为1；“不太舒适”为2；“一般”为3；“比较舒适”为4；“很舒适”为5

Z：整体满意度（“很不满意”为1；“不太满意”为2；“一般”为3；“比较满意”为4；“很满意”为5

万德庄

X：人行道舒适性（“很不舒适”为1；“不太舒适”为2；“一般”为3；“比较舒适”为4；“很舒适”为5

Y：底层界面透明性（“很不满意”赋值为1；“不太满意”为2；“一般”为3；“比较满意”为4；“很满意”为5

Z：整体满意度（“很不满意”为1；“不太满意”为2；“一般”为3；“比较满意”为4；“很满意”为5

万德庄

X：底层界面协调性（“很不协调”赋值为1；“不太协调”为2；“一般”为3；“还可以”为4；“很协调”为5

Y：底层界面透明性（“很不满意”赋值为1；“不太满意”为2；“一般”为3；“比较满意”为4；“很满意”为5

Z：整体满意度（“很不满意”为1；“不太满意”为2；“一般”为3；“比较满意”为4；“很满意”为5

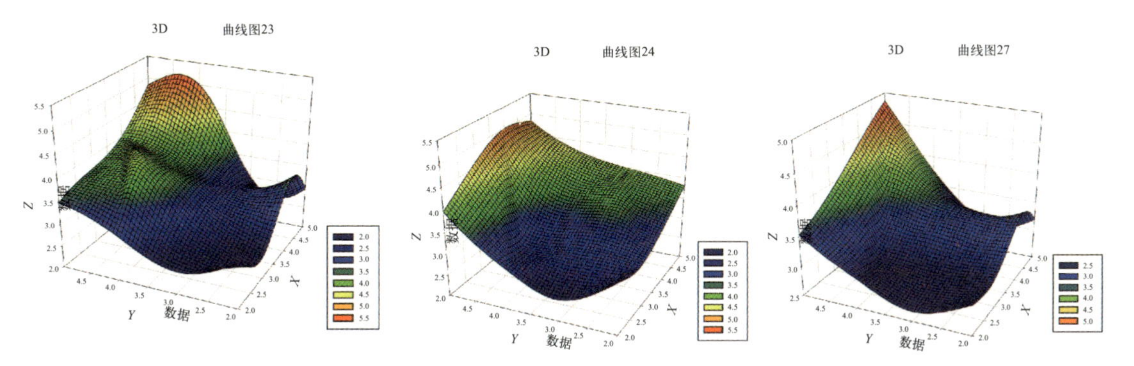

图3-15　三维可视化整体满意度相关性分析图

3.2.4　客体指标对感知的影响

3.2.4.1　客体指标的选取

本节主要探讨街道三维形态的指标。街道三维形态指标包括街道的长、宽、两侧界面的高度以及街道的线型。街道的实际长度指沿街建筑的总长度，街道实际宽度指街道两侧建筑之间的间距。界面的连续度=沿街建筑界面的连续长度/街道的实际长度。曲折度是指沿街建筑立面水平方向上外轮廓线总长度与界面两端的直线水平距离的比值。街道的线型，商业型记为“0”，生活型记为“1”。单元开间指建筑单元的开间距离。选取滨江道商业街沿街四栋建筑进行测绘，分别编号为：A_1为乐宾百货，A_2为欧乐时尚广场，A_3为陕西路至山西路段西侧商铺，A_4为陕西路至山西路段东侧的利福广场。万德庄大街南侧沿街的三栋住宅底商建筑分别编号为B_1、B_2、B_3（表3-39）。

表3-39　三维形态客体指标表

地点		建筑总长度/m	街道实际长度/m	街道实际宽度/m	街道线型[①]	界面连续度/%	曲折度	绿化率/%	界面高度/m	开敞度/%	透明度/%
滨江道	A_1	90	140	36	0	64.3	1.07	3.2%	7.2	31.3	53.1
	A_2	50	100	36	0	50	1.04	8.2%	4	38.6	52.4
	A_3	66	104	29	0	63.5	1.14	2.4%	5	46.9	59.6
	A_4	83	104	29	0	79.8	1.12	2.4%	5	78.2	96.4

续表

地点		建筑总长度/m	街道实际长度/m	街道实际宽度/m	街道线型①	界面连续度/%	曲折度	绿化率/%	界面高度/m	开敞度/%	透明度/%
万德庄	B_1	96	117	24	1	82.1	1.17	36.2%	4.2	41.6	52.2
	B_2	101	114	32	1	88.6	1.09	36.2%	4.5	49.6	60
	B_3	50	64	30	1	78.1	1.12	36.2%	4.2	38.4	49.6

① 街道线型，商业型记为“0”，生活型记为“1”。

3.2.4.2 总体相关性

在主观性评价的基础上，对空间尺度、开敞度、界面透明度、空间变化程度、绿化等数据进行客观测量，进一步做定量分析。其中，滨江道（A_1～A_4）路段平均透明度为66.9%，平均开敞度为49.6%；万德庄大街（B_1～B_3）路段平均透明度为54.86%，平均开敞度为44.2%。通过问卷调查可知，在主观感知上滨江道的表层商铺空间比万德庄大街的更明亮、更开敞、更丰富、更有趣。由此可见，二者的三维形态客观指标与主观评价结果一致。

3.3 室外视角下表层空间吸引要素与驻足行为

3.3.1 总体规律特征分析

建筑表层空间更多承载的是人的行为体验。本节从外部空间视角出发，研究临街商铺表层空间的吸引要素与驻足行为之间的关联。以滨江道商业步行街为例，通过现场拍照、行为观察、访谈法等采集停留人群的行为数据。选择工作日和周末，对行为数据进行记录，以不同符号、颜色代替各年龄结构和停留时长等信息，将其停留位置在平面图中进行标注。并采用网络问卷和实地问卷两种调查方式进行调研。研究人喜欢停留的区域及影响人驻足行为的吸引要素，按照停留人群行为信息、社会属性信息与心理感受信息三大类别建立停留人群指标体系。

通过对场地的现场调研以及行为注记图进行各类型表层空间的规律特征对比分析。

（1）商业型建筑表层空间

商业型建筑表层空间调研对象主要为滨江道区域KIKV、都市丽人、国际KFC、国际图书棚、恒隆、星巴克、纪婆婆、乐宾KFC、鹿客西街、劝业场共十个街道区域。发现综合各季节、各时段、各类型的表层空间中，多数商业型建筑表层空间的使用者喜欢在透明门窗旁驻足，其次选择在邻近橱窗停留，再者在开敞门窗旁。总体以休闲娱乐为主的来访人群喜欢在花坛等绿化环境好的地方驻留，即花坛等绿化为主要吸引要素。此外商业型的来访人群更关注店铺的美观性和实用性，透明门窗在一定程度上吸引力较高。

（2）生活型建筑表层空间

生活型建筑表层空间的调研对象主要为西南角和万德庄共十个街道区域。其中西南角地区为安桥烟酒、德佑、光明眼镜、石磨煎饼、婷婷炸鸡五个街道区域。万德庄区域为大吉利、德佑、国大药房、沪上阿姨、五福心语五个街道区域。

笔者综合发现，各季节中生活型建筑表层空间吸引使用人群产生驻足行为的主要吸引要素为售卖窗口——人们在此进行商品的交易；其次为开敞门窗处，方便进入店铺进行购买活动；再者为透明门窗及邻近橱窗处，行人可在此观看被店家展示的商品。人群主要活动时间为晚上，集中进行购物、闲逛、交谈等活动。生活型建筑表层空间在各季节中人群数量变化不大。

（3）旅游型建筑表层空间

旅游型建筑表层空间的调研对象主要为意风街区、五大道、鼓楼、古文化街等，共二十个街道区域。意风街区有成都串串、精品店、零售屋、喷泉广场、星巴克五个街道区域。五大道区域有大福冰室、罗森、民园西里、五大道保税区、六里服饰五个街道区域。鼓楼区域有二嫂子煎饼、福乐鼓楼茶馆、火龙宫、老城小梨园、万乐福超市五个街道区域。古文化街区域有北方赌石城、耳朵眼炸糕、非遗馆、桂发祥、毛猴张五个街道区域。

旅游型建筑表层空间中人群更关注店铺是否新颖、有趣，具有地方特色。因此人群多在热门景点、网红店铺驻足，或在透明门窗展示区域进行观赏。旅游型建筑表层空间来访人群以游客居多，集中于春季节假日的下午和晚上，夏季节假日的晚上。

基于目前的研究发现，就此展开后续的问卷调查。

3.3.2 停留偏好调研

通过对滨江道111份问卷、万德庄60份问卷的分析，商业型的来访人群以休闲娱乐和商业购物为主，其更关注店铺的美观性和实用性；生活型的来访人群以就餐和朋友聚会为主，其更关注店铺是否主题鲜明。吸引商业型使用人群产生驻足行为的主要吸引要素是座椅，占比21%，其次依次为在透明门窗旁（占17%），邻近橱窗和花坛（占15%），在开敞门窗旁（占11%）。而吸引生活型使用人群产生驻足行为的主要吸引要素为售卖窗口，占比37%，其次依次为在透明门窗旁（占22%），在开敞门窗旁（占13%），邻近橱窗（占9%）（图3-16、图3-17）。人有亲近自然的需求，城市化程度越高，人们对自然就越向往。所以，以休闲娱乐为主的来访人群喜欢在花坛等绿化环境好的地方驻留。对此类表层空间进行设计时，

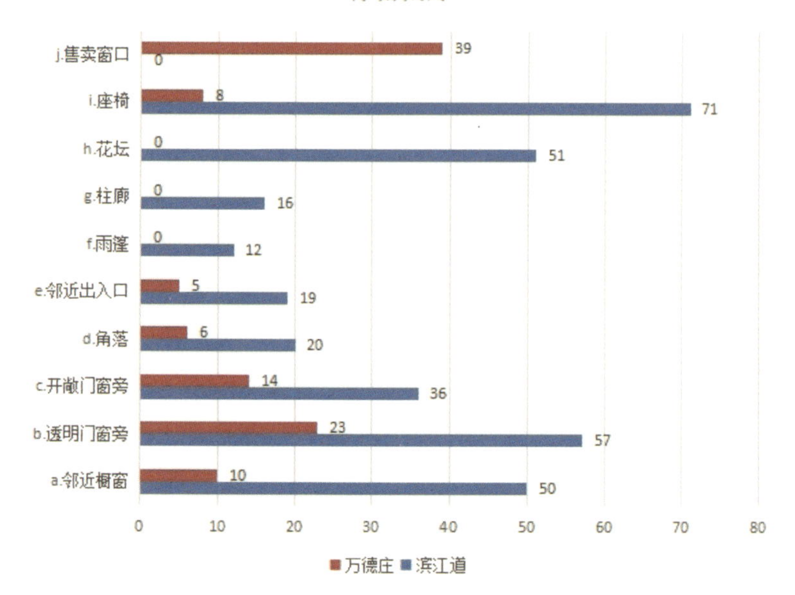

图3-16　表层空间外表层停留偏好（一）

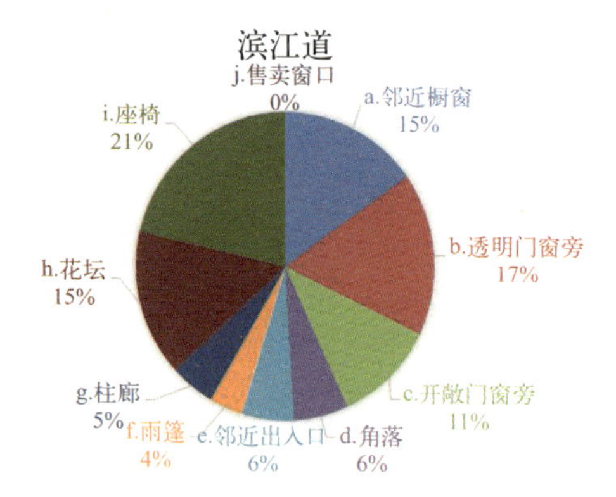

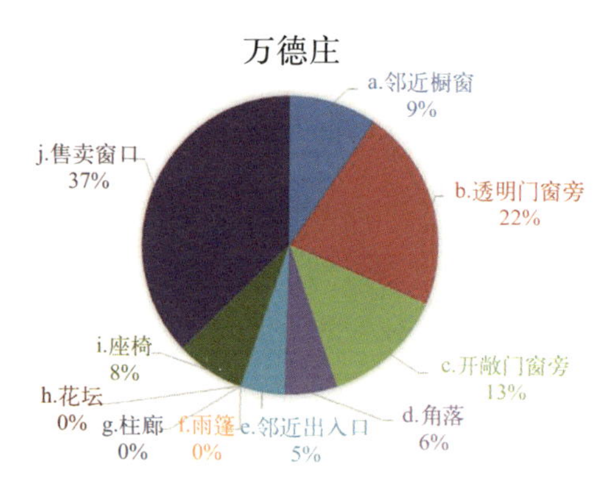

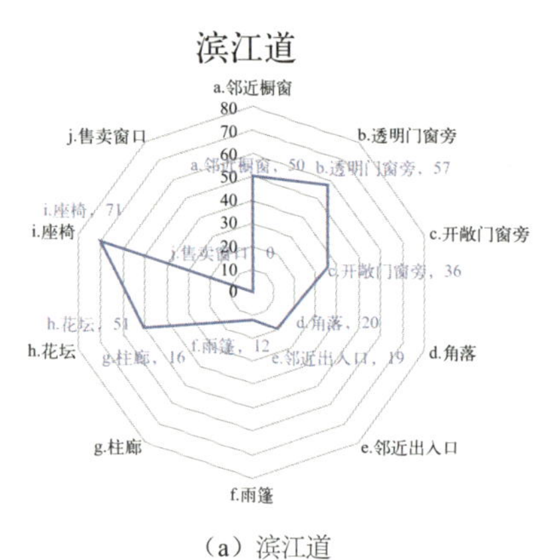

（a）滨江道

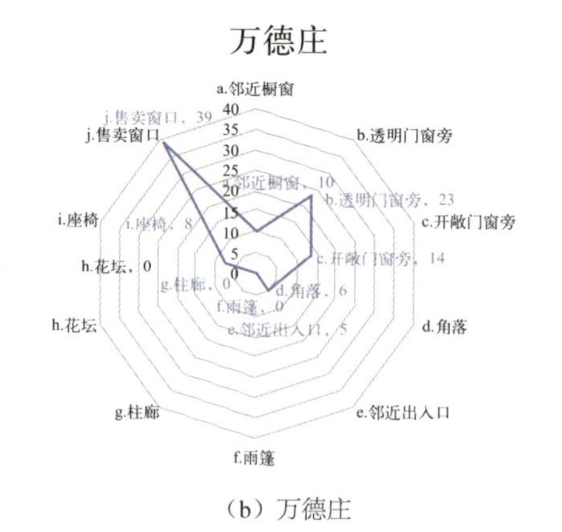

（b）万德庄

图3-17　表层空间外表层停留偏好（二）

除了要考虑开敞度和透明性等指标外，还要考虑绿植要素对表层空间的影响。

通过分析发现，虽然商业型和生活型的两种来访人群的到访目的之间存在差异，但两类表层空间的主要吸引要素基本相同，均为在透明门窗旁和开敞门窗旁。分别假设不同性别、年龄、职业、受教育程度以及同行人群类型之间的吸引要素存在差异。将两个街道的停留偏好选项分别定为二分变量，把所有选项定义为一个变量集，进行交叉表分析，将得到的频数数据制成新的SPSS表格。继而以频数数据为权重进行个案加权处理，将其分别与性别、年龄、职业、受教育程度和同行人群类型的数据构建交叉表，进行卡方检验。结果显示，停留偏好与性别、年龄、职业、受教育程度和同行人群类型均无显著性差异（表3-40）。

表3-40　表层空间停留偏好表

地点			响应		个案百分比/%
			个案数	百分比/%	
滨江道	停留偏好	邻近橱窗	50	15.1	45.0
		透明门窗旁	57	17.2	51.4
		开敞门窗旁	36	10.8	32.4
		角落	20	6.0	18.0
		邻近出入口	19	5.7	17.1
		雨篷	12	3.6	10.8
		柱廊	16	4.8	14.4
		花坛	51	15.4	45.9
		座椅	71	21.4	64.0
	总计		332	100.0	299.1
万德庄	停留偏好	邻近橱窗	10	9.5	16.7
		透明门窗旁	23	21.9	38.3
		开敞门窗旁	14	13.3	23.3
		角落	6	5.7	10.0
		邻近出入口	5	4.8	8.3
		座椅	8	7.6	13.3
		售卖窗口	39	37.1	65.0
	总计		105	100.0	175.0

3.3.3　吸引要素与驻足行为结果

通过现场观察和行为注记，发现表层空间是人群喜欢停留的区域。从室外视角观测人群，发现其喜欢在橱窗、透明门窗旁、开敞门窗旁驻足。因为该区域视线优良，便于驻足观看商品或室内场景。对三种类型表层空间六个地点现场观测的行为注记图进行分析，发现与问卷调查中滨江道和万德庄数据相比，实测与问卷的结论基本一致。问卷调查结果与现场观察的吸引要素基本相符，滨江道以休闲娱乐为主，17%的使用者喜欢在透明门窗旁驻足，15%选择邻近橱窗停留，11%选择在开敞门窗旁停留。万德庄以市民生活活动为主，37%的使用者喜欢在售卖窗口旁驻足，22%的使用者选择在透明门窗旁停留。停留偏好与性别、年龄、职业、受教育程度和同行人数均无显著性差异。

总体来看，商业型的滨江道区域人群属于休闲娱乐型，大多停留在透明门窗区域，便于近距离观赏店铺陈列商品，更加亲近具有商业活力的表层空间。人群驻足大多集中于夜晚，首先选择在透明门窗区域，其次选择邻近橱窗处，再者选择在开敞门窗旁停留。商业型表层空间的总体来访人群以休闲娱乐为主，更加注重整体的活动体验，关注店铺的美观度、创造性、实用性。在夜晚更加关注店铺玻璃橱窗的灯光设置。此外，在店铺前绿化环境较好的地方也会停留和聚集一定人群，进行休憩和交流活动。

生活型表层空间以万德庄区域和西南角区域人群为代表，万德庄区域店铺较多，与西南角区域相比，建筑表层空间的聚集人数普遍增多。来访人群多为附近居民，因此更多关注店铺的实用性，关注店铺是否有方便售卖的窗口以及便于展示商铺属性的表层空间。

旅游型的建筑表层空间中人群更关注店铺的趣味性，关注其是否具有地方特色。人群多在热门景点及网红店铺前驻足，或在邻近透明门窗的展示区域进行观赏。旅游型建筑表层空间的来访人群以游客居多，集中在春季节假日的下午和晚上、夏季节假日的晚上。与平日和周末相比，节假日的人流量显著增多。

3.4 室内视角下表层空间就座偏好分析

3.4.1 表层空间环境特征因子提取

上述章节是从室外视角研究表层空间开敞度与视觉感知的关系以及停留行为与吸引要素的关系。本节选取生活型表层商铺空间为主要研究对象，以天津大学海棠书院为例（校园咖啡厅），主要从室内视角研究表层空间的视觉吸引要素与就座行为偏好的关联。海棠书院是具有代表性的全透明杆件形式的表层空间，可容纳人的行为活动，且活力较盛，故选为研究对象。

采用现场观察和问卷调查相结合的方式进行调研。现场调研采用行为注记法：首先在现场测绘生成平面图，按就座偏好（窗边、角落、邻近出入口、包间和室内中间区域）划分出五个停留区域（图3-18）。对调研场地进行多点拍摄和视频及图像数据采集。然后，对视频数据进行处理，将使用者就座位置在平面上标记出来，观察其行为类型（读书或看报、就餐、交谈、用电脑学习或办公、晒太阳、看风景、戴耳机听音乐等），并测量其停留时间。笔者将就座时间分为四类：短暂停留0～1h，中短时停留1～2h，长时间停留2～4h，停留4h以上，并对停留区域和行为类型进行比较。

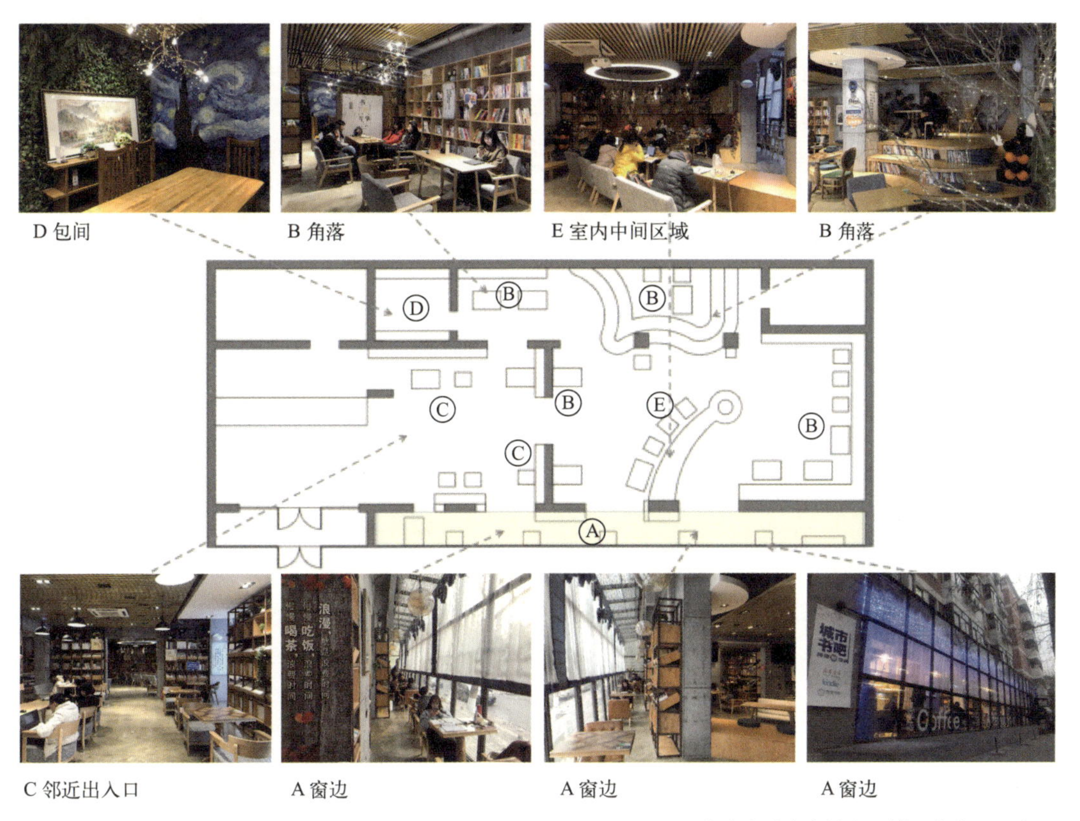

图3-18 海棠书院室内停留区域五大分区示意图

3.4.1.1 现场观察

调研选取人流量较多和较少的两日（节假日、工作日）进行全天候视频数据采集，比较工作日与节假日的客流数据（图3-19）。调研发现，在角落和窗边停留的人数较多，人群在角落停留的时间较长，多为长时间停留，表层空间多容纳中短期停留行为（0.5～2h）。人群驻留行为在空间位置上分布密度不均匀，在A、B（窗边和角落）两个区有明显聚集现象。来访者自身行为类型对停留时间长短的影响较大，在中间区域停留的人较少。

表层空间使用频率更高。通过问卷调查可知，来访者更喜欢在视野开阔的地方就座，如图3-19所示的蓝色区域。虽然来访者实际选择在其他区域（角落或室内中间区域）就座，但42.74%的来访者更倾向于选择窗边区域就座，36.75%的人选择角落，9.4%的人选择室内中间区域，8.55%的人选择包间，2.56%的人选择邻近出入口。大多数来访者到访目的为交流、自习，交流人群多选择在邻近出入口和室内中间区域停留，自习人群较多选择窗边或角落停留。表层空间区域内短期停留的人数较多，且多为就餐、自习或交流等中短期停留行为。由于受到室外环境（如光照和温度）的影响，表层空间在上午和下午的使用频率也存在差异。中午至下午使用频率较高，傍晚夜景照明开始后，表层空间的使用频率提升。

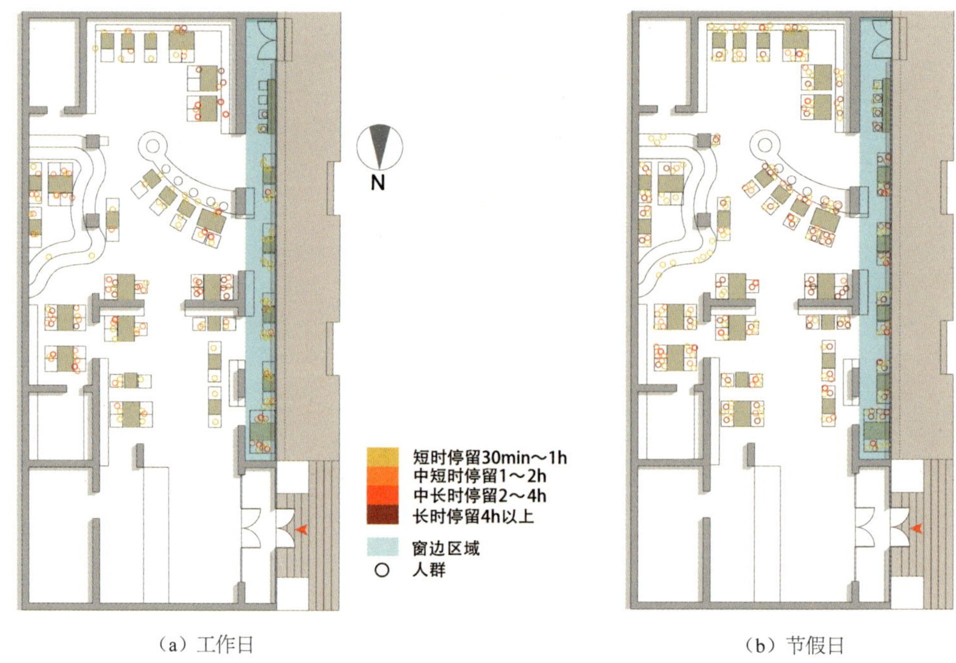

（a）工作日　　（b）节假日

图3-19　海棠书院行为注记图

表层空间既能满足使用者观看街景的需求，又能产生空间的围合感，使人群愿意停留。表层空间既是室内空间对外展示的窗口，又是城市街景的观赏窗口。

3.4.1.2　问卷调查

数据采集采用线上和线下两种方式，共获取184份调查问卷数据。其中，线上使用问卷星调查软件采集数据共67份，线下现场发放纸质问卷117份，回收有效样本117份，问卷有效率97.5%。用SPSS软件对数据进行处理，分析影响空间舒适度的主要因素，将视觉环境、视野范围、景观效果、光线效果与总体舒适度进行相关性比较。

3.4.1.3　视觉偏好调查空间句法

用空间句法分别分析表层空间的视线被视程度、视线可达性和视线被限程度（图3-20）。视线被视程度：表层空间区域除被书架、隔断等遮挡之外，在建筑内部为视野被视程度较高区域。在此表层空间内，使用者视野范围较好。视线被限程度：表层空间侧界面要素的透明性对视线遮挡程度高低有着较大影响。不透明隔墙等物体影响视线被遮挡程度。由分析可知，虽然海棠书院的表层空间面宽较窄，与室内连接一侧的隔墙较多，但整体的被视程度高，尤其与外部空间环境的视线可达性好，是室内外视野范围较好的区域。可见，表层空间是视野范围和景观环境较好的区域。

（a）视线被视程度（Visual Integration）

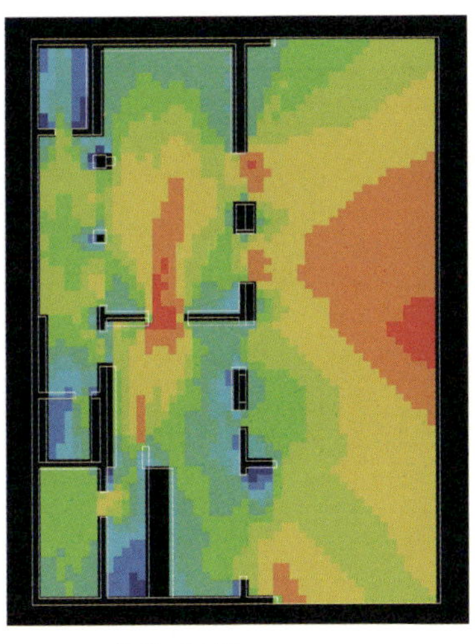

（b）视线可达性(Visual Control)

（c）视线被限程度（Visual Clustering Coefficient）

图3-20　空间句法分析

3.4.2　视野范围是吸引的首要要素

3.4.2.1　网络问卷

分别对67份网络问卷和117份实地问卷进行SPSS分析。在网络问卷中，来访者对咖啡厅内部总体舒适度的感知在性别方面无显著差异（P=0.135＞0.05）（表3-41，调查问题为“总体感觉舒适吗？”）。

表3-41　网络问卷总体舒适度感知独立样本t检验表

方差方程的 Levene 检验			均值方程的t检验					差分的 95% 置信区间	
假设	F	P(Sig.)	t	df	Sig.（双侧）	均值差值	标准误差值	下限	上限
假设方差相等	0.064	0.801	1.516	62	**0.135**	0.343	0.226	−0.109	0.795

网络问卷中，来访者总体舒适度与视觉环境、视野范围、景观效果、光线效果变量之间呈正相关。网络问卷总体舒适度感知的相关性分析表见表3-42。

表3-42　网络问卷总体舒适度感知的相关性分析表

调研内容	项目	相关系数（Spearman）				
		总体感觉舒适吗?	室内空间的视觉环境	视野范围	景观效果	光线效果
总体感觉舒适吗?	相关系数①	1.000	0.432②	0.408②	0.440②	0.259①
	Sig.（双侧）	—	0.000	0.001	0.000	0.039

续表

<table>
<tr><th rowspan="2">调研内容</th><th rowspan="2">项目</th><th colspan="5">相关系数（Spearman）</th></tr>
<tr><th>总体感觉舒适吗？</th><th>室内空间的视觉环境</th><th>视野范围</th><th>景观效果</th><th>光线效果</th></tr>
<tr><td rowspan="2">室内空间的视觉环境</td><td>相关系数</td><td>0.432②</td><td>1.000</td><td>0.749②</td><td>0.717②</td><td>0.476②</td></tr>
<tr><td>Sig.（双侧）</td><td>0.000</td><td>—</td><td>0.000</td><td>0.000</td><td>0.000</td></tr>
<tr><td rowspan="2">视野范围</td><td>相关系数</td><td>0.408②</td><td>0.749②</td><td>1.000</td><td>0.657②</td><td>0.436②</td></tr>
<tr><td>Sig.（双侧）</td><td>0.001</td><td>0.000</td><td>—</td><td>0.000</td><td>0.000</td></tr>
<tr><td rowspan="2">景观效果</td><td>相关系数</td><td>0.440②</td><td>0.717②</td><td>0.657②</td><td>1.000</td><td>0.515②</td></tr>
<tr><td>Sig.（双侧）</td><td>0.000</td><td>0.000</td><td>0.000</td><td>—</td><td>0.000</td></tr>
<tr><td rowspan="2">光线效果</td><td>相关系数</td><td>0.259①</td><td>0.476②</td><td>0.436②</td><td>0.515②</td><td>1.000</td></tr>
<tr><td>Sig.（双侧）</td><td>0.039</td><td>0.000</td><td>0.000</td><td>0.000</td><td>—</td></tr>
</table>

① 0.01＜*P*值［Sig.（双侧）］＜0.05，相关性是显著的。

② *P*值［Sig.（双侧）］＜0.01，相关性是非常显著的。

3.4.2.2 实地问卷

实地问卷中，来访者的到访频率为“几乎每天”的占2.56%，“经常”占10.26%，“有时”占30.77%，“偶尔”占41.88%，“第一次”占14.53%，见图3-21。

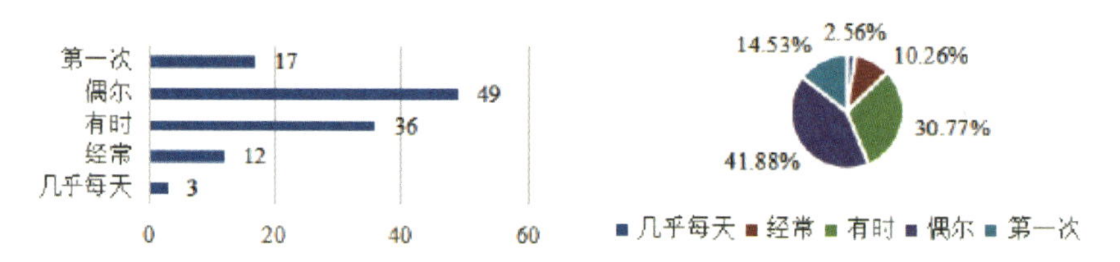

图3-21 到访频率

实地问卷中总体舒适度与室内空间环境、视野范围、景观效果、光线效果呈正相关（表3-43）。

表3-43 总体舒适度感知的描述性统计量表

舒适度感知	均值	标准差	样本数*N*
总体舒适度	0.9915	0.71312	117
室内空间视觉环境满意度	1.17	0.620	117
视野范围满意度	1.09	0.726	117
景观效果满意度	1.04	0.875	117
光线效果满意度	0.98	0.910	117

在实地问卷中，来访者总体舒适度感知与视觉环境｛相关系数r=0.429，P值[Sig.(双侧)]=0.000＜0.01｝、视野范围｛相关系数r=0.392，P值[Sig.(双侧)]=0.000＜0.01｝、景观效果｛相关系数r=0.492，P值[Sig.(双侧)]=0.000＜0.01｝、光线效果｛相关系数r=0.382，P值[Sig.(双侧)]=0.000＜0.01｝相关性均非常显著。其中，总体舒适度与景观效果相关性较高于视觉环境、视野范围及光线效果，总体舒适度与光线效果满意度相关性较低。所以，视野范围好、景观效果好的地方使用者感觉更舒适，更吸引人群在此停留（表3-44、表3-45）。

表3-44　实地问卷总体舒适度感知的相关性分析表

调研内容	项目	相关系数（Spearman）				
		总体舒适度	视觉环境	视野范围	景观效果	光线效果
总体舒适度	相关系数	1.000	0.429①	0.392①	0.492①	0.382①
	Sig.（双侧）	—	0.000	0.000	0.000	0.000
室内空间视觉环境	相关系数	**0.429①**	1.000	0.775①	0.647①	0.516①
	Sig.（双侧）	0.000	—	0.000	0.000	0.000
视野范围	相关系数	**0.392①**	0.775①	1.000	0.692①	0.497①
	Sig.（双侧）	0.000	0.000	—	0.000	0.000
景观效果	相关系数	**0.492①**	0.647①	0.692①	1.000	0.404①
	Sig.（双侧）	0.000	0.000	0.000	—	0.000
光线效果	相关系数	**0.382①**	0.516①	0.497①	0.404①	1.000
	Sig.（双侧）	0.000	0.000	0.000	0.000	—

① 表示P［Sig.(双侧)］<0.01，相关性是非常显著的。

表3-45　实地问卷总体舒适度感知独立样本t检验表

项目	独立样本检验								
	方差方程的Levene检验		均值方程的t检验					差分的95%置信区间	
	F	P(Sig.)	t	df	Sig.(双侧)	均值差值	标准误差值	下限	上限
总体舒适度	0.246	0.621	1.170	115	**0.244**	0.15833	0.13530	－0.10967	0.42634
视觉环境	0.025	0.876	0.094	115	**0.925**	0.011	0.118	－0.223	0.245
视野范围	0.032	0.858	0.301	115	**0.764**	0.042	0.139	－0.233	0.316
景观效果	0.000	0.987	0.017	115	**0.987**	0.003	0.167	－0.328	0.334
光线效果	0.270	0.605	0.368	115	**0.713**	0.064	0.173	－0.280	0.408

假设：性别差异会对总体舒适度、室内环境满意度、视野范围、景观效果、光线效果满意度产生影响结果：性别在总体舒适度、视觉环境、视野范围、景观、光线效果之间无显著差异。

3.4.3 就座偏好区域分析及其首要原因

使用者就座偏好分析结果表明，选择在窗边区域就座的人群比例最高（样本数N=50），占42.74%，选择邻近出入口就座的人群占比最少，为2.56%。其中选择靠窗的原因多样，例如视野好、有安全感、离出入口距离近（可达性）、光线好、有插座（设施）等，反映了使用者的需求差异。其中，选择窗边就座的首要原因为视野好，占比60%，其次原因为光线较好（占12%），有插座（占10%）、座椅舒适及安全感（占8%）次之，出入口可达性因素影响最小（占2%）（图3-22）。通过问卷调查可知，选取窗边就座的其他原因为窗边有插座等，根据实际观察可知，就座窗边的使用者多携带笔记本电脑等电子设备，窗边有插座，可以满足其充电需求，一定程度上增加了窗边就座的概率。

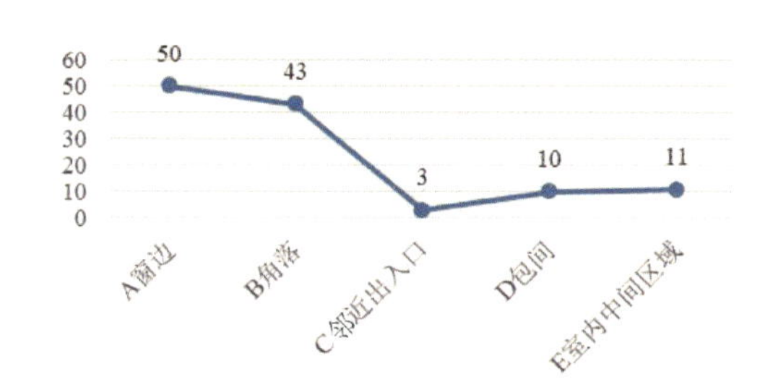

(a) 使用者偏好区域频数

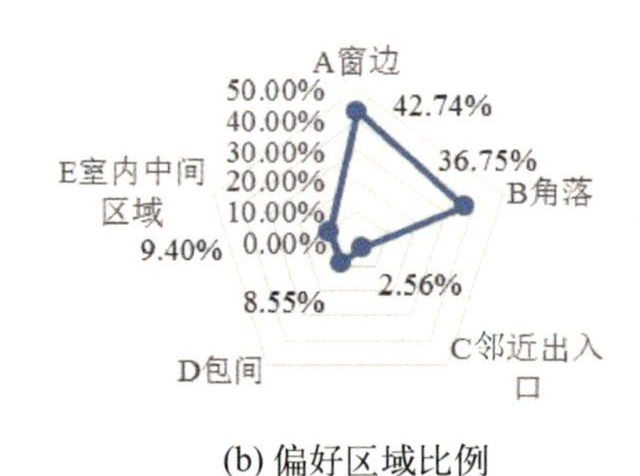

(b) 偏好区域比例

图3-22　就座偏好区域分析图

同理，依次分析就座角落、邻近出入口、包间、室内中间区域的首要原因。分别为：就座角落首要原因为有安全感占比56%（样本数N=43）；邻近出入口就座首要原因为距出入口较近，行走方便（样本数N=3）；包间就座（样本数N=10）及室内中间区域就座（样本数N=11）的首要原因包括有安全感、光线好、有插座（设施）等（图3-23）。

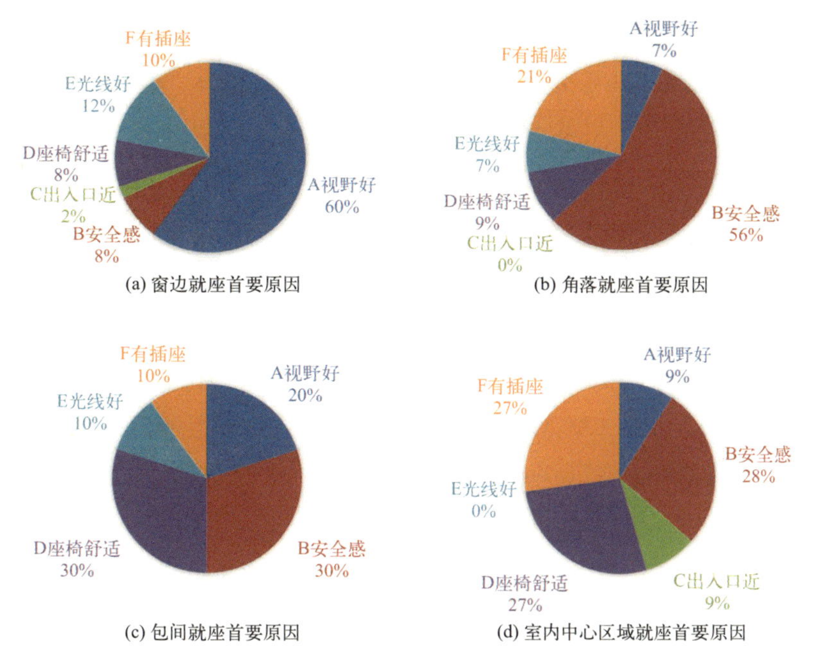

图3-23 就座首要原因

3.5 本章小结

本章在第2章总结出的商业型、生活型和旅游型三种建筑表层空间类型的基础上，对临街商铺表层空间的空间要素与人群行为进行实证检验。选取滨江道商业街（商业型）、万德庄大街（生活型）、鼓楼商业街（旅游型）进行预调研，最终选取表层空间吸引力强、数据采集和分析可行性强、改造频繁、普遍存在的商业型和生活型临街商铺表层空间作为主要研究对象，重点研究商业型和生活型街道表层空间构成要素对视觉吸引力的影响。分别从室外和室内两个视角对表层空间主要的驻足行为和就座行为进行研究。首先，对滨江道（商业性）和万德庄（生活性）两条街道进行调研，从外部空间视角进行开敞度因子提取，从主、客观两方面分析开敞度与底层界面协调性、舒适性和透明性的相关性，及视觉感知与整体满意度的关系，分析影响使用者驻足行为的表层空间吸引要素，得出以下主要结论。

① 通过对两个样本评价者的社会属性进行分析发现，商业型（滨江道）与生活型（万德庄）二者的使用人群出行目的存在差异。商业型以休闲娱乐和商业购物为主，其使用人群更关注美观性和实用性。生活型以就餐和朋友聚会为主，其使用人群更关注店铺是否主题鲜明。生活型的通勤人数较多。人群出行目的与性别无关，与年龄、职业、受教育程度和同行人数的关系均非常显著。

② 虽然两条街道分属不同类型的临街商铺表层空间，使用人群的出行目的也不相同，但评价曲线的趋势拟合度较高，证明在空间感知上存在相似性，具有同

样的印象偏好。但滨江道的各个因子得分都不同程度地优于万德庄大街。滨江道在调查人群心目中更明亮、更开敞、更有序、更整洁、更丰富、更有趣、更热闹。

③ 用主成分分析法提取滨江道3个主成分因子：繁华因子、环境因子和开敞度因子；提取万德庄5个主成分因子：开敞度因子、丰富度因子、环境因子、趣味因子和繁华因子。分别与表层空间底层界面的协调性、舒适性、侧界面的透明性进行相关性分析，得出开敞度因子与协调性、舒适性、透明性的满意度均呈正相关。底层界面协调性、人行道舒适性、底层商业店面透明性与整体满意度呈正相关。开敞度因子与舒适性和透明性的相关性较高。

④ 根据问卷调查分析可知，商业型和生活型的使用人群的出行目的不同，二者表层空间的一般吸引要素也存在差异。但主要吸引要素基本相同：停留偏好均为透明门窗旁和开敞门窗旁。通过现场观测的行为注记显示：人群多在透明门窗旁、开敞门窗旁及主入口附近停留。与问卷调查数据相比，实测与问卷的结论基本一致。停留偏好与性别、年龄、职业、受教育程度和同行人数均无显著性差异。通过视域分析，证明表层空间是视野好的区域，商业型的表层空间视野要明显优于生活型。

再从室内视角对表层空间的就座行为进行研究。由于商业型的表层空间多用于展示，表层空间内较少容纳人的行为，故选取生活型表层空间（老铺型）的边庭式类型作为研究对象。以海棠书院（校园咖啡厅）为例，从室内视角研究其表层空间的就座偏好。按就座偏好（窗边、角落、邻近出入口、包间和室内中间区域）划分出五个停留区域。通过现场调研与线上与线下两种问卷调查方式，得出以下结论。

结论一：选择平日与节假日分别进行现场调研发现，在角落和窗边区域停留的人数较多。在角落停留的时间较长，多为长时间停留，表层空间多容纳中短期停留行为（0.5 ～ 2h）。人群驻留行为在空间位置分布密度不均匀，在A、B（窗边和角落）两个区有明显聚集现象，受来访者自身行为类型的影响，停留时间长短影响较大，在中间区域停留的人数较少。

结论二：与室内其他区域（角落、中间区域、包间等）相比，表层空间使用频率更高。虽然来访者实际选择在其他区域（角落或中间区域）就座，但42.74%的来访者更倾向选择窗边区域就座，36.75%的人选择角落，9.4%的人选择在室内中间区域，8.55%的人选择包间，2.56%的人选择邻近出入口。大多数来访者到访目的以交流、自习为主，交流人群多选择在邻近出入口和室内中间区域停留，自习人群较多选择窗边或在角落停留。表层空间区域短期停留的人较多，而且多为就餐、自习或交流等中短期停留行为。由于受到室外环境（如光照和温度）的影响，表层空间在上午和下午的使用频率也存在差异。中午至下午使用频率较高，傍晚夜景照明开始后，表层空间的使用频率进一步提升。

表层空间是视野范围好和景观环境好的区域。来访者总体舒适度与视觉环境、视野范围、景观效果、光线效果相关性均非常显著。所以，视野范围好、景观效果好的地方人感觉更舒适，更吸引人在此停留。性别对总体舒适度、视觉环境、视野范围、景观、光线效果等方面影响不显著。表层空间既能满足使用者在宜人尺度的小空间内停留的安全感，又能满足观看街景的需求，更能产生空间的围合感，使人愿意停留。

第 4 章

建筑表层空间视觉环境研究

人对空间的感受主要从视觉层面获得，商业空间对消费者的视觉吸引机制主要影响消费者进店产生消费的行为。探讨商业表层空间如何引导视线，选择驻留的空间类型，提升使用者的空间体验，或发现某类空间的核心价值，是表层空间视觉环境研究的重点。人眼可以辨认物象及其所处的空间（距离），具有接收及分析视线的能力。人对接收到的物象的空间、色彩、形状及动态四类主要信息进行分析，从而组成视知觉。视知觉不包括心理认知层面。然而格式塔认为任何“形”都是认识主体对视知觉进行积极的组织和建构的结果，而不是客体本身就具有的。空间的视觉活动是积极的选择、判断和组织的过程，而非被动地接受。视觉感知是一种信息反馈的视知觉结合心理认知产生的综合性主观感受。肌肉的动觉感受与眼睛的视觉感受得到相同信息后会互相强化。建筑形式对体验者的影响力也因此从眼睛扩展到全身。

视域分析首先是在建筑平面图上用规则的网格进行划分，并从每个网格的中心生成多边形面域，可通过多个位置的数据进行比较，形成空间体验的对比关系。由于需要大量的数据来进行分析，因此笔者运用导出图形和数据统计相关软件自动生成分析结果，以降低运算时间。大多数软件应用程序只能用于二维的视域分析，只有少数研究运用了三维层面的分析。视域分析（View Analysis）是犀牛软件中grasshopper（简称GH）的插件Ladybug的一个算法。人通过视觉识别空间与实体，实体对视线进行遮挡或引导。在可见性分析中，实体无物质属性特征，也无色彩和质感。视域分析仅研究实体与空间的位置关系。也就是说，空间中任意两点之间的关系只包括可见或不可见。通过逐一对空间中的任意点进行可见与不可见的累计计算，能够清晰且直观地呈现出空间的概况，形成对整个空间系统的认知。该方法既可以进行三维展示，又可以进行实时变化修改。本章对视域分析算法中的几项参数进行调整后，基本可以进行建筑表层空间模型的视野分析运算，并可以应用到建筑表层空间方案设计的优化选择上（图4-1）。

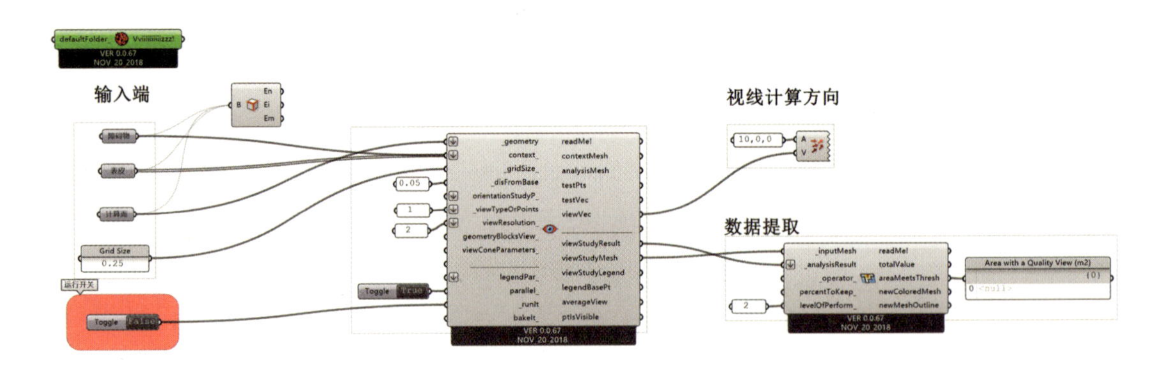

图4-1　视域分析算法流程图

4.1 商业步行街与购物中心选择偏好比较

近年来，互联网的快速发展，给人们的生活带来了便捷，同时也降低了“逛街”的频率。本书于2020年5月18日～5月28日以电子问卷的形式共采集187份问卷。对疫情防控影响下视觉环境与消费行为的关系进行了分析。

4.1.1 选择偏好调查统计

由于物联网的快速发展和人们生活节奏的加快，人们出门逛街、购物频率相应减少，根据问卷结果统计，逛实体店的频率在每月1～2次的人群占比40.64%，选择只在节假日出门逛街的占比25.13%。可见去实体店购物与消费购物行为本身比较，逛实体店的频率大幅减少。其中，79.14%的消费者选择逛所居住城市的实体店，且为购物中心。因为57.43%的来访者认为此类购物场所综合性强，35.14%认为购物方便高效，也有33.78%的消费者表示是陪孩子去购物中心上课或是带孩子享受餐饮、购物、娱乐一站式服务，还有部分消费者是出于停车方便、交通便捷、店铺种类齐全和室内环境舒适等原因选择到购物中心消费。选择在商业步行街消费的仅占16.04%。还有少部分消费者（占比4.81%）表示会根据实际需求选择购物场所，有的更喜欢逛特色小店等较为休闲的实体店铺。本地居民选择逛商业步行街的主要原因依次为交通便捷（占53.33%）、空间层次丰富（占33.33%）、步行街热闹（占33.33%）、店铺种类齐全（占23.33%）和室外环境舒适（23.33%）。如果去一座新城市旅游，作为旅游者，37.97%的消费人群更喜欢逛商业步行街，而选择逛购物中心的仅占17.65%，与本地居民喜欢逛购物场所的统计结果正好相反。36.9%的旅游者更喜欢逛例如奥特莱斯小镇、商业步行街和商业综合体二者特点兼有的购物场所。另外，7.49%的旅游者会选择去小吃街、当地特色一条街，改造后的旧城区、艺术园区等休闲娱乐场所。

分别对消费人群逛街时长和逛街时段进行数据统计。与小部分消费者选择在中午和上午时段逛街相比（占16.58%），大多数消费者选择在下午（占51.34%）和晚上（占32.09%）逛街。大部分消费人群逛街时长为2～4h，占比44.92%；1～2h的占比33.69%；16.58%消费者表示不受时间限制，无所谓。逛街时长几乎一整天的占比4.81%。对消费习惯进行统计，71.66%的消费者会选择性地去固定几家店铺，28.34%的人会漫无目的地随便逛逛。半数以上的评价者选择与家人一起逛街（57.22%），和同性朋友一起逛街的占39.57%，和异性朋友一起逛街的占12.83%，自己单独逛街的占23.53%。单独带孩子逛街的占6.42%。

假设不同同行情况的评价者购物目的性存在差异。将统计购物目的性选项分别定为二分变量，把所有选项定义为一个变量集，进行频率分析，将得到的频数数据制成新的SPSS表格，继而以频数数据为权重进行个案加权处理。将其与同行情况的数据构建交叉表（表4-1），进行卡方检验。结果显示，在购物目的性与同行情况卡方检验中，*P*值［渐进Sig.（双侧）］小于0.05，说明不同出行情况评价者的购物目的性具有显著差异（表4-2）。

表4-1　评价者购物目的性和同行情况交叉制表

购物目的性	同行情况					合计
	自己一人	同性朋友	异性朋友	家人	单独带孩子	
有目的性	38	46	13	81	11	189
漫无目的	6	28	11	26	1	72
合计	44	74	24	107	12	261

表4-2　评价者购物目的性与同行情况卡方检验结果表

项目	值	*df*	渐进 Sig.（双侧）
Pearson卡方	14.985	4	0.005
似然比	15.593	4	0.004
线性和线性组合	.148	1	0.701
有效案例中的*N*	261		

注：14.985为实测值；*N*表示用于检验的样本数量；*df*为自由度。

4.1.2　表层空间视觉环境影响

消费人群对临街商铺表层空间的关注点由高到低依次为（每位受访者选择三项吸引力要素，得到如下统计数据）：主题鲜明，有个性占42.25%；店面开敞，通透性好，能看到室内环境占27.81%；店面品牌标识占27.27%；店铺外观美观占25.67%；被橱窗展示的商品吸引占25.13%；店铺空间层次丰富占24.6%；商品促销活动占23.53%；有座椅摆放，便于休息占21.93%；光线效果好，有氛围占16.58%；绿化环境好，植物配置丰富占12.83%；有用来取景拍照的地方占7.49%；花车等促销商品展示占2.14%；其他，如有舒适小景观环境的外摆等占2.67%（图4-2）。

在对实体店铺的选择偏好调查中，对书店、文具店、服装店、鞋帽店等20种中小型商业店铺进行比较。最受评价者欢迎的实体店铺为服装店（占55.61%），其次依次为书店（占48.66%）、餐饮店（占41.18%）、电影院（占31.55%）、生活用品店（占27.27%）、特色小吃店（占26.74%）、面包店、冷饮店、便利店、品牌折

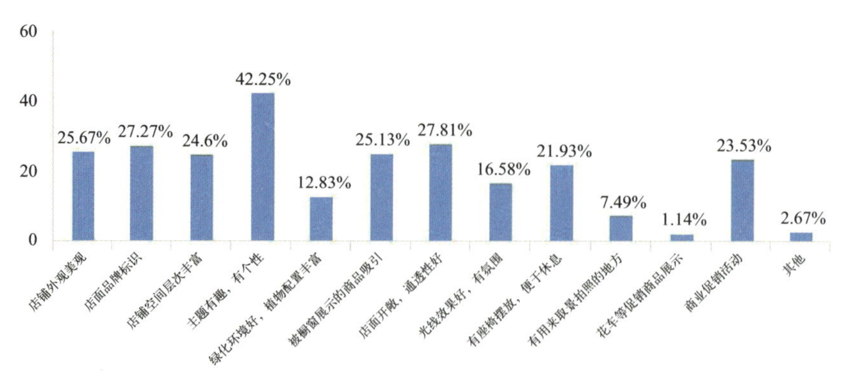

图4-2　吸引消费人群的表层商铺空间要素

扣店等（图4-3）。不同实体店铺，其表层空间的形式和视觉吸引要素也各不相同（图4-4）。形态和业态有吻合度，可帮助提升吸引力。

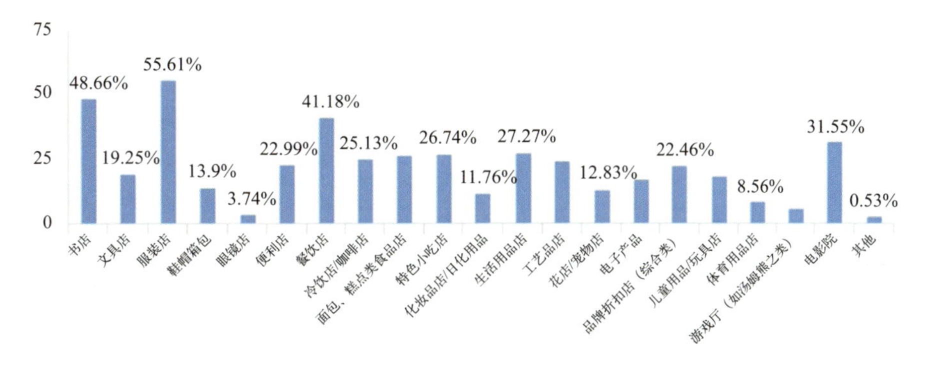

图4-3　实体店选择偏好比较

图4-4　实体店铺类型

4.1.3　新型零售模式兴起

与网店购物的便捷和价格低廉相比，实体店需要体验才能完成决策。如今的消费者只有10%的时间在线下进行消费。当我们还在考虑如何提升实体店的吸引力，如何将线上电商与线下实体店更好地融合时，一种新零售模式“快闪店”已迅速兴起。快闪店（Pop-up Store）是指一种短期经营的商业店铺，起源于2003年的纽约。开始快闪店只销售限量款商品，后来越来越受到一些初创或小众品牌的青睐，用来试售自己的新产品。其主要特点是时间周期短，最短可能几天，最长也不会超过一年。65%的快闪店租赁周期在10天以内，86%在一个月以内。其另外一大特点是惊喜感、个性与话题性。它可以是酷的、可爱的、趣味的、前卫的、充满争议的。总之，好看好玩的体验感是其强调的重点。通过做好视觉营销，让消费者在一闪而过时被店面吸引，最终带来经济效益（图4-5）。快闪店利用新奇的空间激发消费者的消费兴趣。

图4-5 LV纽约快闪店

4.2 城市外部空间环境中建筑表层视域范围

4.2.1 视域分析原理

视域分析（View Analysis）算法程序显示如何量化与室外的视觉联系，以其在360°视野范围中所占的百分比表示。例如，可以使用此组件评估沿附近街道或公园聚集的一些关键观看点的3D建筑特征的可见性；从sunPath组件的一组关键太阳位置点评估公园植被的几何可见性；还能评估位于人体下方一组关键“观察”点的室外热辐射的“可见度”。该组件输出输入几何（geometry）所见的视点百分比（图4-6）。在上述的三个例子中，这将是从街道看到的3D建筑特征的百分比、植被所接受阳光照射时间的百分比，或加热器加热人体的百分比。该组件将客观地从各个方向评估测试点的视图。

研究表明，对建筑的偏爱也涉及其周围环境。影响“建筑偏爱”的周围环境的因素很多，但在形成建筑景观时运用得最多的是自然元素。在包括建筑的城市场景中，自然景观元素的有无与环境偏爱的增加或减少有关，在建筑表层空间增加自然景观元素会使使用者产生情绪上的愉悦感[68]。

4.2.1.1 表层成景

在城市空间环境中，多层和高层建筑聚集，通过视域范围分析可以计算出建筑立面可视性的高低。从外部空间角度进行分析，模拟计算行人在街道上任意一点观看被测建筑物的视线，得出建筑不同界面各不相同的可视性分析图。其中，蓝色和绿色区域是被视性高的区域，可视域范围较好（图4-7）。

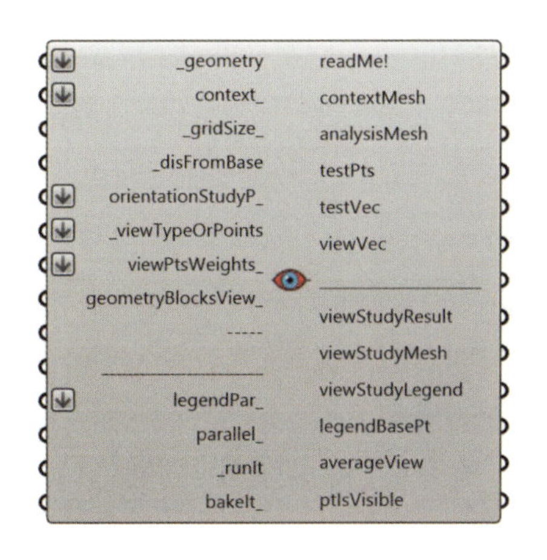

图4-6　视域分析源代码面板

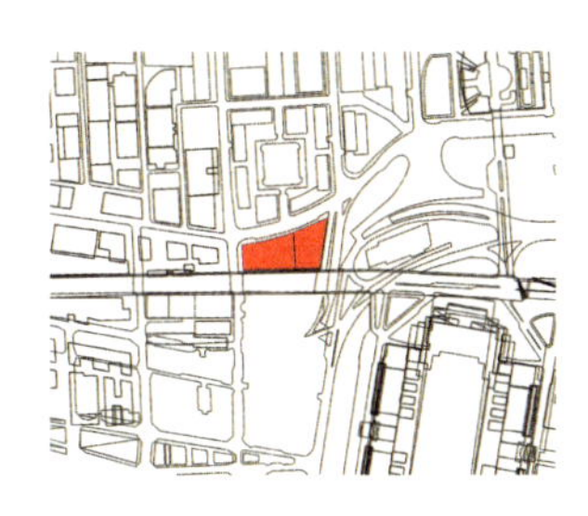
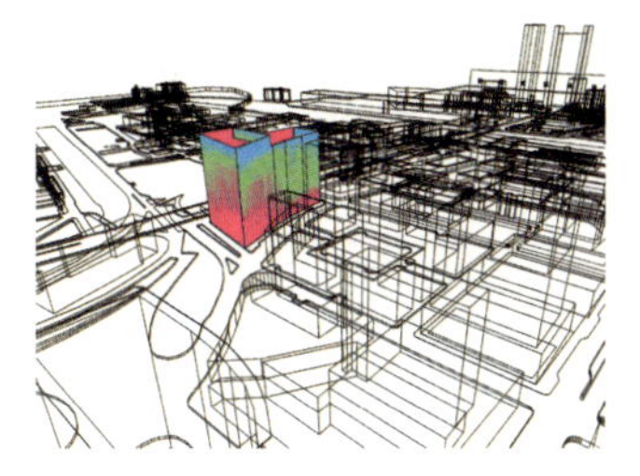
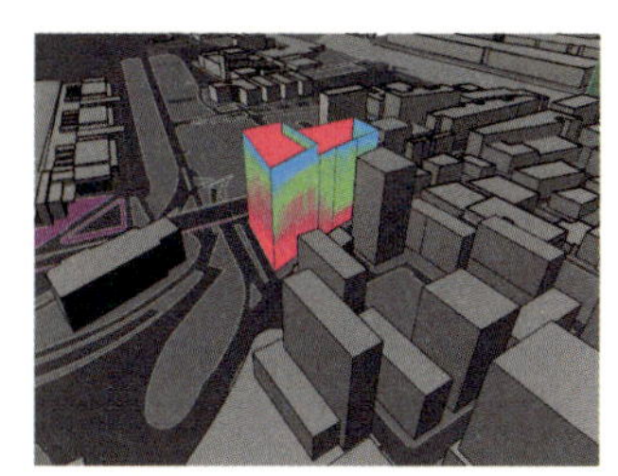

图4-7　建筑单体的视域范围分析图

4.2.1.2　表层观景

一方面，建筑表层空间是城市景观的重要组成部分，是景观点；另一方面，从室内空间视角，建筑表层空间也是城市景观的取景器，是观景点。新加坡中心绿洲酒店（Oasia Hotel）就是其中的一个缩影。虽然位于新加坡高密度的中央商务区核心地段，周围高楼林立，但通过整体的开放性设计，创造出多处开阔的“地平面”空间，为使用者提供更多公共娱乐场所和社交互动的机会，创造出舒适宜人的空间，令人感到不拥挤（图4-8）。

4.2.2　建筑表层空间视域分析

利用GH中的Ladybug插件对建筑表层空间进行视域分析。首先建立各样本单元的建筑及场地模型，对于形态复杂的要素，保留基本尺寸并简化模型以提高运算速度；在导入建筑信息文件后，应根据实际研究情况设置Ladybug工具的算法参数，并设置图例；最后，对相关参数进行设定，进行视域分析的成果烘焙。内部空间的立体视域分析可辅助界定内部建筑表层空间宽度，室外建筑立面的立体视域分析可以判断建筑立面要素的作用高度，为设计提供优化依据。

图4-8　新加坡中心绿洲酒店
（图片来源：ArchDaily）

用室外视野范围分析算法（view of the outdoor through a façade）对临街商业建筑表层空间的商业型和生活型两种类型进行分析研究，按照外界面的开敞度（开敞、半开敞、封闭）衍生出3大类17小类空间进行分析比较，从人视点高度对其进行视域分析。

4.2.2.1　商业型底层空间视域分析

以滨江道商业步行街为例，选取从南京路的乐宾百货到山西路的利福广场路段进行测绘调研。步行街全长约200m，由四组建筑群组成，共42家店铺，测绘建模后进行视域分析（图4-9、图4-10）。滨江道商业步行街宽约8m，乐宾百货路段

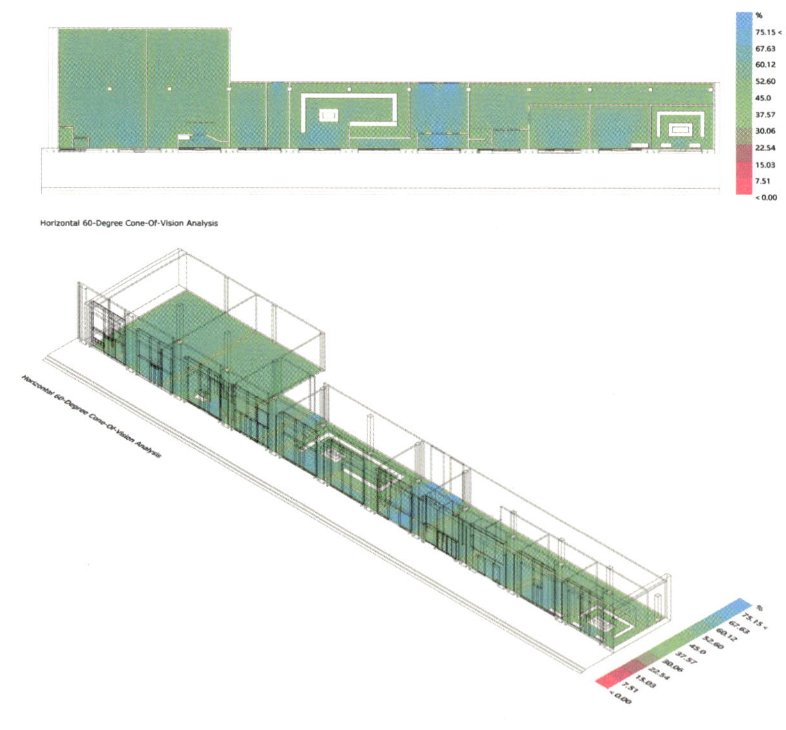

图4-9　滨江道乐宾百货临街商铺表层空间视域分析图

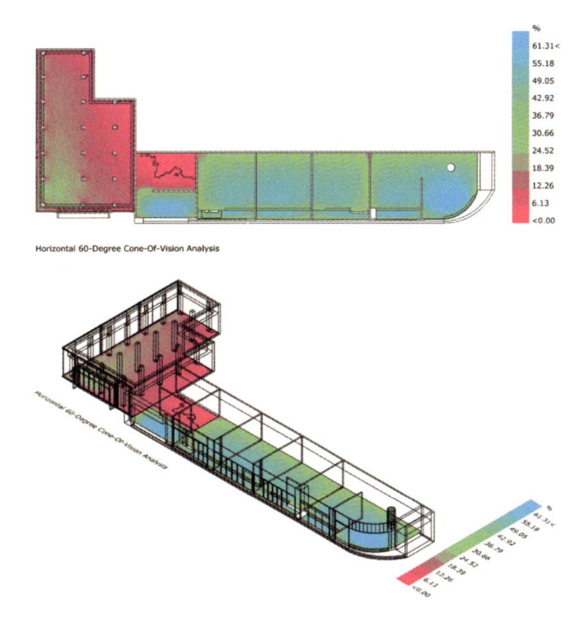

图4-10　滨江道陕西路至山西路段西侧临街商铺表层空间视域分析图

邻近商业店面的宽约3m的台阶形成主要人流方向，步行街中间区域主要呈现反向人流。平日人群以情侣、外地游客、老年人居多，以休闲娱乐为主。周末人流量明显增多，人群以购物和会友为主，且驻留人群多在座椅处或透明门窗旁停留。

通过视域分析发现，建筑表层空间是可视域范围最好的区域（蓝绿色区域），单元空间的开间进深对表层空间的视域分析有影响，小开间进深的单元空间比大开间进深的视域范围好。问卷调查表明，街道的舒适性满意度与建筑表层空间界面的透明性和开敞度直接相关，开敞度高的地方视野好，更能吸引行人停留聚集。

4.2.2.2　生活型底层视域分析

以天津鞍山西道底层商铺为例，临街商铺表层空间采取柱廊与台阶相结合的形式。由于单元空间开间较小，进深较大，采用实墙开落地门窗的形式，受柱廊的部分遮挡，表层空间可视域范围较好（呈绿色）。

以天津大学海棠书院为例，边庭宽约1m，单侧布置桌椅家具，室外平台宽约2.5m。视域分析结果显示，边庭式表层空间是视野最好的区域（图4-11）。

4.2.2.3　比较分析

对商业型和生活型两种调研对象进行视域分析发现，表层空间皆是室内空间中视野比较好的区域。与生活型相比较，商业型的单元空间开间更大、层高更高，视域分析结果在表层区域呈蓝绿色的区域更多。在进行视域分析时，为确保运算结果准确，建模时应注意：模型空间必须为密闭空间，须有顶盖；模型共分为三

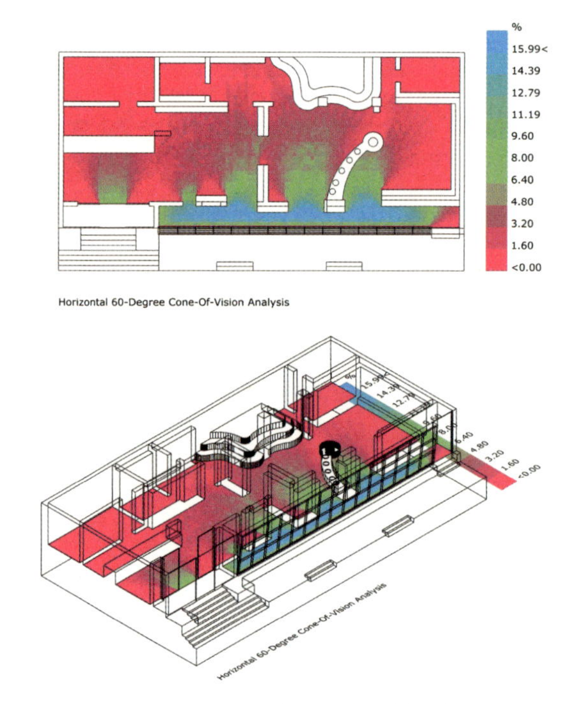

图4-11　天津大学海棠书院临街商铺表层空间视域分析图

类群组：计算面、表皮和遮挡物；模型单位统一为“m”；透明的物体如玻璃等都不需要建模。

视域分析比较的可见性是相对的，代表不同颜色的数值也是相对的。部分空间之所以没有出现特别明显的颜色变化，是因为相比于红色区域，其余部分可见性好很多，所以不会出现很红的现象。在可视性分析的图面表达上，整个区域也是有部分颜色区分的。蓝色和绿色，可以看出表层空间的颜色与周围颜色是有区别的，只是相对于其他红色的区域，表层区域的可见性更高（图4-12）。从算法原理层面以及模型层面经反复验算后所呈现的分析图是相对准确的。

如图4-13所示，在进行视域分析时，建筑组群的整体计算和拆分单元后单独计算的结果会有不同，主要有两个原因：一是因为空间进深较大，与小进深空间

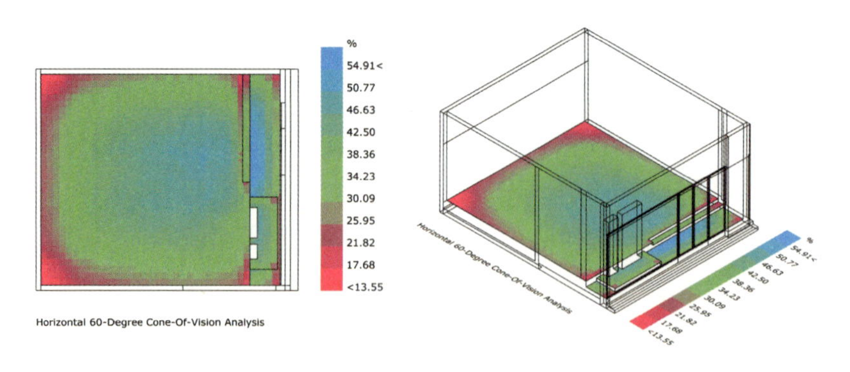

图4-12　临街商铺表层空间单元空间视域分析图

相比，建筑群组的可见性相对没有小尺度单元高；另外一个原因是右侧（独立单元）的空间性明显好于左侧，所以相对而言，左侧店铺的可见性稍差。可见性是相对概念，不是绝对概念，可见性跟界面的开敞度有较强的联系，但是并不是直接对应的。可见性与空间的尺度、进深、窗户的位置等都有关系。不能将两个空间的可见性直接比较。对不同空间的可见性进行比较，单独计算的结果更为准确。

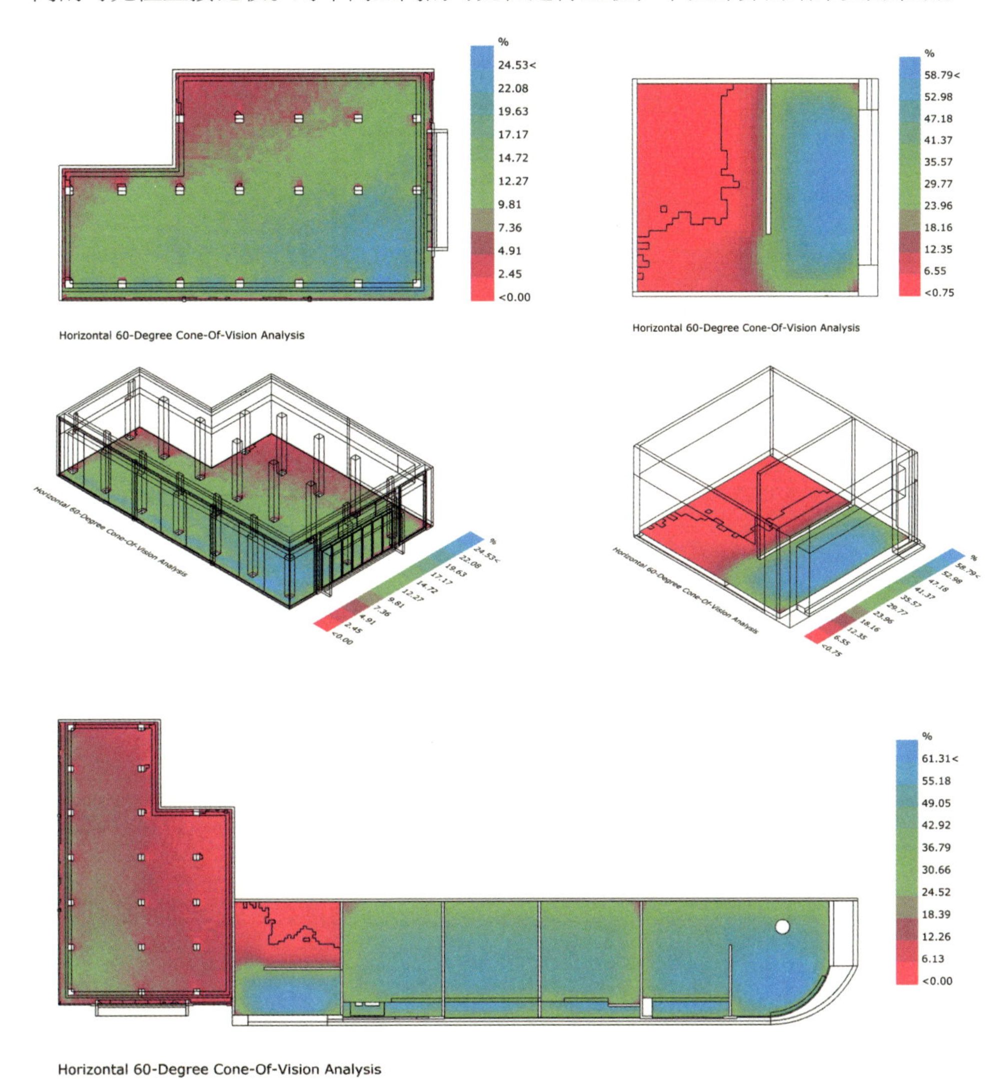

图4-13　临街商铺表层空间整体与单元计算分析图比较

4.2.3　单元空间视域分析

4.2.3.1　开敞度

开敞度指侧界面的围合程度，即侧界面的洞口大小与整个界面面积大小的比值。人们需要新鲜空气，常希望能直接站在窗口附近。因此，设计窗户开口时，一定要考虑与外界的视觉联系，也要考虑开窗时手动操作的空间。窗口形成与外界的界限，人在不同姿态下视线高度不同：站立时约为1750mm，坐着工作时约为1200mm，闲坐时约为800mm，躺在床上时约为700mm。

通过立面进入室内的光线数量会随着人们进入室内深度的增加而逐渐减少。光线进入的数量由天光系数D以百分比的形式来表示，这表明了正常条件下室内与室外的照明度的比率。在立面和平面上，开口的位置和形状是起决定性作用的。高窗部分的开口能增加进入室内的光线数量。光线进入室内后照明的实际水平，基本由室内表面的反射程度决定，这主要取决于表面所采用的颜色。窗户开口的位置、形状、尺寸大小都会对光线的透过及居住者的视野产生不同的影响（图4-14）。

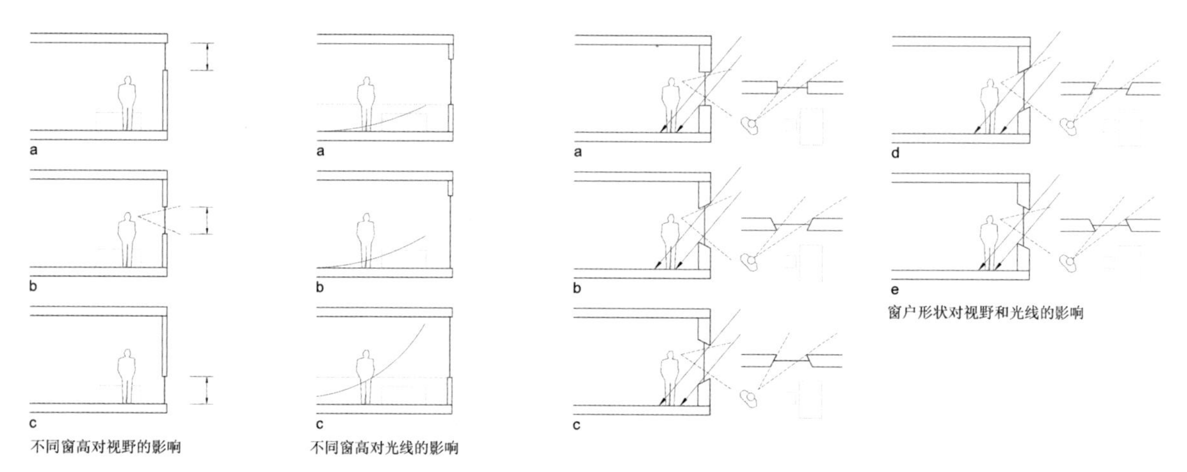

图4-14　开口的位置、形状、大小如何影响光线的透过及居住者的视野
（图片来源：赫尔佐格，等著．立面构造手册[M].袁海贝贝，等译．大连：大连理工大学出版社，2006：32.作者改绘）

4.2.3.2　可见性

空间可视分析是指基于人眼的视觉生理机能，对空间目标、现象、过程等进行观察、感受、认知、加工的过程。空间可视分析表现在可视世界的广度与深度，是人眼对看到物体的反应，看到与否、看到多少，是空间可视分析中可见性计算的主要内容。空间可视分析在宏观层面上指可视域、通视域；在微观层面，表现为可视的精度与程度。可视性分析的基本原理是在栅格系统中，在视点与被视点之间进行连线，判断连线是否被其他几何体打断，进而可知被视点是否可视。可视域分析是研究在观测范围内观测点所能被观测到的空间点的集合。

在对单元空间进行可见性分析时，蓝色区域为室内可见性高的区域，界面的厚度也会对室内可见性分析范围产生影响。如图4-15所示，以人的视点高度进行域范围计算，根据窗户开口的位置、形状、大小不同，视域分析的结果也各不相同。采用条形窗（窗户位于窗台的位置）的三维累积视域范围最大。高窗和落地长窗，可视域范围分布不均匀，都集中在墙的一侧边缘。

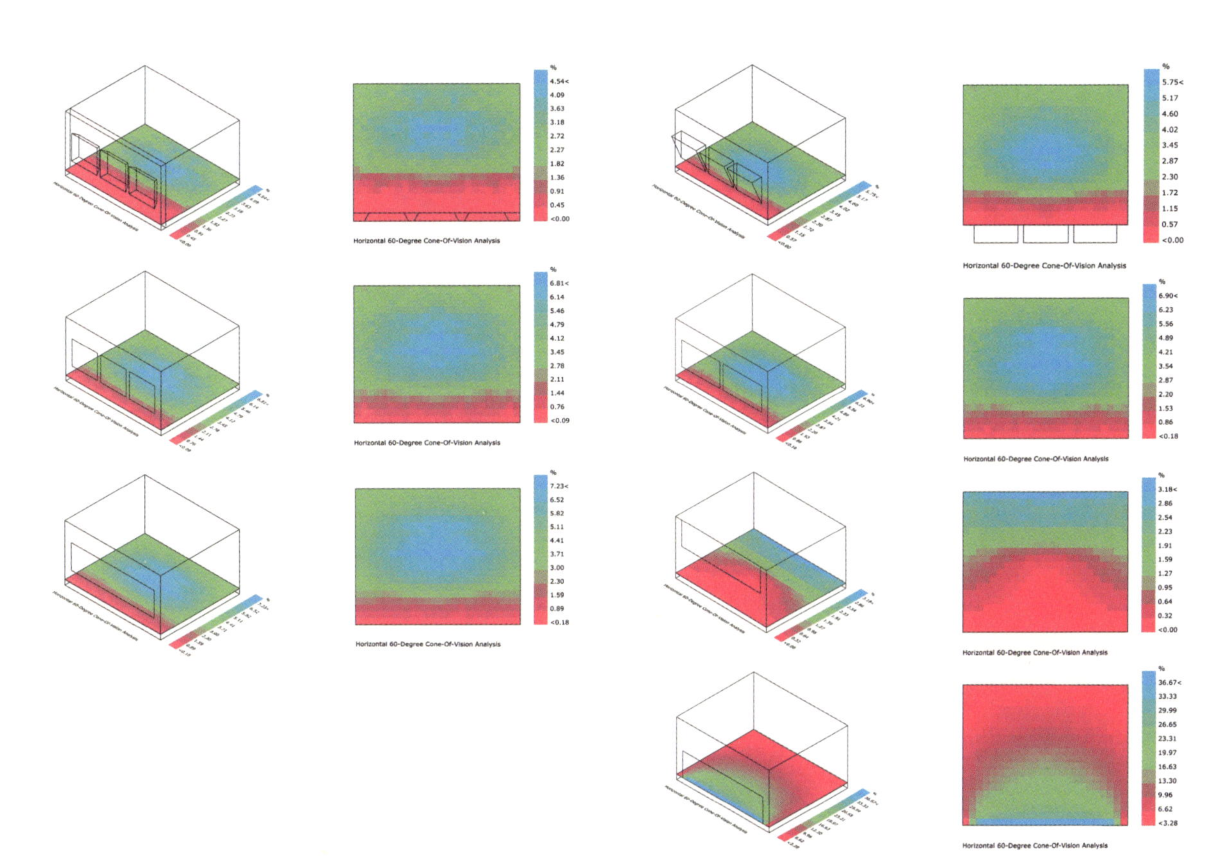

图4-15 单元空间中窗口的位置、形状、大小对可视性的影响

4.3 指标选取及评价

4.3.1 空间要素构成

霍尔在研究人类感知与所处空间的互馈时发现，个体对空间的需求差异明显，并归纳出三种不同类型的空间形式：固定特征的空间，包括一些不可移动的要素，例如墙体等；半固定特征的空间，包括可移动的家具等；非固定特征因素。阿摩斯·拉普卡特（Amos Rapaport）以使用者视角对日常环境的关系进行多角度的分析研究，并注重对研究思维的思考。其在《建成环境的意义》一书中引用了霍尔提出的环境因素的分类，将环境分为：固定特征（Fixed-feature elements）、半固定特征（Semifixed-feature elements）和非固定特征因素（Nonfixed-feature elements）。同理，表层空间要素可以按照各元素随时间变化的速率不同分为：固定要素、半固定要素、非固定要素（表4-3）。

表4-3 表层空间要素构成

（来源：作者自绘）

表层空间要素	状态
固定要素	静态的
半固定要素	缓慢的
非固定要素	迅速的

（1）固定要素

固定要素是指基本上固定的，或变化得少而慢的要素，指建筑的一次面。城市中的街道和建筑均属于这一领域。如：屋顶、墙面、柱子、梁、门窗洞口、楼梯等。固定要素是空间界面轮廓的主要载体，是场景形成的前提和基础。这些因素的大小、位置、空间组织方式、顺序、布置等都可以表达意义。固定特征要素排列的次序原则也具有意义，即使是某一群体的有序有可能是另一群体的无序，也同样具有表达意义。

（2）半固定要素

半固定要素是指能够快速且容易地加以改变的、活动的、附加的要素，指建筑的二次面，如：阳台、家具、绿植、围墙、招牌、广告牌、橱窗、雨篷、格栅、壁灯等。半固定要素是表层空间中的活跃因子，人们往往通过调整半固定要素对建筑进行加建或改建，如在入口处加盖雨篷或是将开敞阳台改造成封闭阳台。阿摩斯·拉普卜特在《建成环境的意义》中提出半固定特征要素包括家具、植物及其他陈设等。在场景中，家具起到了引导行为的作用。它因某一功能与活动的目标而存在，具有可变性强的特点。在不同的文化语境中，半固定要素或许更为重要。对此，有一个可能的原因，即涉及设计者与使用者之间的差异。各种“个人化”的因素中：内部包括色彩、材料、画片、屏帷、家具等的使用；外部包括色彩、门脸、百叶窗、信箱、街号、装饰、种植等。小尺度的空间组织能表达半固定要素范围内的意义。

商业橱窗是商品与消费者之间的沟通平台，不仅可以让顾客了解到销售商品的性能、特点、价格及理念，也是带给消费者视觉感知体验，通过视觉吸引产生驻足行为，进而刺激消费行为的一种媒介。有些人群行为或是商业活动的媒介，不采用传统意义上的墙的概念，而是选择推拉门、旋转门或是可折叠墙面来替代墙。通过一系列的界面反转，形成不一样的表层空间。在南方比较暖和的地方，临街开敞的店铺在室外布置茶座，开展相应经营活动。在北方沿街摆摊，形成临时性销售活动，从而引发街道上的特殊商业行为。这些行为需要对表层空间的开放性进行设计。有些表层空间，在经营的不同时段从事不同的商业活动，表层空间的半固定要素也会随之进行重新组织，使表层空间设计在不同时间段发生变化。

（3）非固定要素

非固定特征要素指的是场所中的使用者或居民，指人。芦原义信认为，“空间基本上是由一个物体同感觉它的人之间产生的互相关系所形成的”[69]。“非固定元素包括行为、社交与交流、活动系统、规则体系等，并将环境与价值观、理想、爱好、需求等间接联系在一起。此外，非固定元素还将聚落与建筑周围景观及各个层面上的所有室内外布置结合起来。”人、车、动物等呈现出非固定流动状态。非固定要素的活动直接由固定和半固定要素决定。固定要素与半固定要素直接影响非固定要素的行为，如果固定和半固定要素不够充裕，就不会引发驻足行为。

非固定要素与半固定要素往往相互变换，而固定要素在同一情境中保持不变。一般可通过半固定要素推断非固定要素，而固定要素则不行。非语言行为包括空间距离（proxemics，近体学）、体位和体态（人体运动研究）、身体语言、面部表情、目光注视、声音特质等。阿摩斯·阿拉普卜特（Amos Rapaport）通过非固定要素范围建立非言语表达的方法，从而应用于半固定或固定特征要素。

4.3.2　空间行为类型

商业建筑是城市发展的命脉，是人民群众休闲、娱乐、购物的场所。商业空间对消费者的视觉吸引机制是影响消费者进店产生消费的主要原因。参考扬·盖尔的分类方式，将商业行为也概括为必要性活动、选择性活动和社会性活动三种类型。必要性活动指消费者为满足一般的日常生活和工作需求在不同程度上必须参与的活动。如：购买食品、日用品、礼品、书等。选择性活动是不以物质消费为主要目的，更注重“逛街”体验，伴有休闲娱乐等其他行为的活动，在此过程中可能选择消费。通过店铺环境或商品信息本身可以激发选择性活动中购买行为的发生。社会性活动是指容纳人进行社会交往的活动，如交往、娱乐和社区活动等。

临街商铺表层空间使消费者产生归属感、领域感，并赋予空间文化氛围和历史内涵。现代社会，“购物”变成人们在日常生活中与居住环境、工作环境、学习环境等密不可分的生活内容。生活型表层商铺空间往往会吸引住区居民在此驻足停留，并可以容纳休憩、交谈等公共生活行为，是邻里间日常交流最频繁的场所。底层赋予了表层空间近地的概念。随着城市的旧城改造或新城更新的发展，居住建筑的底部功能发生改变，以小型公共建筑为例，存在政府指导建设和居民自发改造两种模式。其中，居民自发改造对底部表层空间的影响尤为突出，存在商业改造和非商业改造行为，以商业改造行为为主。

丹麦皇家艺术学院建筑学院的研究小组对步行街上行人驻足的地点和观赏对象进行研究发现，在银行、写字楼、自动提款机、理发店等类橱窗前停留的人较少，而在书店、服装店、玩具店等商店和展廊橱窗前有大量的人驻足观赏。因此，在现实中，为提高步行街的吸引力，商业建筑的临街店铺应避免消极因素占据街道的主立面。心理学家德克·德·琼治（Derk de Jonge）在其提出的“边界效应”理论中指出，森林、海滩等环境的边界都是人们喜爱的逗留区域。城市中的边界区域是交往行为发生最密切的场所。人们喜欢逗留的区域一般是沿街建筑立面或一个空间与另一个空间的过渡区。因为身处空间的边界不仅具有良好的观察视野，且背靠建筑物立面能为人们提供保护，使人产生安全感，有助于个人或团体与他人保持距离。若室外空间大而无当，就会失去人的舒适尺度，也无法使人产生安全感。

表层空间是最具有吸引力的场所。冢本由晴提出三种不同主体的行为：人的行为、自然的行为和建筑的行为。并鼓励这三种行为良好地互动与合作，他认为建筑设计出色的地方是让来自不同实体、不同媒介、出于不同理由的行为能够融合在一起。古特曼（Gutman）列出了对人的行为有主要影响的八个物理环境特性，分别为设施和结构的位置（空间组织），循环和交换系统（循环和交换），维持人体生理和心理功能的环境特征（环境特性），被感知的环境（视觉特性），被布置在环境中的设施（便利设施），代表社会价值、地位和文化标准的环境（符号属性）和环境特有的感官和审美属性（建筑学属性）。这些属性在某种程度上以不同的方式影响或改变着人类的生活。

4.3.2.1　体验性行为类型

在商业空间中人群行为多样，包括聚会、休闲、娱乐、交往等。这里将表层空间的人群行为类型分为通过性行为和体验性行为两种。通过性行为包括经过、穿越、进入等路径选择性行为；体验性行为则包括消费体验行为和非消费体验行为。消费体验行为是指购物、餐饮、娱乐等行为。非消费体验行为包括游逛、休憩、观赏、交谈等行为。消费体验行为与非消费体验行为多是交叉进行的。非消费体验行为以驻足停留为主，如观赏橱窗、在座椅处休憩观赏街景等。消费体验行为以购物行为为主，包括随机性购物与目的性购物两种方式。据调查，71.7%的消费者会选择有目的性地购物，73.8%的评价者有过冲动性消费。主要吸引要素是店铺形象有特色（占比44.93%），比单纯受商品本身影响（占比35.5%）要高出9个多百分点。此外，店铺的文化氛围也是让消费者产生冲动性消费的主要原因（占比30.4%），高于商业促销活动宣传本身的影响（占比28.99%）。所以，产生冲动性消费的视觉吸引要素由大到小依次为：店铺形象有特色、商品本身、店铺有文化氛围、打折促销活动。

使用者在去往目的地的途中会产生多种类型活动，如散步、购物、交谈、锻炼、休闲娱乐等。步行过程颇具价值，形形色色的生活被展现出来。一条具有丰富活动的步行街会让人在步行时产生愉悦感。

体验良好的街道空间应当尺度宜人、活动多样、环境优美。在步行街上，人适宜的步行距离为300～500m。空间宽度（街道高度）与空间高度（底层临街建筑高度）比例应合宜，如街道宽度（*B*）与底层临街界面高度（*H*）之比为1.5～2时视觉感舒适，小于此值会显得狭窄，大于此值会显得空旷。

开放性是建筑表层空间最基本的特征，与开放的公共活动密不可分。只有可进入的和易于参与其中的建筑表层空间才是真正开放的。开放性在形式上包括可达性和可感知性。可达性是指在形式和空间组织上，建筑表层空间具有相当的开放度，不受建筑主体功能的约束，人群可以随意进入，可以随时使用和与建筑互动。可感知性是指在视觉上、感受上能够传达给人们该空间是开放空间的信息，吸引人们参与互动。表层空间通过开放性促进空间主体——人的活动：人的活动强化了表层的场所，场所又对主体进一步产生吸引，进而使得表层空间的公共性得以强化。

4.3.2.2 空间尺度与行为心理

空间尺度包括行为尺度和心理尺度。行为尺度是通过对人体生理尺寸的客观测量得出的。人的坐、立、躺、行走的行为可以分别用行为尺度进行阐释。比如人站立时的所需的平面空间是400mm×600mm，坐的行为所需平面空间为600mm×600mm，两人站立时需要的平面空间为600mm×1000mm，三人站成一排时则需要400mm×1800mm，人拿着手提箱行走时需要800mm×900mm（图4-16）。根据这些常用尺度或模数，可以定义不同人体活动的功能模数尺寸。通过把相应行为的尺度纳入表层空间设计中，可以得出与人群行为相匹配的表层空间大小，通过空间设计支持或抑制不同的行为。模数系统是尺度协调的一种形式。协调系统通过使用模块，在网格及模数系统的辅助下，可以调整技术元件的位置、尺寸以及连接方式。尺度协调可以确定组件尺寸，成为工业化建筑发展的基础。

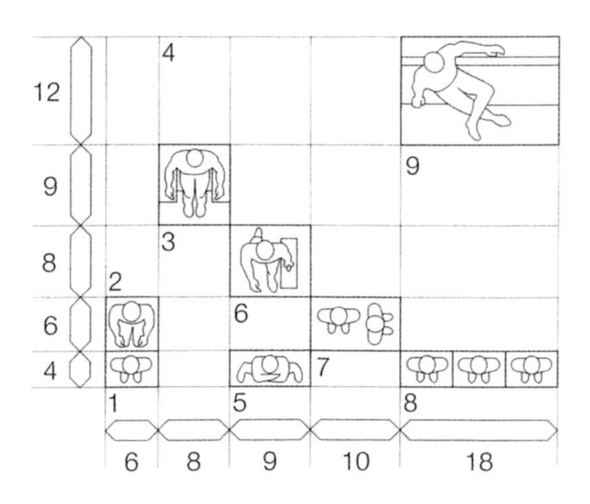

图4-16 常用人体尺度及模数（单位：dm）
（图片来源：赫尔佐格，等著. 立面构造手册[M]. 袁海贝贝，等译. 大连：大连理工大学出版社，2006：40.）

心理尺度是人主观上对建筑空间产生的心理感受。在心理学上，将人与人共处时产生安全感和舒适感的距离称为“安全距离”。霍尔经过研究发现，社交场合的安全距离为1.2 ～ 2.1m。一旦安全距离被破坏，人就会产生不安全感。心理学家萨姆（R.Sommer）认为每个人在心理上都需要一个空间范围，一旦这一范围受到侵犯与干扰，人就会感到焦虑和不安。安全范围随身体的移动而移动，并随着年龄、性别、人种、文化习俗而变化。人类学家霍尔（E.Hall）提出人际距离的概念，认为人际交往距离包括亲密距离、个人距离、社交距离和公共距离四种。每一种距离都与特定的行为联系在一起。人的心理需求包括安全的需求、社交的需求、归属感的需求、与自然交流的需求、历史认同感的需求[70]。不同的心理需求会产生相应的行为需求和空间需求。从心理学角度来讲，应依据不同使用者的功能需求设计不同人群、不同地域的需求尺度。在商业空间中，通过对室内家具或小摆设的布置来获得舒适、亲切的室内空间尺度。

4.3.2.3 行为与视觉

建筑表层空间由空间和实体两部分组成，空间可以容纳人的行为活动，人通过视觉识别空间与实体，实体对视线进行遮挡或引导。人在活动时主要通过视觉感知引导思考并发生行为，人的思考和行为为75%以上是以视觉感知为前提的。本节从视觉感知角度对建筑表层空间视域范围进行分析。在可见性分析中，实体是无物质属性特征的，是无色彩、无质感的不透明体。视域分析纯粹研究实体与空间的位置关系。也就是说，空间中任意两点之间的关系只包括可见或不可见。通过逐一对空间中的任意点进行可见与不可见的累计计算，能够清晰且直观地呈现出空间的概况，形成对整个空间系统的认知。视域是指眼睛所能见到的视力范围，正常人双眼的水平视角最大可达188°，两眼重合视域为124°，平均周边视野是颞侧90°、鼻侧62°、上侧50°、下侧70°（图4-17)。人的坐姿眼高在1100 ～ 1200mm。基于人眼的生理特征，人眼的视域范围在空间中呈锥状，即视锥体。在视锥体内部的景物是可见的，反之则不可见。

4.3.3 指标体系构建

本节将以数据库为工具建立菜单式系统。

边界具有分隔、围合、展示、控制、激发等多种效应。建筑边界的构成模式包括分隔边界、激发边界、孤立边界、动态边界和媒介边界。这里从要素系统角度探讨如何通过菜单式组织方式建立表层空间系统应对不同的环境（城市空间与建筑空间），并在此过程中使各层面要素和谐统一。通过聚类分析法先对菜单中要素之间的关联性进行量化判定，然后进一步形成操作流程。

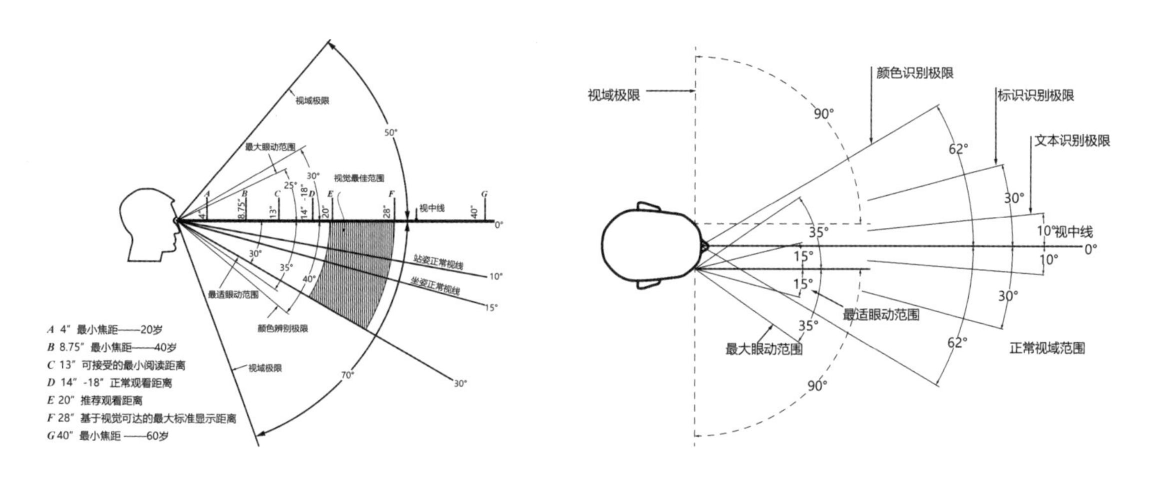

图4-17　人眼视野范围（水平与垂直）

（图片来源：李鹏飞．基于三维累积可视的展陈空间设计研究[D]．天津：天津大学，2020：11.）

表层空间要素由空间的限定要素和空间的界定元素组成。其中，空间限定要素是指围合出物理空间的可被感知的要素，如墙体、楼板、门窗洞口或柱子等，通过限定边界，人们可以区分出室内、室外及物体之间的空间。空间界定元素是指占据空间的要素，是物理空间中的存在物，如雨篷、招牌、格栅、橱窗、阳台、家具、楼梯、绿植等承载人行为活动的要素，这些要素能够承载使用者的具体活动。

根据指标选取原则，考虑指标变量的科学性、系统性、动态稳定性以及可操作性，结合室外实际调查的相关数据和指标，参考相关文献，将评价“临街商业建筑表层空间”这一目标分解成多个组成因素，每个组成因素再进一步细分，形成一个自上而下的递阶层次结构，包括目标层、准则层和指标层三个层次。最终确定与临街商业建筑表层空间的结构和功能紧密相关的20个指标（图4-18），建立临街商业建筑表层空间评价指标体系（表4-4）。

表4-4　临街商业建筑表层空间评价指标体系

目标层		准则层*B*	指标层*C*
A	*AA*		
临街商业建筑表层空间	空间功能	功能多样性	家具
			绿植
			设备
		空间利用率	梁柱
			楼板
			橱窗
	空间路径	空间可达性	通道
			台阶
			铺装
			墙体
		视线清晰度	标牌

续表

目标层		准则层*B*	指标层*C*
A	*AA*		
临街商业建筑表层空间	空间路径	视线清晰度	格栏
			门窗
	人群感知	亲和度	色彩
			材质
			光影
			噪声
		便捷性	交通
			雨篷
			室外座椅

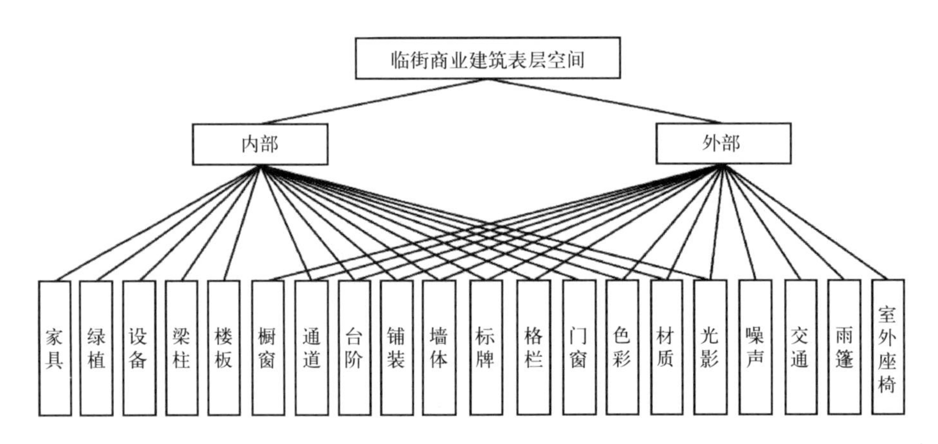

图4-18 临街商业建筑表层空间要素评价指标

4.3.4 指标体系解析

墙、屋顶、柱、梁等构成要素界定出建筑的区域，室内的地面、墙面、顶面划分出内部空间，这些只是空间中很小的一部分。在建筑区域内，小空间存在的同时，外部空间也会产生。一般而言，外部和内部的关系不仅仅是墙壁的分隔，在结构上还通过开口互相联系，同时在功能上具有连贯性。内部和外部的分隔与联系的特性被称为“阈”。窗和门是一种阈的要素，而被建筑化的外部是空间属性上外部和内部之间的阈。在阈的内部空间和建筑领域内的外部中，视线、流线的连续或中断在建筑化的外部整体存在统筹关系。表层不仅指代实体，还包含空间。从空间视角进行探讨，即对表层空间的研究。

4.3.4.1 界面类型

表层空间由侧界面、底界面和顶界面构成，侧界面按空间的内与外划分为内界面与外界面。界面按水平方向和垂直方向上的平面及曲面变化进行分类，可随意组合形成各种类型（图4-19），本节主要对侧界面的类型进行研究。

街道外墙界面存在多种类型（图4-20），墙体外界面也在向轻薄方向发展，由

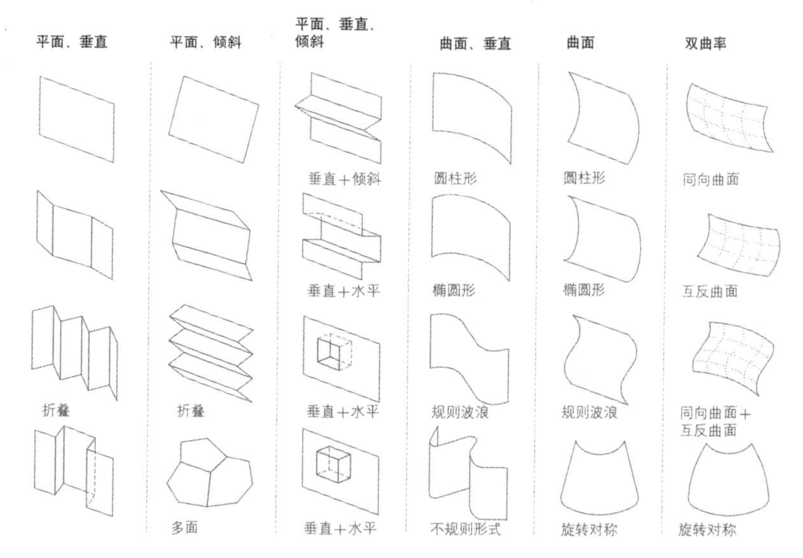

图4-19　界面类型示意图

（图片来源：赫尔佐格，克里普纳·朗. 立面构造手册[M]. 袁海贝贝，等，译. 大连：大连理工大学出版社，2006：20.）

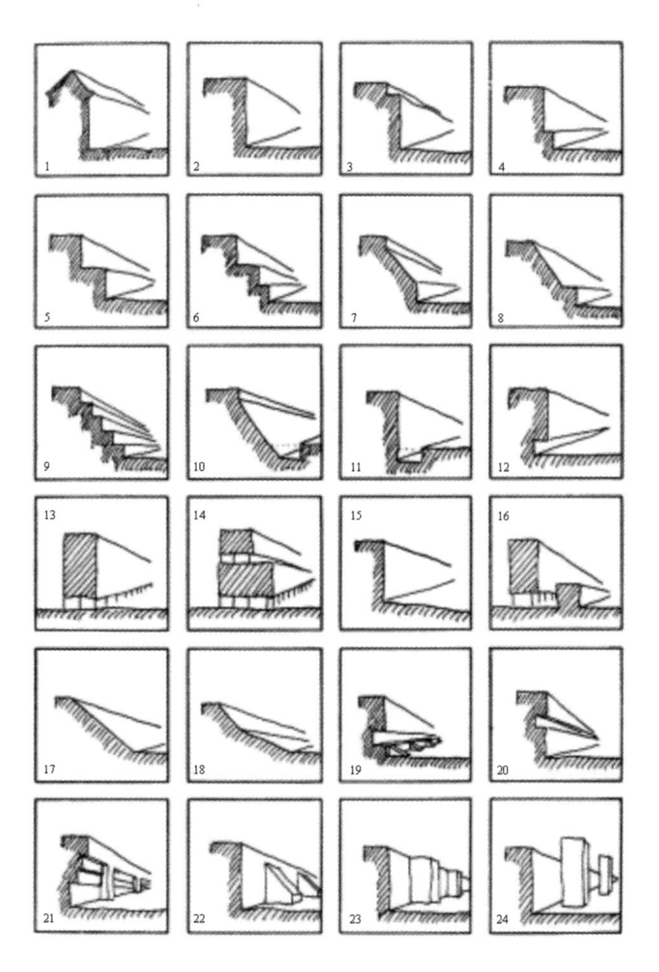

图4-20　街道外墙界面

（图片来源：Rob Krier. Urban Space[M].London: Academy Editions,1979:24）

厚墙向玻璃幕墙进行演变。斯图尔特·布兰德（Stewart Brand）曾说过："本世纪（20世纪，作者注）建筑的发展趋势是构架越来越轻以至于建筑越来越像电影的布景：在视觉上使人印象深刻，在触觉上轻且脆并且老化得非常快。"

4.3.4.2 开敞程度

在探讨开敞程度之前，首先讨论封闭性与开放性。日本传统建筑的典型特征就是开放性：是从室内可以看到檐廊、庭院、外部借景，具有广阔的视野。私人空间（Private）是封闭性的，公共空间（Public）是开放性的。欧洲的石砌建筑，由于构造上的原因不得不延续封闭性，即只考虑私人性的生活内容。当要进行公共性活动，需要走到室外，到广场和公园去集会。欧洲人对外部空间的要求也是封闭性的。

环境心理学所阐述的心理需求，不仅包括安全、健康等需求，还应包括便捷、舒适、令人愉悦的环境需求。

开放感是人通过视觉所获得的空间大小的感觉，即空间的视觉容积感。以S_p表示视觉的开放感，可用下式表示：

$$S_p=cL^{\alpha}R^{\beta}W^{\gamma}$$

式中 α，β，γ——指数，用于调整不同维度对开敞程度的影响；

c——经验系数，用于反映实际情况与理论模型之间的差异；

L——工作面上的平均照度，lx；

R——室内容积，m^3；

W——从房间尽端深处站着的人的眼睛位置测到的窗口立体角投射率，%。

在实验中，被试者观察各种房间的状态并回答是否舒适，以此求得房间舒适与不舒适的临界值。结果表明，当开放感S_p为100左右时，参加判断的人一半是满意的，S_p为200左右时，参加判断的人全部满意。开放感的容许限度的下限值是很明显的，而采用这个实验却找不到最适宜值（最佳值）和上限值。当人们看到的外部空间比较大的时候，室内空间给人的感受也大，这在实验中显现得很清楚。

与开放性和开放感等主观感知指标相比，开敞程度是界面的客观指标，指侧界面的围合程度，即侧界面的洞口大小与整个界面面积大小的比值。建筑一次面按界面开敞程度可分为五类：封闭式、半开敞半封闭、部分玻璃、全部玻璃和开敞式。这里将全部玻璃与开敞式归为一类，因为透明玻璃界面在视域分析上等同于开窗洞口（图4-21）。按照建筑二次面上的要素：雨篷、广告牌、标识等的悬挂方式不同，可将二次面分为雨篷式、贴墙式、垂直悬挂式、粘贴式和水平悬挂式

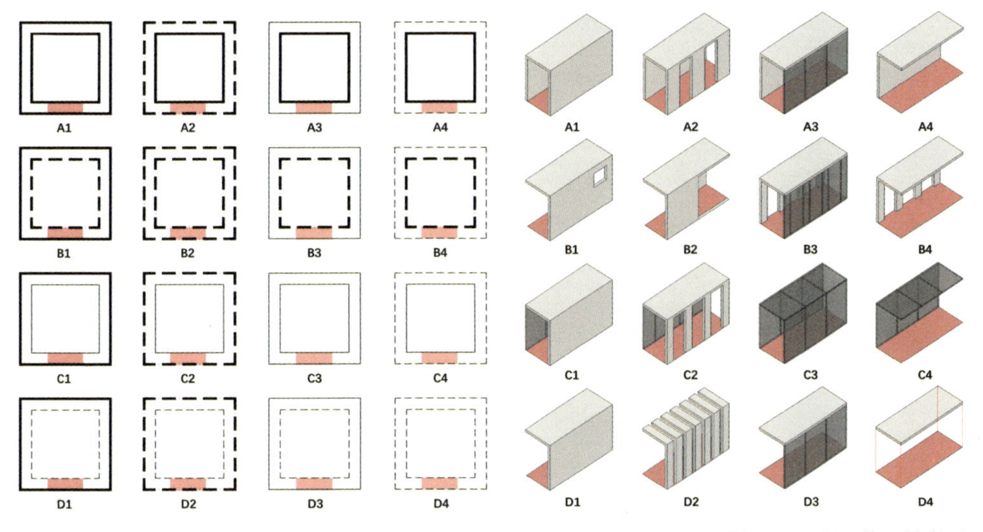

图4-21　界面的开敞类型

五种类型。在界面开敞类型的分类基础上，将四种界面类型（完全开敞、完全封闭、半开敞半封闭、全玻璃）两两组合，对表层空间的开敞程度进一步分类整理（图4-22）。

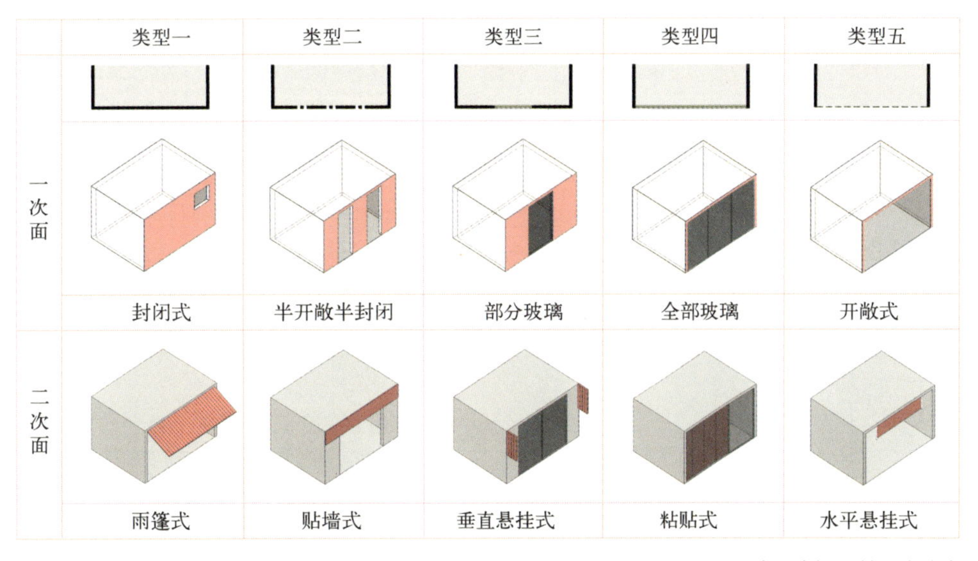

图4-22　表层空间开敞程度分类

4.3.4.3　空间尺度

普罗塔哥拉说，人是万物的尺度。自然界所有事物的进化，全都遵守各自的尺度。空间尺度一般指空间大小的量度。空间是一种关系系统，不仅包括界面大小、构件尺寸，还包括设备、家具等实体要素尺寸及人的行为。按功能区分，建筑的表层空间存在物理环境表层（热工性能）、功能表层（设备及家具）、结构表层（表层结构中的空腔）、空间心理表层（集体意识）及空间体验表层（视觉感知与行为体验）五种类型（表4-5）。本书主要研究与人群行为相结合的空间体验表层空间，并按照涂黑空间、层透空间、廊空间三种空间类型，对不同空间尺度可以容纳的人群行为类型进行研究。

表4-5 按功能区分的五种表层空间类型

项目	表层空间的功能区分				
分层	物理环境表层	功能表层	结构表层	空间心理表层	空间体验表层
图示					
功能	遮阳、避雨	放空调设备等	结构加固	洞穴感	廊空间

（1）廊空间

廊空间的空间尺度不同，可容纳的人群行为也不同。当挑檐宽度为60cm时，可以产生人在檐下站立等短期驻留行为；当挑檐宽度为1.5m时，檐下可以产生单股人流的穿行行为；当挑檐宽度为2m时，檐下可以产生中短期的就座行为；当挑檐宽度在2.6～3.2m时，檐下可以布置桌椅，产生人群长期驻留、游憩等行为。由此可见，廊空间宽度不同，可依次产生人的站立、行走、沿街独坐、多人围坐等行为（表4-6）。若按照空间类型对商场型和老铺型表层空间进行比较可以发现，虽然二者都存在廊空间形式，但由于空间尺度不同，开间和层高各不相同，所以带给人的视觉感知也不同。商场型表层空间开间更大、层高更高，所以商场型在评价者心目中更明亮、更开敞、更有序。

表4-6 廊空间的空间尺度与行为关系

廊空间图示	宽度＜1.2m	宽度1.2～1.8m	宽度1.8～2.0m	宽度＞2m
	600	1500	2000	3200

（2）层透空间

现代建筑多采用多米诺体系，以框架结构为主，使建筑结构与表皮分离形成表层空间，主要表现为皮包骨（表皮包裹结构）和骨包皮两种形式，随着玻璃幕墙的发展，以玻璃墙体包裹钢筋混凝土柱子的“皮包骨”形式越来越多，以此形成层透空间。

当外表皮与结构柱的外表面间隔在0.5m以内时，可以抬升表层空间的底界面，形成整体式窗台，紧邻窗台布置桌椅。在表层空间的外界面，在就座者的视线高度区域布置格栅，形成半开敞式的表层空间。这种设计既可对外部视线进行遮挡，又可为室内使用者提供置物平台，让就座者产生安全感。当外表皮至结构柱外表面的间距大于1m时，可以在表层空间内摆放桌椅和书架等要素，形成边庭式表层空间（表4-7）。

表4-7　层透空间的空间尺度与行为关系

层透空间图示	平面示意	照片示意
	窗台式：外界面为全玻璃加格栅，内界面与柱子形成窗台，紧贴桌椅	

	边庭式：外界面为玻璃罩，内界面为剪力墙，紧贴书架布置桌椅	

同种类型的表层空间，当表层空间的宽度尺寸不同，会产生不同的空间形式。外界面的开敞度不同，人群产生私密性的感知不同，驻留时间的长短也不同。

（3）涂黑空间

涂黑空间以实墙开洞形式为主，结构与表皮一体，结构即表皮。与廊空间和层透空间相比，涂黑空间作为表层空间的一种空间类型，封闭性更强，其开敞程度取决于实墙面上门窗洞口的大小。涂黑表层空间是在室内由家具形成的内界面到实墙之间的空间。如表4-8所示，图书馆的表层空间是从室内书架的侧界面到表皮形成的空间，二者间距约为1.1～1.3m，紧贴窗台布置座椅，以便阅览者休息时使用。涂黑式表层空间多是采用承重墙结构（如砖混结构和剪力墙结构）的老房子，在对其表层空间进行改造时，可以调整门窗洞口的大小，在窗边布置座椅家具，提供观景空间，提升空间品质。还可以改窗为门，增加雨篷、楼梯等要素，形成嵌入式的模块化单元让使用者进入室内，增强入口门厅的趣味性和整体性。

表4-8　涂黑空间的空间尺度与行为关系

涂黑空间图示	平面示意	照片示意
	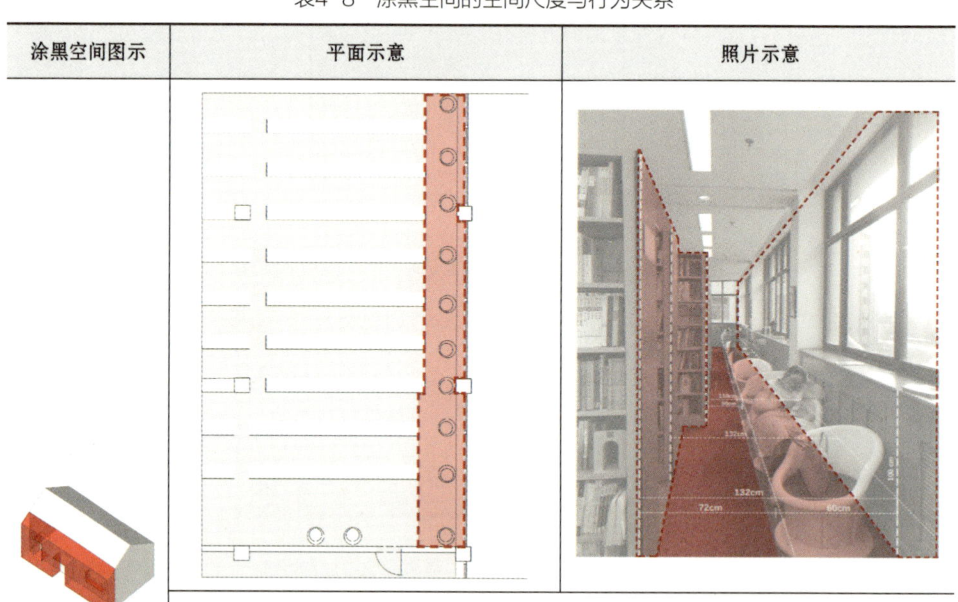	
	由书架侧界面与外墙围合形成表层空间，供阅览者休憩使用	

	拓宽窗洞，紧邻窗洞布置桌椅、绿植，提升景观品质	改窗为门，嵌入式门厅模块增强整体性

4.4

评价模型构建

4.4.1 指标权重的确定

（1）构建判断矩阵

采用“层次分析法”与专家打分来确定权重，构建判断矩阵，并通过一致性检验确定各评价指标的相对权重。按照层次分析法原理，邀请具有建筑学、旅游学、风景园林学等学科背景的学者组成专家打分组，向专家发放问卷，问卷中设置了1～9的比例标度对各指标的重要程度进行赋值（表4-9），请专家通过对这些因素进行优劣性比较后，获得判断矩阵的组成元素，进而构建判断矩阵（表4-10）。所构造的各层判断矩阵通过MATLAB 7.0软件进行运算。

表4-9　标度及其含义

标度	含义
1	x_i因素和x_j因素重要性相同
3	x_i因素和x_j因素相比，一个比另一个稍微重要，但二者的差异不明显、不突出
5	x_i因素和x_j因素相比，一个比另一个明显重要，但二者的差异不是很明显
7	x_i因素和x_j因素相比，一个比另一个强烈重要，但二者的差异不十分突出
9	x_i因素和x_j因素相比，一个比另一个极端重要，并且二者的差异十分突出
2、4、6、8	介于以上两种比较之间的标度值
倒数	x_i因素与x_j因素相比，得判断矩阵的元素x_{ij}，则因素x_j与x_i比较的判断值$x_{ji}=1/x_{ij}$

表4-10　判断矩阵

层次c_k	p_1	p_2	…	p_n
p_1	b_{11}	b_{12}	…	b_{1n}
p_2	b_{21}	b_{22}	…	b_{2n}
…	…	…	…	…
p_n	b_{n1}	b_{n2}	…	b_{nn}

（2）一致性检验

求出步骤（1）中获得的判断矩阵的最大特征值$\lambda_{\max}$，根据一致性检验公式$CI=(\lambda_{\max}-n)/(n-1)$得到$CI$值。由表4-11得到平均一致性指标$RI$，按照公式$CR=CI/RI$得到随机一致性比值$CR$。当$CR\leqslant0.1$时，则认为判断矩阵具有一致性，可以继续进行层次单排序；当$CR>0.1$时，则认为判断矩阵的一致性偏差过大，需要将其调整至满足$CR\leqslant0.1$。

表4-11　平均一致性指标

n	1	2	3	4	5	6	7	8	9
RI	0	0	0.58	0.9	1.12	1.24	1.32	1.41	1.45

（3）层次单排序和层次总排序

层次单排序是通过判断矩阵计算，将某一层的所有因素针对上一层某个因素排出优劣顺序，即求得满足的特征向量的分量值。而层次总排序是在层次单排序结果的基础上，综合得出本层次各因素对上一层次的优劣顺序，最终得到最底层（方案层）对于最顶层（目标层）的优劣顺序。若c层对a层的完成单排序得到的优劣顺序为a_1，a_2，…，a_m，而p层对c层各因素c_1，c_2，…，c_m的单排序结果数值为w_1^1，w_2^1，…，w_n^1；w_1^2，w_2^2，…，w_n^2；w_1^m，w_2^m，…，w_n^m；总层次排序要结合每一个指标的子指标进行乘积赋权，层次p各因素对层次a的总排序数值由$w_1=\sum_{j=1}^{m}a_j w_1^j$，$w_2=\sum_{j=1}^{m}a_j w_2^j$，$w_n=\sum_{j=1}^{m}a_j w_n^j$判定。

（4）专家打分结果及权重确定

对各专家打分所构建的判断矩阵进行运算，得到层次总排序结果，如表4-12所示。其中各矩阵均满足$CR\leqslant 0.1$，通过一致性检验。

表4-12　由各专家打分结果所构建的权重矩阵

专家编号	权重矩阵
1	（0.027；0.121；0.015；0.108；0.021；0.034；0.013；0.023；0.002；0.004；0.061；0.020；0.136；0.048；0.038；0.057；0.202；0.034；0.013；0.021）
2	（0.135；0.308；0.029；0.114；0.016；0.027；0.023；0.074；0.006；0.010；0.011；0.005；0.022；0.010；0.021；0.049；0.065；0.050；0.009；0.014）
3	（0.050；0.020；0.123；0.043；0.008；0.013；0.073；0.038；0.021；0.027；0.326；0.056；0.095；0.011；0.009；0.008；0.024；0.028；0.009；0.016）
4	（0.170；0.371；0.039；0.133；0.024；0.036；0.019；0.048；0.004；0.008；0.009；0.002；0.003；0.002；0.005；0.010；0.017；0.065；0.023；0.012）
5	（0.104；0.349；0.042；0.070；0.011；0.018；0.034；0.076；0.008；0.013；0.007；0.003；0.017；0.010；0.008；0.012；0.032；0.103；0.045；0.039）
6	（0.032；0.061；0.011；0.372；0.059；0.094；0.094；0.015；0.024；0.006；0.011；0.001；0.002；0.007；0.003；0.026；0.011；0.026；0.057；0.087）
7	（0.030；0.074；0.009；0.378；0.057；0.127；0.016；0.048；0.003；0.008；0.006；0.003；0.016；0.004；0.007；0.020；0.025；0.107；0.026；0.037）
8	（0.035；0.102；0.012；0.434；0.065；0.097；0.006；0.016；0.001；0.002；0.047；0.011；0.016；0.006；0.019；0.031；0.048；0.038；0.006；0.008）
9	（0.041；0.023；0.180；0.035；0.005；0.009；0.211；0.048；0.026；0.035；0.233；0.029；0.058；0.010；0.009；0.011；0.029；0.003；0.002；0.003）
10	（0.049；0.120；0.012；0.439；0.042；0.064；0.021；0.053；0.005；0.007；0.011；0.002；0.004；0.003；0.005；0.009；0.012；0.093；0.033；0.018）

将由各专家打分结果所构建的权重矩阵进行运算，得到各指标的重矩阵（0.1255；0.0653；0.1081；0.0562；0.0344；0.0736；0.0566；0.1968；0.1060；0.0904；

0.0871），根据权重计算得到建筑表层空间评价指标体系中各层级指标相对于上一层级的权重值（表4-13）。

表4-13 临街商业建筑表层空间评价指标体系

目标层A	次目标层AA	权重值	准则层B	权重值	指标层C	权重值
临街商业建筑表层空间	空间功能	0.548	功能多样性	0.26	家具	0.070
					绿植	0.135
					设备	0.055
			空间利用率	0.288	梁柱	0.200
					楼板	0.030
					橱窗	0.058
	空间路径	0.259	空间可达性	0.129	通道	0.063
					台阶	0.042
					铺装	0.011
					墙体	0.013
			视线清晰度	0.13	标牌	0.036
					格栏	0.014
					门窗	0.080
	人群感知	0.193	亲和度	0.102	色彩	0.021
					材质	0.015
					光影	0.024
					噪声	0.042
			便捷性	0.091	交通	0.049
					雨棚	0.020
					室外座椅	0.022

临街商业建筑表层空间作为目标层A，空间功能、空间路径和人群感知分别作为次目标层A_1、A_2和A_3。A_1权重0.548＞A_2权重0.259＞A_3权重0.193。A_1的准则层由功能多样性B_1、空间利用率B_2组成，B_1权重0.26＜B_2的权重0.288；A_2的准则层由空间可达性B_3和视线清晰度B_4组成，B_3权重0.129＜B_4的权重0.13；A_3的准则层由亲和度B_5和便捷性B_6组成，B_5权重0.102＜B6的权重0.091。C层为隶属于各准则层的评价指标层，各指标相对于总目标层的权重大小顺序为：梁柱（0.200）＞绿植（0.135）＞门窗（0.080）＞家具（0.070）＞通道（0.063）＞橱窗（0.058）＞设备（0.055）＞交通（0.049）＞噪声（0.042）=台阶（0.042）＞标牌（0.036）＞楼板（0.030）＞光影（0.024）＞室外座椅（0.022）＞色彩（0.021）＞雨篷（0.020）＞材质（0.015）＞格栏（0.014）＞墙体（0.013）＞铺装（0.011）。

4.4.2 临街商业建筑表层空间评价模型构建

根据层次分析法最终求得的各指标权重，采用权重加权法，即按照不同指标所占的权重进行加权，得到临街商业建筑表层空间的综合指数（Quality Index）。最终建立的临街商业建筑表层空间综合评价模型为：

$$\mathrm{AQI}=\sum_{i=0}^{n}A_iY_i$$

式中 AQI ——临街商业建筑表层空间综合评价结果；

A_i ——某指标的权重；

Y_i ——某指标的评价得分值。

基于构建的临街商业建筑表层空间评价指标体系，构建临街商业建筑表层空间评价模型，对各调研地点进行综合评分的计算。最终参照国内外各种综合指数分级方法，并结合天津市临街商业建筑表层空间的实际状况，将其质量划分为5个等级，评价研究区域临街商业建筑表层空间的优劣程度（表4-14）。

表4-14 临街商业建筑表层空间评价分级标准

临街商业建筑表层空间综合得分AQI	等级	等级评价	描述
0～0.3	Ⅰ	差	建筑表层空间结构和功能较差，吸引力不足
0.3～0.5	Ⅱ	低	
0.5～0.7	Ⅲ	中	
0.7～0.9	Ⅳ	良	
>0.9	Ⅴ	优	建筑表层空间布局合理、功能完善，具有极强的吸引力

4.4.3 临街商业建筑表层空间评价模型结果

根据以上评价模型对调研场地，小牛火锅店（万德庄）、“爱依服”服装店（滨江道）及海棠书院（天津大学卫津路校区）进行问卷调查与打分，得出表4-15所示结果。

表4-15 表层空间案例改造评价模型结果

指标	小牛火锅店	“爱依服”服装店	海棠书院
家具	0.030	0.038	0.007
绿植	0.062	0.066	0.096
设备	0.027	0.025	0.039
梁柱	0.111	0.083	0.109
楼板	0.016	0.015	0.022
橱窗	0.026	0.023	0.039
通道	0.033	0.030	0.037
台阶	0.022	0.020	0.025

续表

指标	小牛火锅店	“爱依服”服装店	海棠书院
铺装	0.006	0.005	0.057
墙体	0.007	0.007	0.009
标牌	0.019	0.014	0.022
格栏	0.007	0.007	0.007
门窗	0.044	0.042	0.052
色彩	0.009	0.011	0.013
材质	0.008	0.005	0.011
光影	0.011	0.013	0.014
噪声	0.017	0.024	0.025
交通	0.020	0.024	0.034
雨篷	0.006	0.008	0.013
室外座椅	0.008	0.011	0.015
总计	0.489	0.470	0.644
评价	低级	低级	高级

结果表明，小牛火锅店表层空间缺乏吸引人群停留的铺装设计，影响表层空间美观度，缺乏墙体及格栏的设计，减少了表层空间的层次；相反，其丰富的绿化及通透的门窗提高表层空间的透明度，有利于提升店铺吸引度。“爱依服”服装店同小牛火锅店相似，也缺乏铺装设计及丰富的墙体设计，降低了店铺的吸引力，同时因店面材质单一，也影响了人们对店铺的关注度；相反，其梁柱、绿植的设计为表层空间增色不少，开敞通透的门窗也吸引大量路人进入店铺。海棠书院的表层空间缺乏家具设计，影响行人的停留与驻足；相反，其通透的玻璃门窗得到受访者的好评，提升了表层空间的吸引力。总体来看，小牛火锅及“爱依服”服装店表层空间等级评价为低级，海棠书院等级评价为中级。三个店铺的表层空间均需进行进一步改造。

4.5 本章小结

本章用视域分析（View Analysis）软件从人视点高度对表层空间的可视域范围进行研究。此方法不仅可以用于单元体和临街商铺表层空间的可视性分析，而且还可以拓展到城市空间中，从外部城市环境视角对建筑单体的表层空间进行设计与优化。一方面，建筑表层空间是城市景观的重要组成部分，是景观点；另一方面，从室内空间视角，建筑表层空间也是城市景观的取景器，是观景点。由于视线是双向的，那些外部空间可视性好的区域对于室内空间而言，往往也是视野好的区域。由外而内，表层空间可以造景、成景和观景。分别将视域分析运用到城市外部空间环境、临街商铺表层空间和单元空间的优化设计中，进行三维展示或实时变化修改，通过局部设计，可以引导使用者在此处驻足休憩、观景，形成内外空间互动。

如今逛街购物已经成为人们闲暇时休闲娱乐的主要方式，应接不暇的各式店铺和琳琅满目的商品本身不仅为消费者带来刺激的视觉体验，还激起消费者猎奇的心态。同时，体验式购物也带给人们新鲜感、快感和满足感。无论是传统商业步行街还是大型商业综合体，临街商铺表层空间是进行橱窗展示、广告宣传、商品售卖的主要场所，也是吸引人驻足观看、驻足停留的区域。

本章首先通过电子问卷将疫情防控期间的购物频率与以往进行比较，发现疫情防控期间消费者逛街频率明显减少，但购物频率却比以往增加。对疫情防控过后购物场所的选择进行预测，半数以上的消费者认为疫情防控过后逛实体店的次数不受影响。而近1/3的消费者表示疫情防控过后网购次数会增多，逛实体店的次数会相应减少。其次，对商业步行街与购物中心进行选择偏好比较。本地市民消费者更倾向逛商业综合体（占比79.14%），旅游消费者更倾向去逛商业步行街或是商业步行街与综合体相结合的购物场所（占比74.87%）。最后对疫情防控影响下临街商铺表层空间视觉环境与消费行为进行相关性分析。根据调查，大多数评价者有过冲动性消费行为（73.8%），近半数评价者因为表层空间的视觉环境吸引产生冲动性消费行为（44.93%）。产生消费行为的主要视觉吸引要素依次包括商铺空间有特色、主题鲜明、趣味性和开敞度等。在相关性分析中，不同职业、年龄、受教育程度、所在城市、健康状况的评价者对商铺的关注点具有显著差异。本章试图探讨如何通过提高临街商铺表层空间的关注度以提升实体店购物的吸引力。

第 5 章

建筑表层空间优化方法

建筑表层空间设计方法是在前文分析基础上提出的，从由表及里与由内而外结合的设计流程，到表层空间设计原则，再到主客观相结合的设计方法。建筑表层空间设计重点研究表层空间构成要素对人群驻足行为的影响。基于对现代主义建筑从功能出发由内而外进行设计的思考，针对当前临街商业建筑表层空间的现状，对边界空间分别采取分隔、激发、孤立、增加媒介等措施，通过视域分析的方法对表层空间的开敞度进行优化设计。提出底层界面设置与协调、空间类型选择与重组、使用效率评价与提升、空间氛围营造与调控的表层空间优化设计原则。本章通过实际改造案例分析，从目标设定、方案推进、信息反馈三方面对建筑表层空间优化方法进行阐述，核心内容“方案推进”包括场地布局、表层界面、内外要素、人群模拟四个步骤。通过对初始方案、实施方案与优化方案三个方案的比较，使表层空间的优化设计也发展出很多应用扩展的可能。建筑表层空间的优化不仅可以提高空间的使用效率，提升空间品质，而且可以通过吸引人群驻留带来经济效益。

5.1 既有设计方法及流程

5.1.1 功能导向型设计

首先，传统建筑设计更关注建筑核心空间的功能设计，极少关注表层空间的组织和构成，将其视为整个空间体系的末端。在更加关注物质空间体系而非城市“表情”和人的体验的背景下，表层空间面积小、可达性差，其作用和意义均未显现。其次，学科的分化造成了景观、城市、建筑关注的问题相互分离，在设计过程中难以整合。再者，传统设计流程是从功能出发对建筑平面及内部空间进行组织的，立面设计是设计的最后一个步骤。一般在建筑方案设计阶段采用泡泡图组织功能，先考虑核心空间，再基于主要出入口和公共空间进行流线组织及场地设计，进而对核心空间和功能空间进行划分，表层空间作为体系的“末梢”，一般不在空间体系讨论的范围内（图5-1）。

作为功能空间可视化的工具，传统泡泡图是通过图解分析将圆圈（主体），线条（相互关系）进行组织，表达各个功能要素的主从关系，是设计流程的主要体现方式，但难以体现要素与人的行为及与外部环境的关系。绘制功能泡泡图的基本过程如下（图5-2）：

① 用简略的框图表示各空间单元的相互关系；

② 用图解语法规律框图表达抽象的、简化的结构；

③ 应用明暗色调或者粗线修正框图，表达第二层次信息；

④ 添加其他信息层，用标签或标注的方式体现；

⑤ 如果框图较为复杂，可以先分解，再组合。

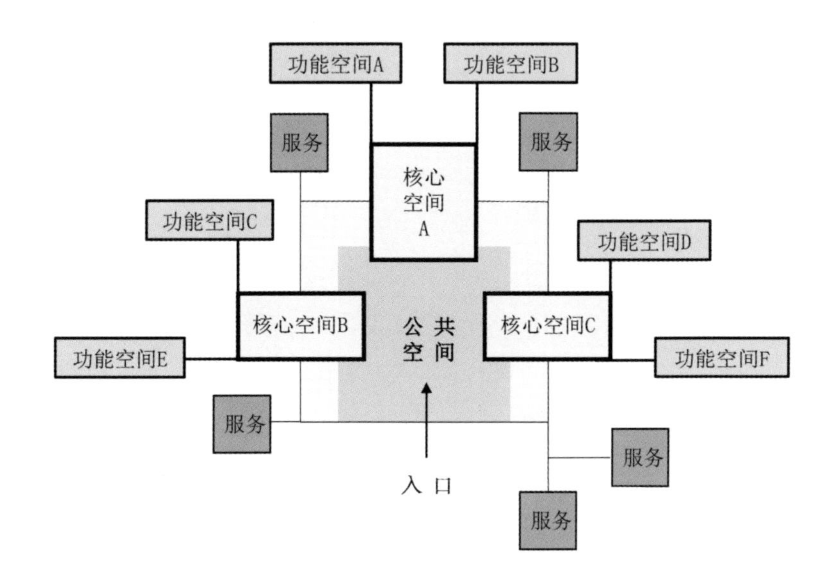

图5-1 功能泡泡图作为设计草图

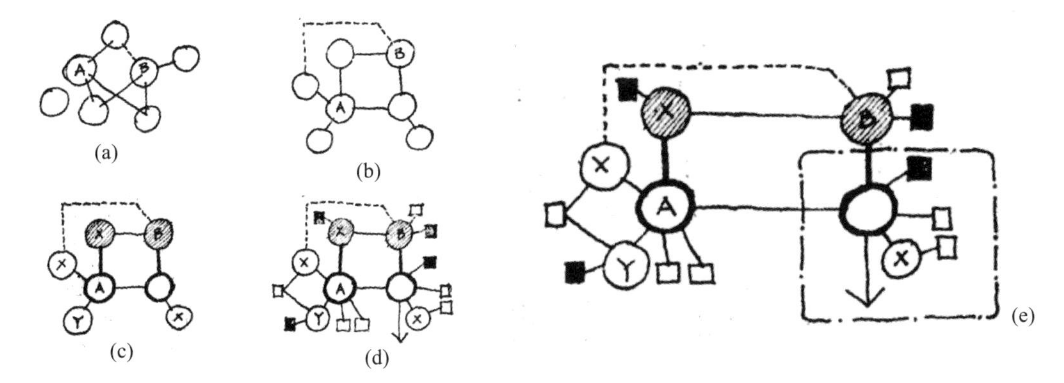

图5-2 绘制功能泡泡图的基本过程

所以，传统泡泡图可以表达功能空间的大小和功能关系，适用于环境分析和方案构思，通过功能布局、流线组织、空间意向、形式确定四个阶段的推敲和演化最终生成方案（图5-3）。

随着方案的推敲深化，在方案设计的中间阶段考虑体量，最后阶段才考虑边缘空间及界面如何建构。表层空间作为内部边缘空间，关系到内部流线的起点和终点，是空间中的重要节点。在满足建筑基本功能、流线的基础上，一般从视觉吸引、景观渗透、功能补充三方面对表层空间进行构思设计。但由于圆圈的界线仅限定了功能块的面积大小，不能表示物理空间的准确边界，所以表层空间的很多细节难以体现。一般来说，设计师基于单一或多个目标，从建筑内部人群行为和视觉感知出发，以内部空间需求为主导对内部表层空间进行设计。但这种由内而外的思维方式限制了空间表达的多样性。本章采用“反向”的思考方式，自外而内推进表层空间的优化设计；采用视域分析的方法，强调使用人群的视觉体验和满意度。

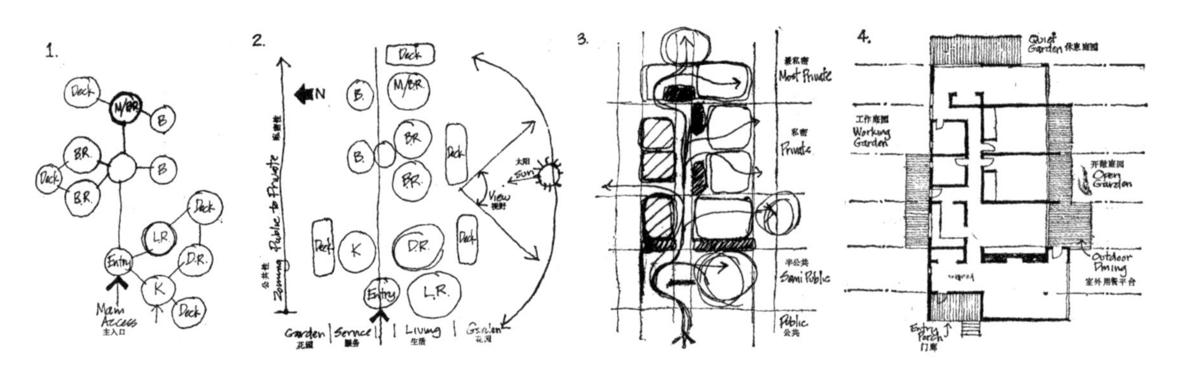

图5-3　传统泡泡图经典图解

（图片来源：Laseau P. Graphic thinking for architects and designers[M]. New York: John Wiley, 2000：84-85.）

现代主义建筑设计遵循以格子系统为前提的几何学，遵循由圆与正方形等所谓原始图形所组成的纯粹几何学。立体主义建筑平面设计的基本原则，是将单纯功能与纯粹化、特定化的房间整合成立体空间，最后由带有其他功能的各种房间来集结成一个完整的体量。这种立方体可以作为一户人家或一栋大楼而发展得更大。简而言之，目前的主流建筑设计体系是基于一个既连续又完整、纯粹的秩序而形成的。一旦以安定的秩序为前提，就容易变成抽象、均质而具有完结性的状态。然而，人类作为生物的直觉性本能，其感受力及创造性也很容易被这种抽象的状态磨灭。当代建筑空间更强调使用者的参与，由人的活动与物质空间共同完成空间的塑造。

5.1.2　外观导向型设计

从20世纪90年代起，我国经历了城市空间的急剧扩张，产生了大量整齐划一、干净整洁的城市空间。近年来，随着经济的快速发展，城市商业区不断扩张，迅速成为各个城市地标性场所，吸引着市民和游客。同时，道路交通需求的增加也使得街道空间品质和景观环境质量不断下降。另外，人们对高品质空间体验的追求日益增加，对商业空间的关注度及需求也在提升。在强调个性化的当代，有特色、有趣味性、空间层次丰富的建筑表层空间亟待被营造。以往城市建设主要聚焦在建筑物的形象设计上，却忽视了对城市街道空间的营造和对城市生活的引导，只重视物理空间环境，忽视人群空间体验。购物中心及商业建筑的沿街立面经常采用上百米长的玻璃幕墙分隔室内外，界面使人感到单调、无趣。

以提升城市活力为设计目标的街道设计，就是要产生丰富、宜人的街道活动环境。其中外部表层空间设计涉及完善街道设施、激活公共空间以及优化沿街界面（图5-4）。

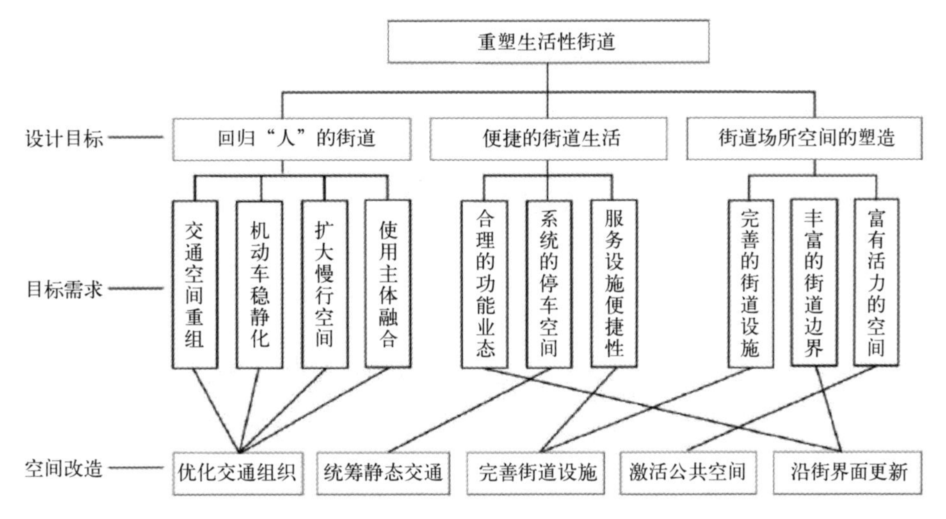

图5-4　提升街道活动环境

（图片来源：刘茜．人性化生活性街道空间设计研究[D]. 合肥：合肥工业大学，2020.）

外观导向性设计以提升街道活力为出发点，根据设计目标判断街道活力点与活力源，并对街道公共空间和沿街界面的视觉感受、行为吸引力进行分析，最后对外部表层空间（界面、要素）进行设计（图5-5）。

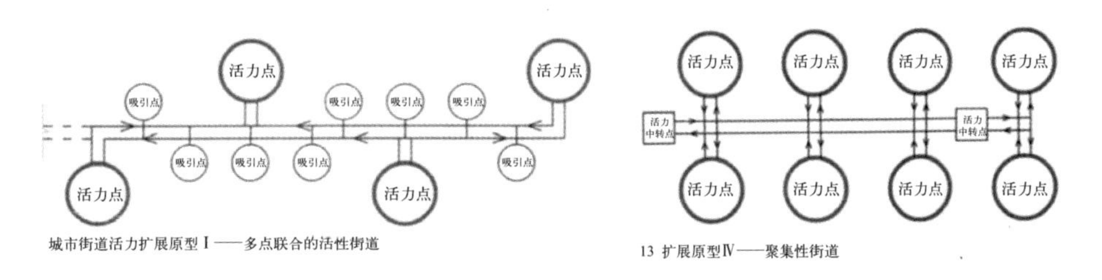

图5-5　提升街道活力

（图片来源：陈喆，马水静．关于城市街道活力的思考[J]. 建筑学报，2009(S2)：121-126.）

5.1.3　环境导向型设计

城市风貌是城市互相区别的个性特征。以往的规划设计多从形象控制、可识别性和标识性等方面考虑。城市风貌导则和城市形象控制侧重于物质空间的塑造，其导则内容可作为建筑设计的依据，通过对重点元素的约束实现对整体设计的把控。导则从总体控制上确保了城市的整体效果，却抑制了微观层面空间的可能性，其导控内容包括场地、界面、交通、生态等诸多方面（包括场地中的地面铺装、绿化种植、退线距离、绿地率、面积、布局等；界面中的建筑色彩、材质、立面构成、贴线率、建筑净宽、建筑净高、地面标高、与地面层的连接方式等；交通要素中的道路宽度、出入口布局、地下车库连接通道的尺度等；生态要素中雨水再生系统、物理环境、建筑材料、再生能源等），均以“物”为考量标准。以表层空间为代表的空间设计将会对导则的更新产生重要影响（图5-6）。

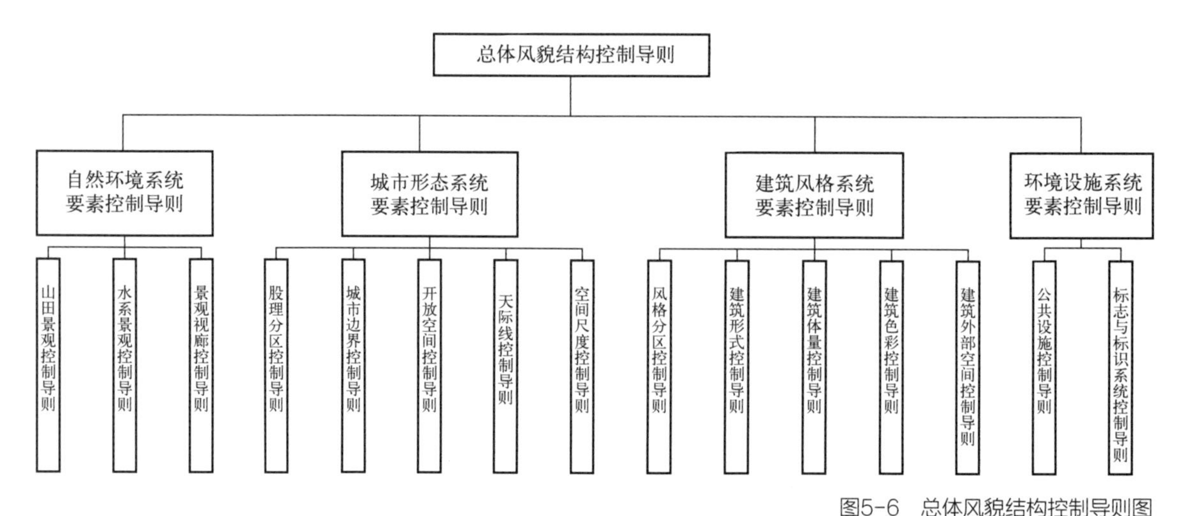

图5-6　总体风貌结构控制导则图

（图片来源：邢艺凡．都江堰城市建筑风貌体系与控制导则研究[D]. 南京：东南大学，2018.）

城市风貌控制主要关注建筑立面的优化。传统意义上的建筑立面改造包括材质、比例、色彩、构件等要素。建筑立面主要由基部、墙体和檐部三部分构成：基部是室外地面与墙体的连接过渡部分，通过台阶、坡道、栏杆等与墙体连接；墙体由墙面、门窗、阳台、柱、遮阳板等构成，通过各构件的形式、色彩及材料的变化形成多种样式；檐部包括屋顶、女儿墙、屋檐等（图5-7）。传统建筑立面改造是以“实体”的视角来看待建筑并进行相应的操作，而这些要素已经明显地形成了多种类型的空间。在传统建筑立面改造过程中，设计师往往从上帝视角对建筑进行操作，关注建筑层次、视觉焦点、建筑轮廓及天际线等，其价值和意义越来越难以界定，而以人群行为和活动为视角的评价，则将立面改造直接指向使用者，会让底层沿街表层空间的改造更具有实际意义。

建筑表层空间是同时考虑城市空间与建筑一体化产生的结果。不仅关注立面改造问题，同时将人的沿街视觉体验引入到表层空间的塑造中，探讨与建筑主体空间所产生的掩体、分割、延伸等关系。传统街区改造、老旧建筑的立面维护等过程往往是从建筑实体构件的形式组织出发，考虑立面造型；或是从城市公共空间的视觉效果出发，对街道的侧界面，即建筑立面的色彩、造型、比例等层面进行控制，进而达到控制城市风貌的目的。城市更新改造不仅包括在街道整体定位、建筑风格控制、配套设施完善、地域文化融入等方面制订的更新改造原则，还应从经济效益、社会效益等方面考虑，关注沿街空间的人的行为和体验。

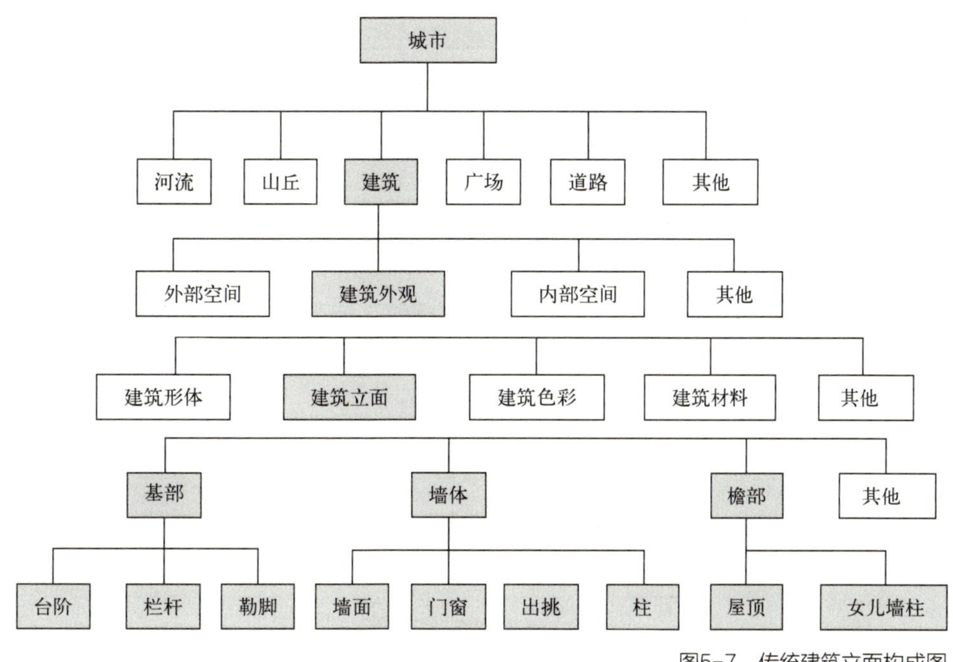

图5-7 传统建筑立面构成图

5.2 表层空间优化方法及流程

基于表层空间优化的城市更新与改造强调表层空间优化"方法"，旨在提供整个优化设计流程，是一个分步骤的安排，即具有结构的计划（图5-8）。

首先，需要设计者对表层空间提出明确的设想，例如提升空间舒适度，重新组织视线以拓展视野，提升功能空间可达性等，从而形成以人为中心，以使用为目的的总体目标，该目标与以往的建筑立面改造和城市风貌控制都不同。其次，采用层层递进的方法，从场地布局、表层界面、内外要素、人群模拟四个层面推进设计方案：在第一个层面探讨总体布局问题，推敲如何与场地及外部空间结合；在第二个层面探讨表层空间的外界面及形象，形成有主题性和趣味性的店铺形象，提升店铺吸引力；在第三个层面探讨表层空间的功能问题，如展示功能、活动功能、服务功能等；在第四个层面探讨服务效果和服务质量。在这四个层面形成整个方案推进流程，各部分都有相应的基础数据收集。通过调查研究，对场地景观要素、界面透明度及开窗位置、功能、业态等进行数据收集。整个过程指向一个结果，即可用性测试，结合用户访谈了解一些目的偏差，再回馈到设计分析，形成新一轮的循环——总体目标指向设计分析，设计分析支持整个过程。最后是信息反馈，明确不同类型的操作满足人的哪类需求，如餐饮、娱乐、购物等，进而通过建造的方式（材料及构造）得以实现。在实施阶段要进行经济和社会效益的分析。其中，方案推进包括设计分析、设计假设和综合评价三个步骤。

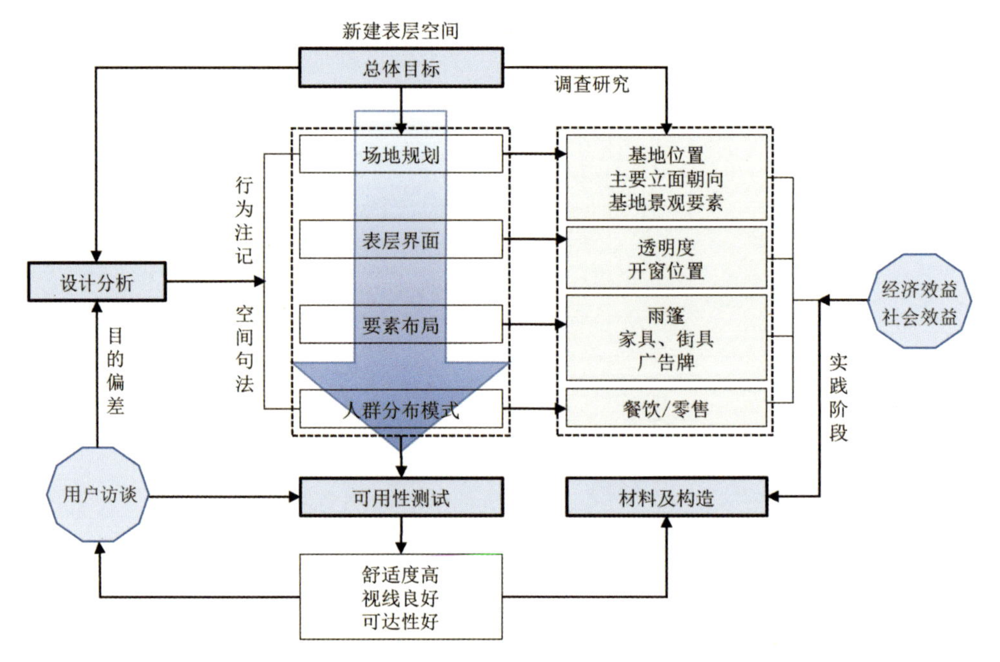

图5-8　表层空间优化流程图

5.2.1　表层空间优化方法

由于表层空间兼具表皮和空间的双重属性，需要对建筑的“空”（空间关系）与“实”（要素关系）进行一体化处理，最终指向使用者“人”。因此，设计过程是逆向的：从“由内而外”到“由表及里”；从物质空间引导到人群行为引导。需要建立“空间需求假设→人群行为分析→空间拓扑关系分析→空间视觉景观分析→空间模型”的流程模型，完成设计模式的解析与评价，并改变以往的设计思路。由设计原则导出流程模型，由流程模型产生流程。

表层空间的优化方法可以先按照三种空间类型：涂黑空间、层透空间和廊空间进行分类，针对不同的空间类型采取相应的空间优化方法，分为外层优化方法和内层优化方法。其中，涂黑空间包括扩展、抽拉、嵌套的方法；层透空间包含分隔、联动、并置的方法；廊空间包括形成动态变化、增加设施、造景的方法（表5-1）。建筑表层空间内层优化方法可采用结构与家具一体化、座席位置与视野相关联、内外空间联结与互动等指导原则（表5-2）。

5.2.2　表层空间设计原则

表层空间的设计原则包括设计原则和优化原则两部分。

表5-1 表层空间优化方法汇总

空间类型	优化方式		图示
涂黑空间	扩展	通过雨篷（顶界面）和坡道（底界面）向外拓展形成表层空间，底界面抬高，在临街面形成可供人休息的平台，在转角处置入自动售货机并悬挂标识，吸引人群注意	
涂黑空间	抽拉	为增强表层空间对外的开敞性，通过外层抽拉加入雨篷、楼梯等要素，改窗为门，吸引人群进入室内，对外部公共空间人群产生吸引，运用参观路径进行空间引导	
	嵌套	通过嵌入单元模块对侧窗和天窗进行改造，通过结构与家具一体化设计形成表层空间	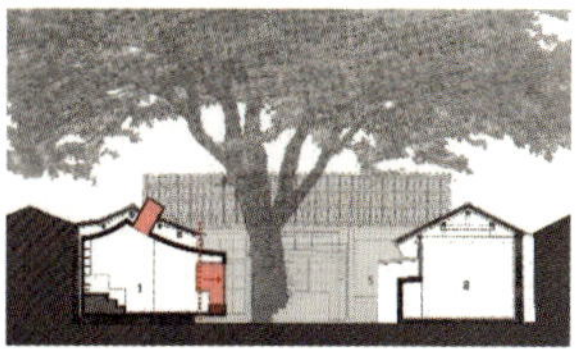
层透空间	分隔	当表层空间为层透类型时，通过分割边界形成层状界面，通过多层界面的材料运用和形式组织，形成内外分隔、遮挡、渗透等多种关系	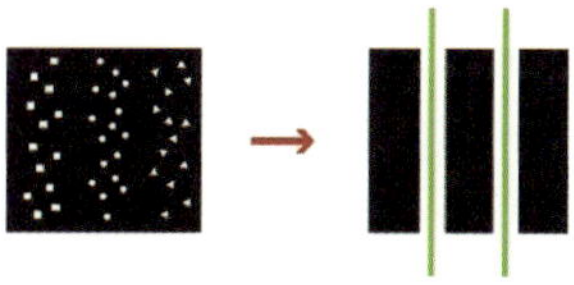
	联动	通过由外而内、由内而外的视线互动，激活边界空间。在结构与设备（管道）外包裹一层表皮形成表层空间，着重处理入口与橱窗，以对人群产生视线吸引，形成内外联动的空间	
	并置	在表层空间的外层界面粘贴或悬挂宣传类广告或海报，将表层空间作为背景，成为摄影爱好者们的集体打卡之地	
廊空间	形成动态变化	通过折展、推拉、翻转等方式使表层空间产生动态变化，根据实际使用需求对表层空间进行调整，使其具有灵活性和实时性特征	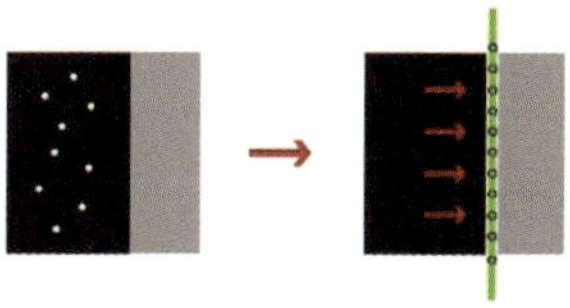

续表

空间类型	优化方式		图示
廊空间	增加设施	通过增加绿植、座椅等要素吸引人群驻足停留，休憩。要素作为内外空间的媒介，承载人群活动，同时通过内与外的视线互动产生交互影响	
廊空间	造景	延续顶界面形成檐廊空间，变换底界面局部造景，配以微景观，为人群提供遮风避雨的场所，同时营造出自然宜人的空间氛围	

表5-2　表层空间内层优化方法

优化方法	图示		优化思路
结构与家具一体化	 天津大学高乐雅咖啡	 费舍住宅	结构柱与窗台整合形成置物空间，外表皮采用玻璃幕墙，局部在底部用格栅进行视线遮挡，增强人群在室内临窗就座时的私密性和安全感。窗户和家具配套设计形成功能独特、吸引人驻留的表层空间
临窗布置桌椅	 大连市图书馆	 天津大学海棠书院	临窗布置桌椅，留出单侧人行通道，以书架作为内界面，表层空间内层宽约1.3～1.4m

5.2.2.1　表层空间的设计原则

表层空间的设计原则为建立开放的空间形式与丰富的建筑界面，具体如下：

① 重构步行空间的底界面，网格化场地，设计踏步、平台或坡道，使界面协调统一；

② 完善表层空间的侧界面和顶界面，提高侧界面的开敞度和透明性；

③ 模糊边界空间，增强室内外空间视线连通及互动；

④ 表层空间的绿化配置与景观设计；

⑤ 突出入口标识性，引导使用者；

⑥ 设置表层空间公共活动设施；

⑦ 增加表层空间的其他使用功能。

5.2.2.2 表层空间的优化原则

（1）界面——底层界面设置与协调

表层空间设计对城市风貌影响较大。通过调研发现，商业型的建筑表层空间的开间、进深比生活型要大，因此，尽量对边界空间的建筑高度和宽度进行范围限定，在保证多样性的同时使底层界面协调统一，与城市街道环境相匹配。底界面内空间配置的多样性以要素选取为基础。

（2）空间——空间类型选择与重组

结合所属街道属性遴选不同类型的表层空间，如商业型、生活型和旅游型。并进一步对相应的空间形式进行设计，如挑檐式、橱窗式、边庭式、前院式、窗口式等。结合实际使用需求对表层空间的一次面和二次面进行设计。提倡多类型的商铺组合，可以为不同社会属性的人群提供多样化的选择机会，促进人群的相互交流，提高表层空间活力。空间类型的重组以所处环境及使用方式为依据（图5-9）。

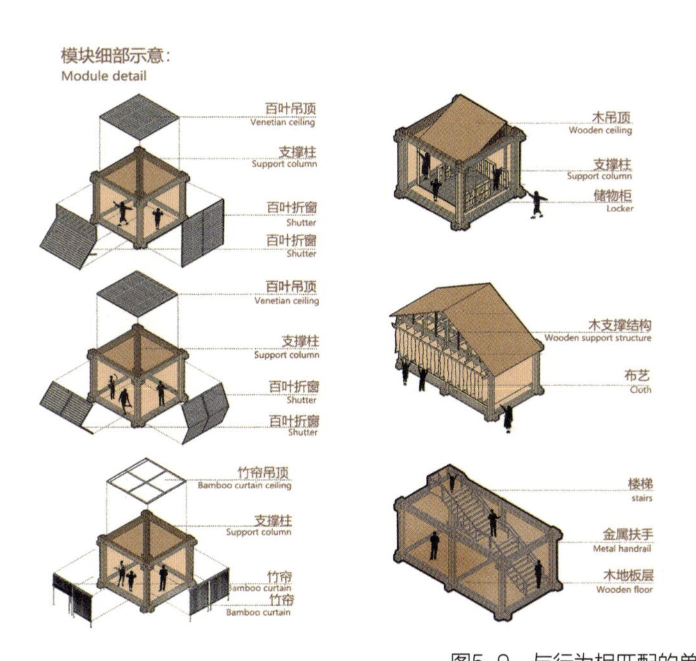

图5-9 与行为相匹配的单元模块设计图

（图片来源：第五届中联杯国际大学生建筑设计竞赛优秀奖作品“返朴——建筑表层空间变形记”，作者与耿华雄共同绘制）

（3）活动——使用效率评价与提升

设计表层空间的商业门面，其目标是增加表层空间活力，进而带动周边区域。分解店铺临街面，通过广告牌的布置、透明橱窗展示、临街商品摆放等引导人群行为和活动。增加底层界面的节奏感，根据店铺的不同开间尺寸设置多种开间模式，确保功能种类的多样性，丰富空间层次，促成多种类型活动，提升内部和外部表层空间的使用效率（图5-10）。使用效率评价的结果又可为表层空间构成方式提供依据。

（4）体验——空间氛围营造与调控

一方面，对内通过提升底层商铺的视觉吸引力，如强化店铺特征，明确主题，增强趣味性、开敞度、透明性等，从而增强表层空间对消费人群的吸引力，使更多的使用者驻足、停留。另一方面，在对表层空间进行优化设计的同时，整合周围环境，鼓励座椅的设置，通过路径引导及景观小品设计（如绿植、街具布置等）营造良好的商业氛围（图5-11）。

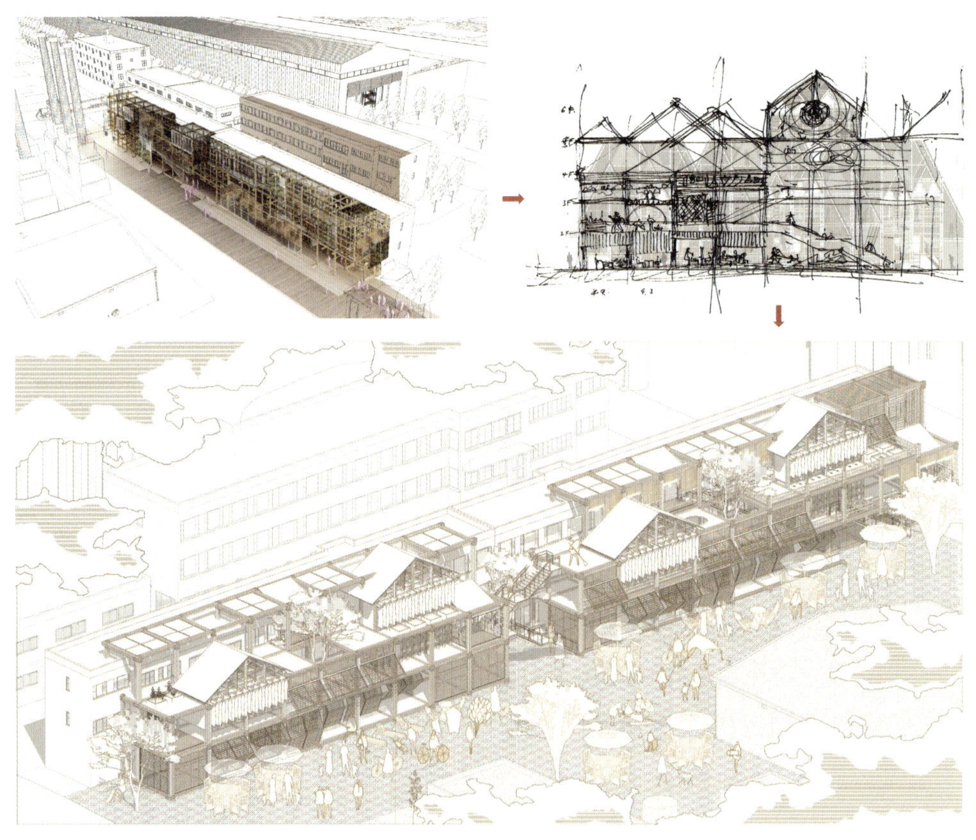

图5-10　形式生成过程草图

（图片来源：第五届中联杯国际大学生建筑设计竞赛优秀奖作品“返朴——建筑表层空间变形记”，作者与王安琪共同绘制）

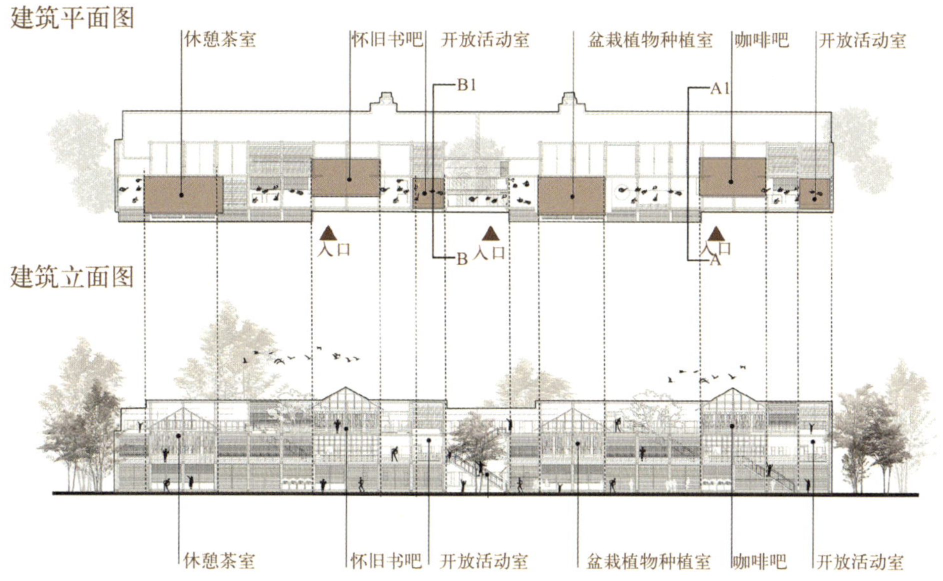

图5-11 空间氛围营造

（图片来源：第五届中联杯国际大学生建筑设计竞赛优秀奖作品“返朴——建筑表层空间变形记”，作者与耿华雄、周子涵、王安琪共同绘制）

5.2.3 表层空间优化流程

设计流程始于分析和评价，其内容包括：要素分类、视觉分析、使用偏好评价。由分类可以推导出表层空间类型，基于不同类型设定不同的设计流程，包括三大步骤：要素信息集成、空间拓扑关系、人群行为分析。由要素系统、界面系统、内部空间、外部空间、位置信息、活动类型，最后整合成量化分析（图5-12）。基于分析和评价结果对表层空间优化设计进行决策。

基于表层空间的设计流程和方法，在政府整体的推动下开展设计，主要包括如下内容：公众参与的部分（满意度调查、景观视觉分析），开发商的配合（经济因素的考量），城市整体风貌控制（设计师的保护意识）。并结合多种手段推动改造工作，最终目的是提升服务设施质量和建筑及城市空间品质。

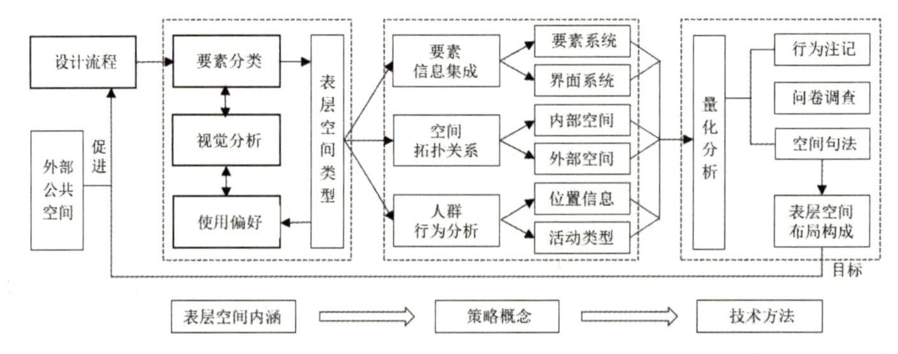

图5-12 表层空间设计流程分析图解

5.2.3.1 由表及里与由内而外结合的设计流程

充分考虑与城市环境的相互影响，从吸引力、视觉景观、门店风格等方面整理要素，包括：外墙、玻璃幕墙、窗等，树、景观座椅、铺装、挑檐等。同时分析表层空间与既有建筑空间的关系，主要分析与建筑空间的拓扑关系和与城市空间的连接关系，包括空间结构、功能与家具布局、公共私密分区。

在表层空间优化设计中，根据边界构成模型选取相应的空间类型，包括涂黑空间、层透空间、廊空间（图5-13）。例如，如果要分隔边界，强调内外差异性，可选择涂黑空间类型；如果想激发边界活动，通过媒介使内外互动，可以选择表

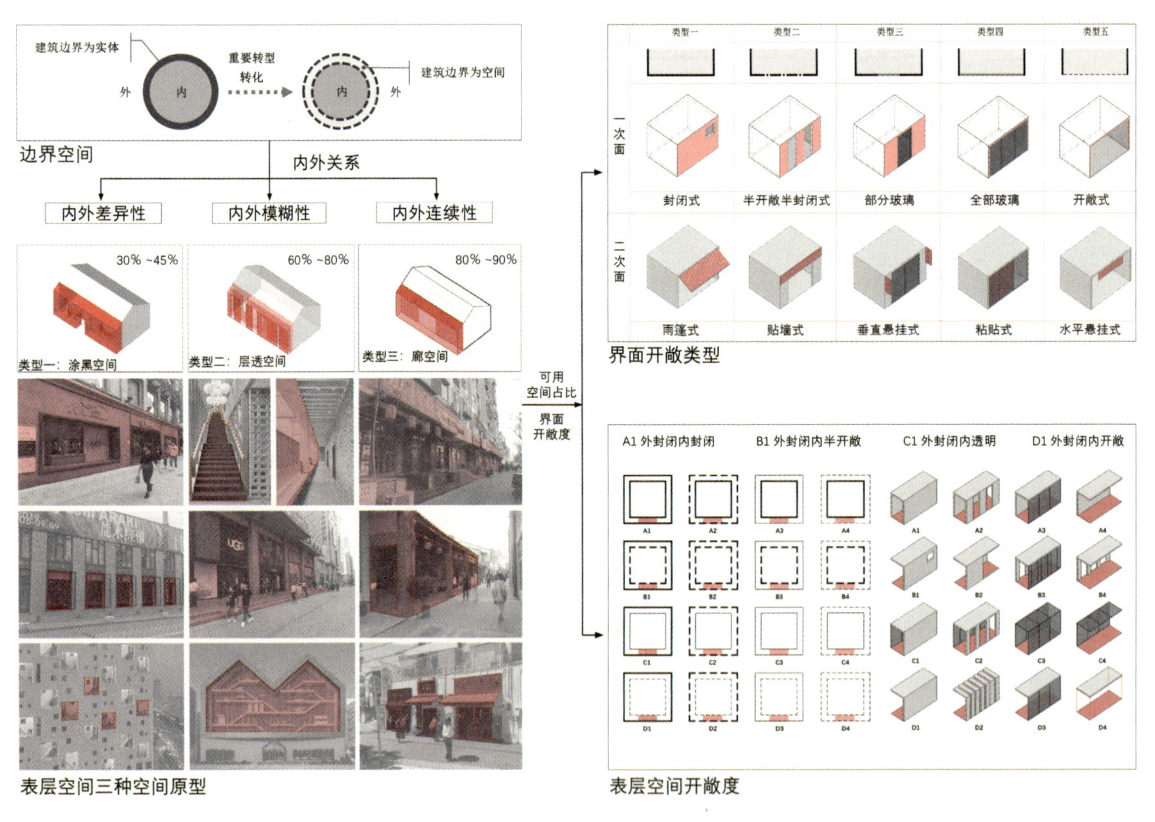

图5-13 表层空间具体类型选择

层空间的层透空间类型；如果要强调内外的连续性，则可考虑廊空间类型。基于边界层理论的表层空间设计流程是由表及里的设计过程。通过组合结构、表皮、屋顶、设备、路径与花坛、围墙、招牌、广告牌、橱窗、雨篷、格栅、壁灯等要素，形成三种空间类型。将私密空间转变为公共空间，在满足功能需求的同时，重新划分和引导室外空间。如在沿街一侧设计遮阳避雨的顶棚，不仅可以提升视觉效果，也为室外餐饮、休息、办公创造空间。在首层架空层可采用雨水收集设计，在营造商业街文化氛围的同时，还能提供舒适的视觉和听觉感受。在进行由表及里与由内而外结合的设计流程时需要表达：表层空间与内部空间的关系，表层空间界面形式与外部环境的关系，表层空间中要素的关系，人群行为与空间的匹配关系。

5.2.3.2 基于视觉体验及分析的设计流程

目前的建筑设计往往把注意力集中在体量及表皮设计上，笔者将建筑从容器变成内容，更关注植入表层空间的“内容”给人们带来的服务功能和独特体验，借鉴中国园林中塑造浅空间的手法，由表及里地对表层空间的视觉体验进行设计（图5-14）。

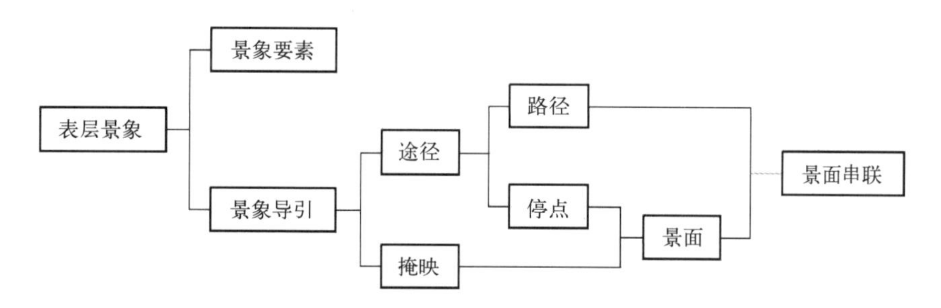

图5-14 表层空间景象到景面的视觉体验设计

（图片来源：朱琳．以浅空间理论分析中国园林并应用于凤河会所6号院设计[D]. 北京：清华大学，2014：53. 作者改绘）

5.2.3.3 基于“组件”的设计流程

由若干要素可以形成一个“组件”，组件往往在一种要素大类里。要素可分为大类、中类和小类：如大类包括界面要素、内部空间要素、外部空间要素；中类包括墙体、门窗、柱子、楼板、梁等。要素确定后可以设置组件，组件形成要素之间的关联，通过拼贴、组合、拆解等方式形成组件（表5-3）。

表5-3 组件构成

目标层	大类	中类	小类
表层空间组件	界面要素	墙体	承重墙/非承重墙，砖墙/混凝土墙
		门窗	玻璃门窗/木质门窗，窗台，窗框

续表

目标层	大类	中类	小类
表层空间组件	界面要素	柱子	结构柱/构造柱，尺寸，材料
		楼板	厚度，出挑/不出挑，材料
		梁	长/宽/高，材料
	内部空间要素	家具	是否靠窗布置，位置，数量，形式
		楼梯	尺寸，材料，形式
		绿植	种类，大小，数量，位置，组合形式
		柱子	尺寸，材料，形式
		格栅	材料，位置，尺寸，开敞度
		隔墙	尺寸，材料，形式，组合方式
	外部空间要素	雨篷	色彩，材料，形式，折展，推拉/旋转
		招牌	色彩，标识，尺寸，材料
		阳台	露台/阳台，栏杆踏步/形式
		橱窗	色彩，透明度，开敞度，尺寸
		绿植	种类，数量，大小，组合方式，绿篱
		楼梯	形式，材料，栏杆
		街具	类型（桌子/座椅），尺寸，形式
		围墙	开敞度，尺寸，材料
		壁灯	立式/悬挂式，位置，数量，效果

5.3 表层空间优化设计案例

表层空间的整个设计流程包括：目标拟定、设计分析、设计假设、综合评价、内部反馈五个部分。表层空间设计方法框架的构建不仅要求严格遵守规范、标准、节点构造等技术法则，也强调设计的主观性与自由度，如基地选址、空间布局、形式调整等创造性设计行为。此外，设计流程还提倡多学科领域的专业配合，以加强团体合作，鼓励公众参与。在流程中体现设计内容的整体性、设计范围的扩展性、设计程序的系统性及设计目标的多元化。本节以天津大学海棠书院、万德庄大街火锅店、滨江道服装店为例，对建筑表层空间的优化设计方法进行进一步阐释，通过“目标设定→方案推进→信息反馈”的流程营建表层空间。

5.3.1 生活型表层空间优化设计案例——海棠书院

5.3.1.1 目标设定

天津大学海棠书院改造项目采用表层空间优化设计的方法，首先将改善视线和提高空间使用效率作为目标。对天津大学学者公寓临街商业空间进行改造，营造“建筑-人-环境”互动的场所，为学校师生提供新的交流活动空间。

5.3.1.2 方案推进

（1）研究分析阶段

分析问题：以城市书吧作为着眼点，在中微观尺度改造日益增多的背景下，如果将建筑边界向外拓展，形成表层空间，那么既能增加使用面积，又能激活空间，使内外空间双向更新。

天津大学海棠书院邻近卫津路校区的次校门，位于天津大学校内的鹏翔学生公寓对面，邻近学五食堂。作为学者公寓的底商，与周围的邮局、银行等商业服务设施毗邻（图5-15）。本次优化通过对原有建筑结构（剪力墙结构）的改造，增

图5-15 天津大学海棠书院

设表层空间，赋予建筑新的功能，在校园生活服务区创造宜人的室内外文化交流场所，从而激活整个校园生活区。

基于上述问题及目标，提出建筑表层空间改造的三个解决方案，并进行比较，从人的使用方式、行为及视觉体验角度探讨“边界层空间”的界面及要素构成，探讨近建筑尺度的外部空间及内部空间的双重关系，探寻校园文化书吧营造的环境氛围，推动城市空间更新与改造向精准化、高效化、体验化方向发展。

（2）形式生成阶段

从场地布局、表层界面、要素布局、人群模拟四个层面推进方案。对表层空间的人群行为活动进行构思和设计，形成有主题性和趣味性的外界面形象。

① 场地布局。首先分析海棠书院的场地条件及建筑与周围环境的关系，如街道宽度、步行道宽度、树池尺寸、活动场地等（图5-16）。

用空间句法分别分析表层空间的视线被视程度、视线可达性和视觉被限程度。虽然海棠书院的表层空间与室内连接一侧的隔墙较多，但整体的被视程度高，尤其面向外部空间环境的视线可达性好，是室内外视野范围较好的区域。

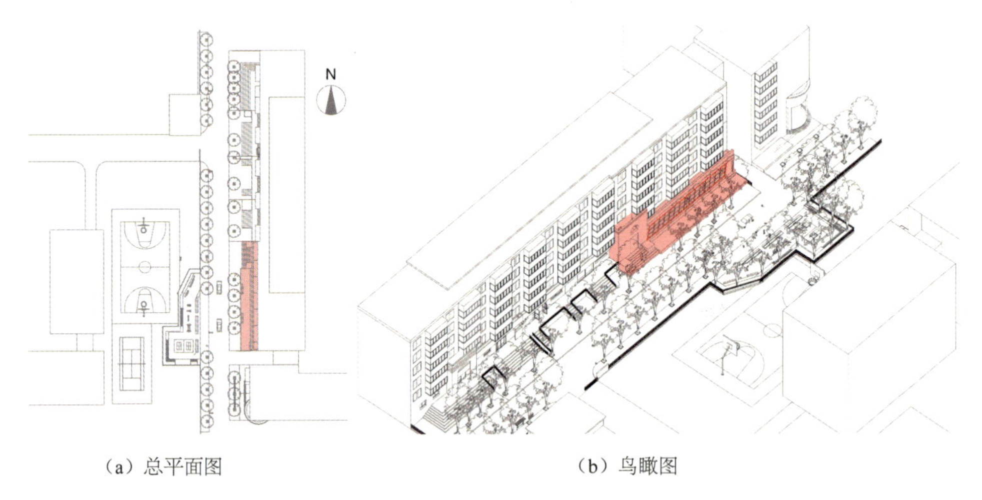

（a）总平面图　　（b）鸟瞰图

图5-16　海棠书院位置示意图

② 表层界面。对表层界面的三个设计方案进行比较。

方案一为海棠书院改造前的初始方案。建筑表层空间即为建筑表皮。表层界面采用实墙开洞的形式，受剪力墙结构的限制，建筑结构即为建筑表皮，表层空间被挤压，几乎没有空间层的优化设计。但从家具布置上考虑了临街界面的优势，将桌椅沿西侧开窗位置依次摆放（图5-17）。

方案二为海棠书院改造的实施方案，通过对原有剪力墙结构的避让，将表层界面向外扩展，在结构与表皮之间形成空间层，增加表层空间面积。沿临街界面布置家具，外界面采用玻璃幕墙形式，由窗洞形式变为悬浮斜向玻璃幕墙，增加采光面积，提高可视度，扩展视域范围（图5-18）。

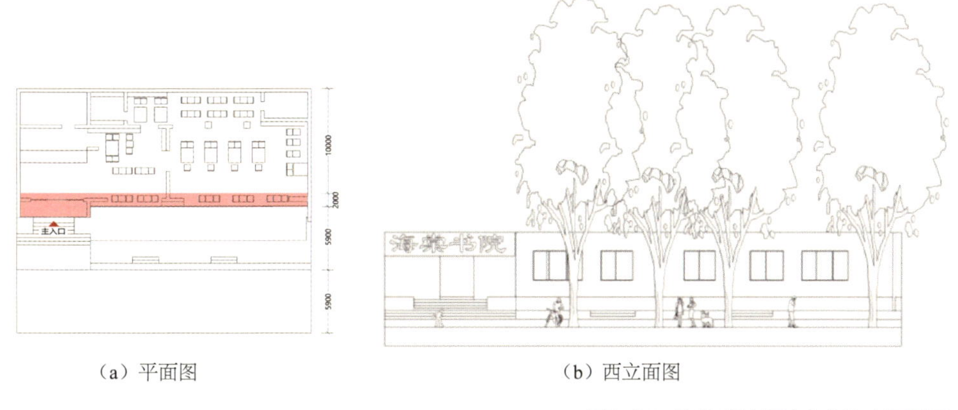

（a）平面图　　（b）西立面图

图5-17　海棠书院初始方案的表层界面

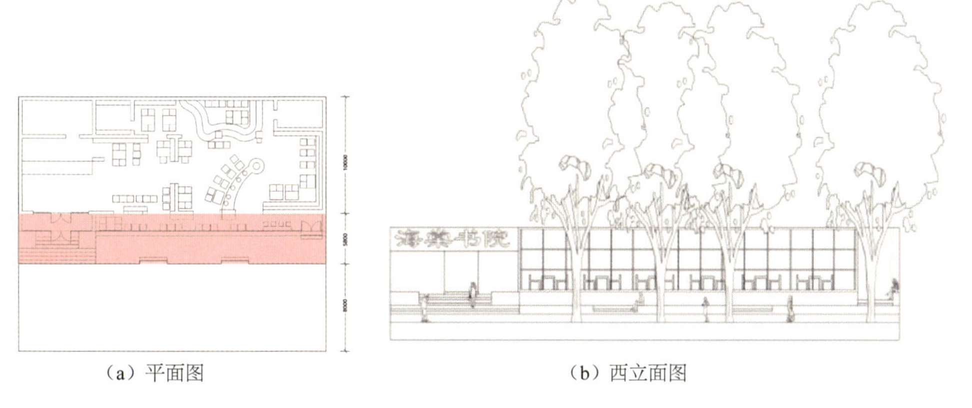

（a）平面图　　（b）西立面图

图5-18　海棠书院实施方案的表层界面

方案三是在方案二的基础上，对建筑现状的优化方案（未来改造的可能性）。延续表层空间的改造思路，将建筑外界面继续向外扩1.2m。改变建筑原有主入口的位置，从中间位置进入；在临街表层空间的外层增加室外座椅，在表层空间的内层放置朝向街道的座位，增强室内外人群的流动性。这个方案更加注重建筑外部空间环境的营造，将临街露台向外延伸，在步行道旁设置景观休息座椅供来往行人休息，提升街道活力（图5-19）。

③ 要素布局。根据海棠书院的初始方案、实施方案、优化方案三个方案的平面布局，结合各自的表层空间特点进行要素配置，并按照界面要素、内部空间要素、外部空间要素对要素进行归类（表5-4 ～表5-6）。

方案一（初始方案）：要素布局图见图5-20，表层空间要素构成见表5-4。

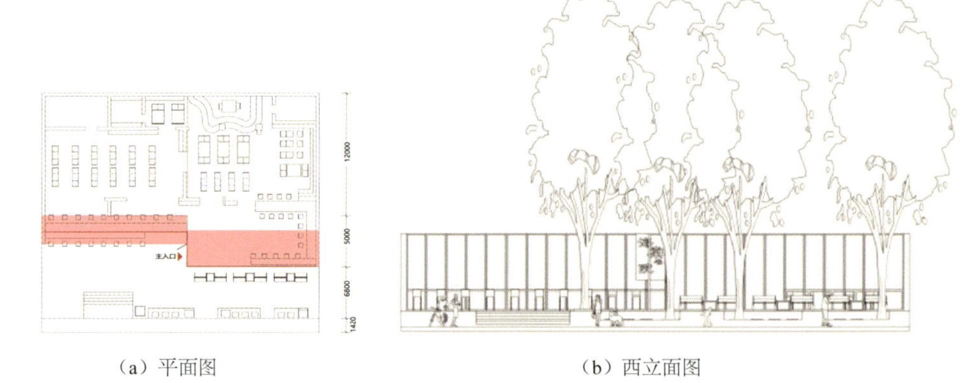

（a）平面图　　　　（b）西立面图

图5-19　海棠书院优化方案的表层界面

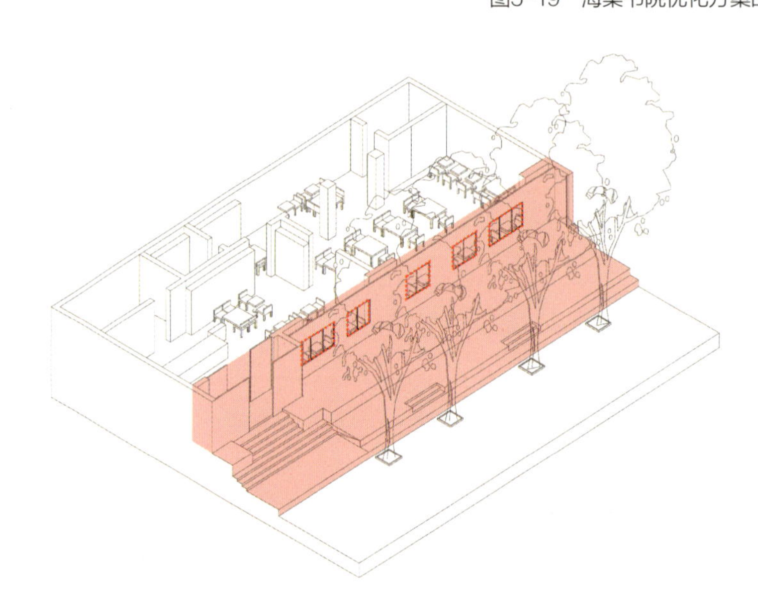

图5-20　海棠书院初始方案的要素布局

表5-4　海棠书院初始方案的表层空间要素构成

<table>
<tr><th>目标层</th><th>大类</th><th>中类</th><th colspan="2">小类</th></tr>
<tr><td rowspan="11">表层空间要素</td><td rowspan="5">界面要素</td><td>墙体</td><td colspan="2">非承重墙，混凝土墙</td></tr>
<tr><td>门窗</td><td colspan="2">玻璃门窗，800mm × 1500mm耐候钢窗框</td></tr>
<tr><td>柱子</td><td colspan="2">240mm × 180mm构造柱，钢筋混凝土</td></tr>
<tr><td>楼板</td><td colspan="2">150mm厚，出挑，钢筋混凝土</td></tr>
<tr><td>梁</td><td colspan="2">250mm × 600mm，钢筋混凝土</td></tr>
<tr><td rowspan="6">内部空间要素</td><td rowspan="6">家具</td><td rowspan="2">靠窗布置</td><td>靠背木质座椅10把</td></tr>
<tr><td>木质双人桌5张</td></tr>
<tr><td rowspan="3">不靠窗布置</td><td>木质靠背座椅35把</td></tr>
<tr><td>木质双人桌8张</td></tr>
<tr><td>木质四人桌9张</td></tr>
<tr><td colspan="2">木质书柜</td></tr>
</table>

目标层	大类	中类	小类
表层空间要素	内部空间要素	楼梯	无
		绿植	无
		柱子	330mm × 330mm × 3500mm结构柱，钢筋混凝土
		格栅	无
		隔墙	330mm厚、3600mm高石膏板隔墙
	外部空间要素	招牌	米黄光面大理石/标有“海棠书院”字体
		橱窗	无
		绿植	1m × 1m树池四个，行道树4棵
		楼梯	室外楼梯，芝麻灰火烧面大理石（1050mm高铁质楼梯扶手）
			防腐木楼梯两层（无扶手）
		街具	无

方案二（实施方案）：要素布局图见图5-21，表层空间要素构成见表5-5。

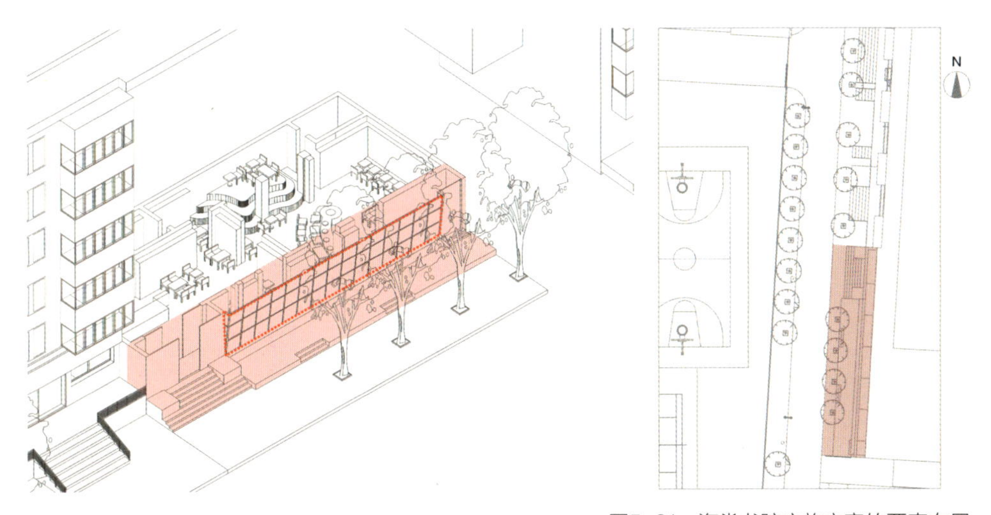

图5-21　海棠书院实施方案的要素布局

表5-5　海棠书院实施方案的表层空间要素构成

目标层	大类	中类	小类	
表层空间要素	界面要素	墙体	非承重墙，玻璃幕墙	
		门窗	玻璃门窗，1200mm × 1200mm耐候钢窗框	
		柱子	240mm × 180mm构造柱，钢筋混凝土	
		楼板	150mm厚，出挑，钢筋混凝土	
		梁	250mm × 600mm，钢筋混凝土	
	内部空间要素	家具	靠窗布置	靠背木质座椅12把
				无靠背木质座椅4把
				木质双人桌4张
				木质四人桌1张
				长条形木质四人单面桌1张

续表

目标层	大类	中类	小类	
表层空间要素	内部空间要素	靠窗布置	不靠窗布置	木质靠背座椅52把
				木质双人桌13张
				木质四人桌10张
			木质书柜	
		楼梯	500mm高曲线木质可坐式楼梯三层	
		绿植	鹅掌钱等若干盆栽植物组合（入口处）	
			屋顶垂吊植物若干	
		柱子	330mm × 330mm × 3500mm结构柱，钢筋混凝土	
		格栅	木质格栅屋顶装饰，半开敞	
		隔墙	330mm厚、3600mm高石膏板隔墙	
	外部空间要素	招牌	米黄光面大理石，标有“海棠书院”中英文金色字体及LOGO	
		橱窗	无	
		绿植	1m × 1m树池4个，行道树4棵	
		楼梯	室外楼梯，芝麻灰火烧面大理石（1050mm高铁质楼梯扶手）	
			防腐木楼梯两层	
		街具	草坪灯4个	

方案三（优化方案）：布局要素图见图5-22，表层空间要素构成见表5-6。

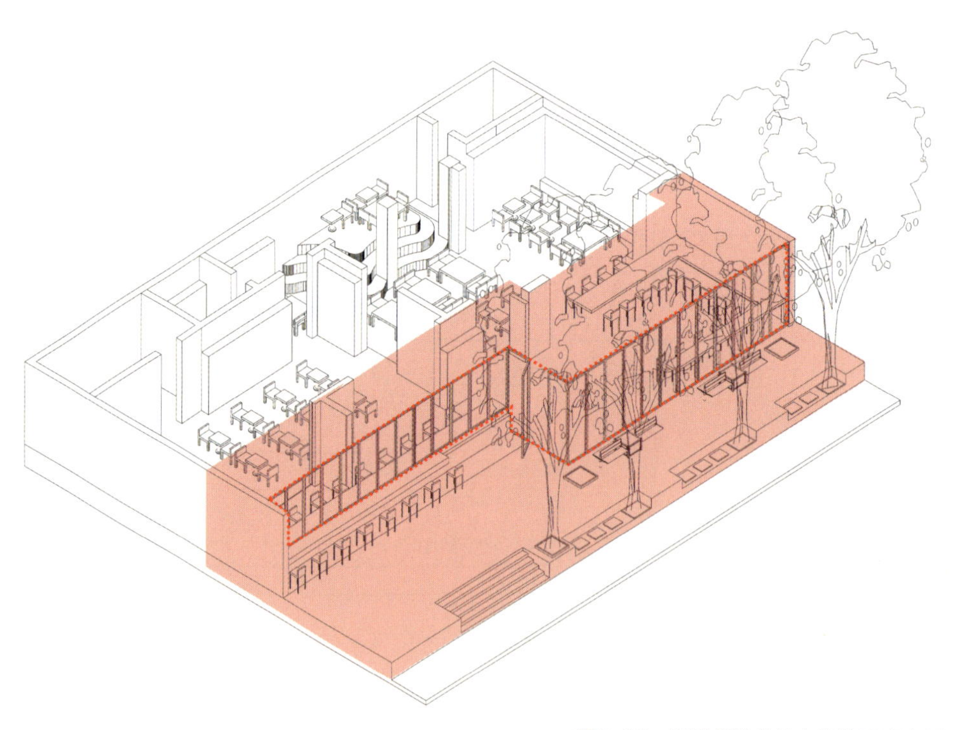

图5-22　海棠书院优化方案的要素布局

表5-6 海棠书院优化方案的表层空间要素构成

目标层	大类	中类	小类	
表层空间要素	界面要素	墙体	非承重墙，玻璃幕墙	
		门窗	玻璃门窗，1000mm×2970mm耐候钢窗框	
		柱子	240mm×180mm构造柱，钢筋混凝土	
		楼板	150mm厚，出挑，钢筋混凝土	
		梁	250mm×600mm，钢筋混凝土	
	内部空间要素	家具	靠窗布置	靠背木质座椅16把
				长条形木质四人单面桌1张
				长条形木质十人单面桌1张
			不靠窗布置	木质靠背座椅71把
				木质双人桌20张
				木质四人桌11张
			木质书柜	
		楼梯	500mm高曲线木质可坐式楼梯三层	
		绿植	鹅掌钱等若干盆栽植物组合（入口处）	
			屋顶垂吊植物若干	
			常春藤、虎尾兰、白鹤兰（墙边绿化）	
		柱子	330mm×330mm×3500mm结构柱，钢筋混凝土	
		格栅	木质格栅屋顶，半开敞	
		隔墙	330mm厚、3600mm高石膏板隔墙	
	外部空间要素	招牌	防火板，标有海棠书院中英文名称及LOGO	
		橱窗	玻璃橱窗，透明白玻，开敞度高，1000mm×2970mm耐候钢窗框	
		绿植	1m×1m树池4个，行道树4棵	
			800mm×800mm×580mm绿篱3个	
		楼梯	防腐木可坐式楼梯一层	
			室外楼梯，芝麻灰火烧面大理石（1050mm高铁质楼梯扶手）	
		街具	靠窗位置（靠背木质座椅8把、长条形木质八人单面桌1张）	
			不靠窗位置（双面靠背防腐木座椅1200mm×380mm×430mm两把）	

④ 人群模拟。家具可承载人的行为，通过对桌椅、书架、柜子等要素布置进行人群行为模拟，并对三个方案的视域分析进行比较，根据视域分析结果可知，表层空间是视野最好、人群最愿意停留的区域（图5-23～图5-25）。

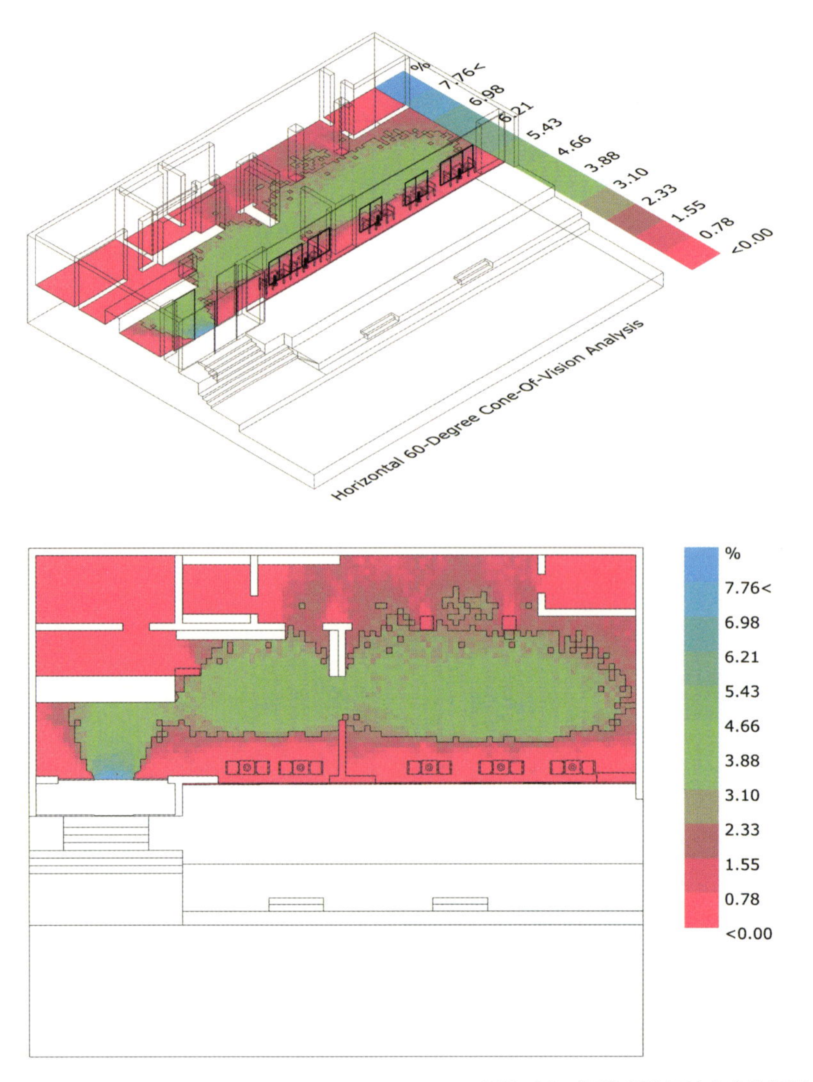

图5-23 海棠书院初始方案的视域分析图

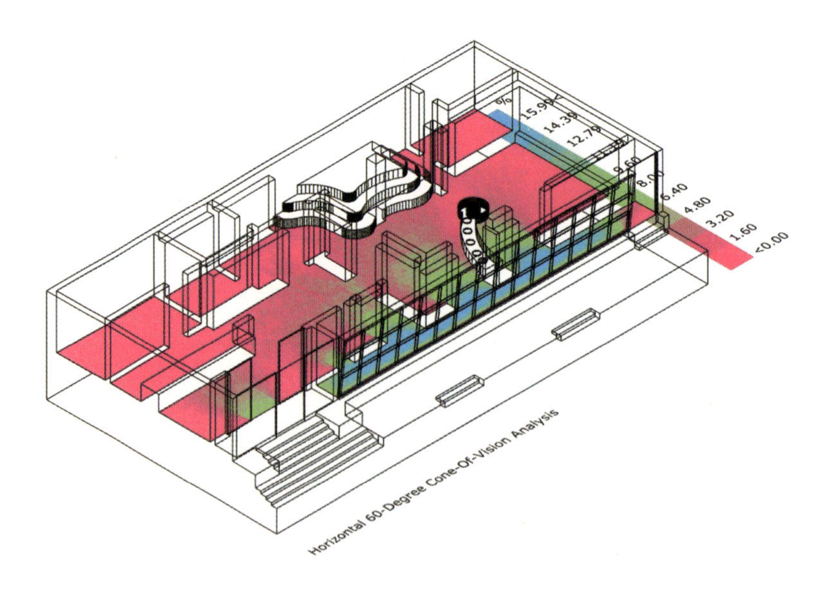

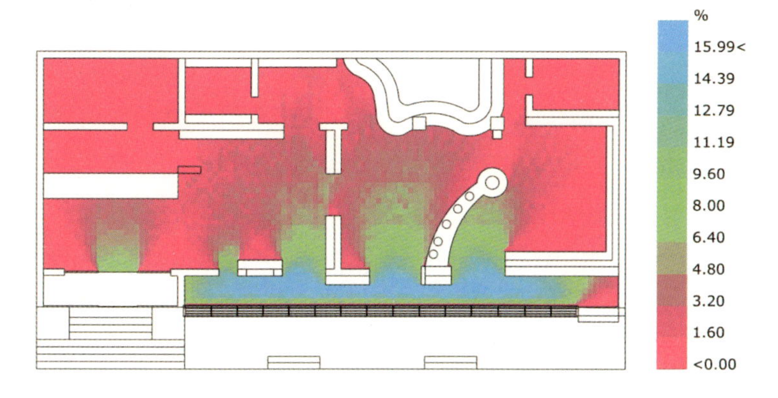

图5-24　海棠书院实施方案的视域分析图

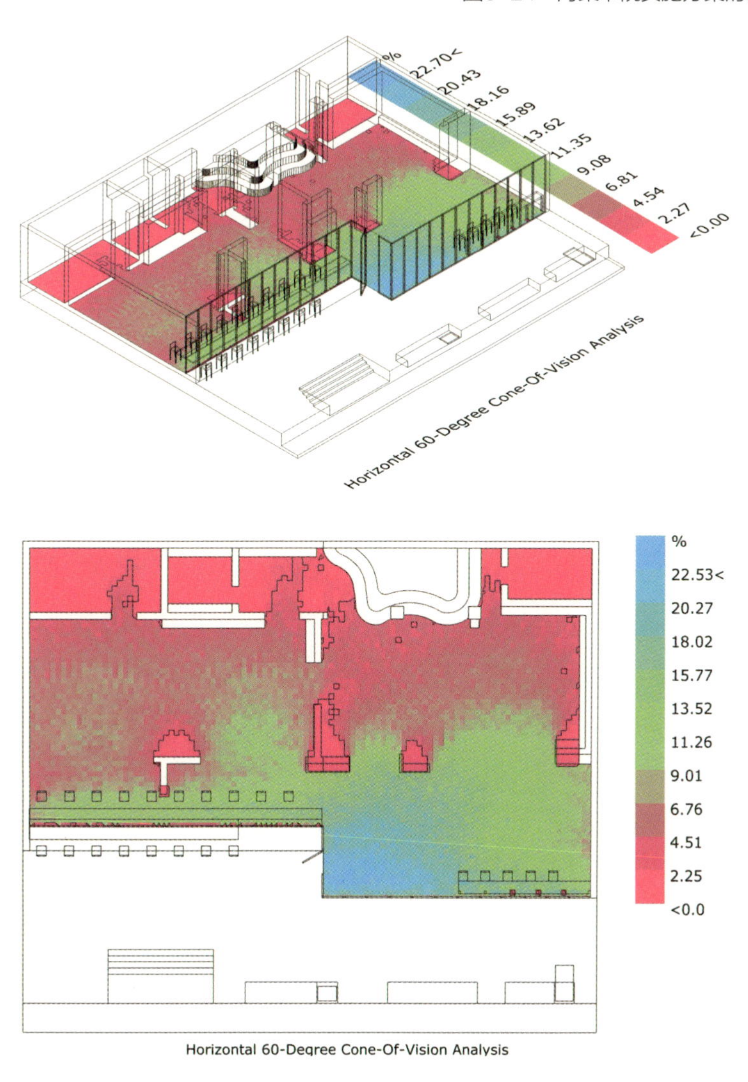

图5-25　海棠书院优化方案的视域分析图

（3）行为空间匹配阶段

以实施方案为基础，进行模拟和实测比较。通过现场观察，在平面上对就座位置进行标记，测量人群停留时间并对人群行为类型进行分类（如阅读、就餐、交谈、用电脑学习或办公、晒太阳、观景等）。调研发现，室内空间角落和靠窗停留的人数较多，表层空间多容纳中短期停留行为（0.5 ～ 2h）。通过视域分析和现场观察得出模拟与实测结果基本一致，表层空间视野好，是人群愿意停留的区域（图5-26）。

（4）综合阶段

通过上述三个方案的比较分析，表层空间大部分区域是人最喜欢停留的区域。三个方案根据表层界面不同开敞度的设计，形成半私密空间或公共空间。初始方案保持建筑原始界面设计，在靠窗位置布置桌椅，实施方案对表层空间内层进行拓展，优化方案是在满足建筑红线和道路红线的条件下，不仅扩展表层空间的内表层，而且对外表层也进行环境设计。根据座椅家具的尺寸和布置情况，尽可能增加表层空间面积，并促进内外表层的互动，在表层空间的外层空间布置街具，吸引人驻足停留，激发多种活动类型，并对商铺的经济效益产生促进作用。

5.3.1.3 信息反馈

（1）反馈意见的收集

上述通过目标设定和方案推进形成一套以提升空间效率和视线连通为目标的设计方案。对人群使用偏好进行讨论，需要借助意见反馈数据进行分析。这些问题结合用户访谈会产生一些目的偏差，再回馈到设计分析中，经过新一轮的循环，最终满足人的功能需求，从而实现设计优化。通过问卷调查可知，来访者更喜欢在视野开阔的地方就座，42.74%的来访者更倾向选择靠窗区域就座，36.75%的人选择角落，9.4%的人选择在中间区域，8.55%的人选择包间，2.56%的人选择邻近出入口（图5-26、图5-27）。在实地问卷中，来访者总体舒适度感知与视觉环境、视野范围、景观效果、光线效果相关性均非常显著。其中，总体舒适度与景观效果相关性较高于视觉环境、视野范围及光线效果。通过视域分析和调查问卷得出的模拟结果与实测结果基本一致。视野范围好、景观效果好的地方让人感觉更舒适，更吸引人在此停留。

（2）空间观察和模拟

对三个方案的建筑表层空间的视线和空间使用效率进行对比。提升入口处的标识性，通过增加标识牌、广告牌、灯具等吸引要素对使用者进行视线引导。通

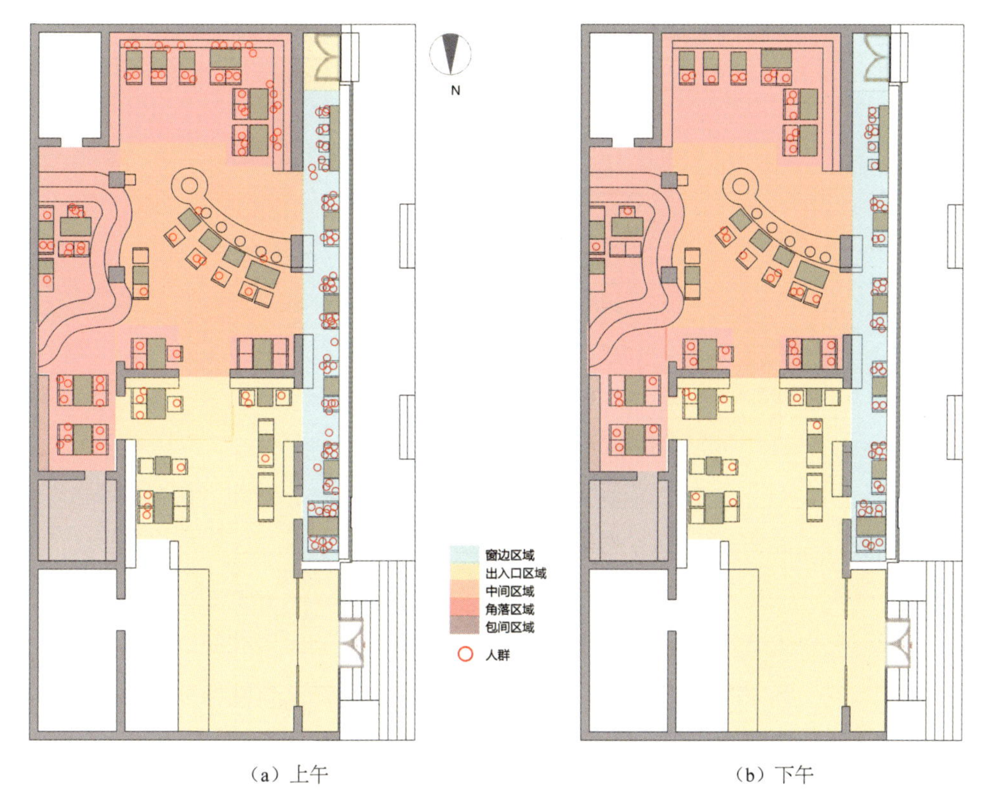

（a）上午 （b）下午

图5-26　海棠书院就座区域行为注记图

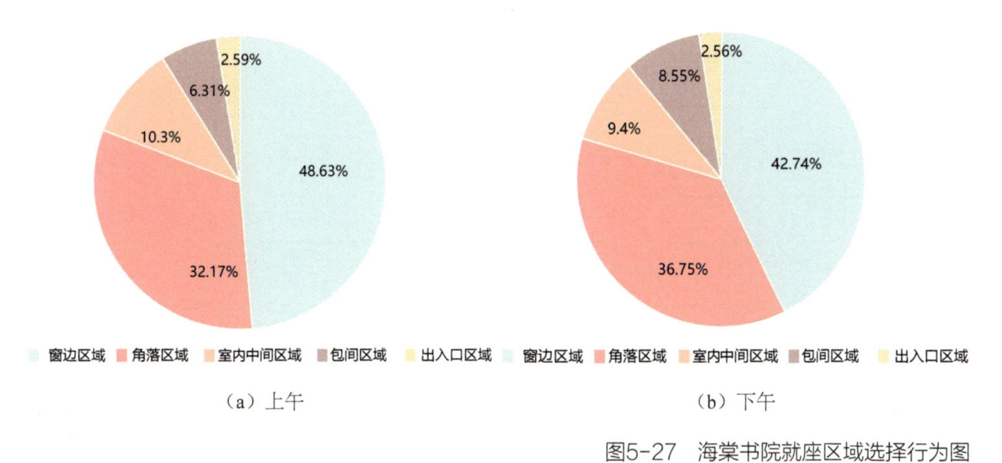

（a）上午 （b）下午

图5-27　海棠书院就座区域选择行为图

过将路径与公共空间串联，提升空间使用的灵活性和路径选择的多向性，从而提升空间体验的趣味性。增加楼梯与平台、绿植、座椅等要素的组合，通过树木、座椅等要素吸引使用者驻足停留。同时，通过家具布置提高表层空间内表层的使用效率。通过调节表层界面的开敞度，形成半私密或公共空间，局部遮挡视线或使视线产生内外交互。

（3）多方案比较

在原有方案的基础上，提出备选方案并进行对比。在分析的基础上对三个方案进行综合比较、评价，以选定最优方案。初始方案基于场地原有界面进行设计，实施方案是在初始方案的基础上扩大表层空间，但是受场地原有台阶及人行道等条件的限制，表层空间的改造仅局限在由玻璃幕墙所围合出的内表层半开敞空间。优化方案不仅对建筑表层空间的内层进行拓展设计，而且对表层空间的外层空间环境及场地周围环境进行统一布局，使海棠书院整体表层空间更具吸引力。贯通室内外视线可使得海棠书院的表层空间成为一个更具活力、更高舒适度的空间。最后，将其他方案的优点整合到最佳方案中，以符合人的使用要求。采用多方案比较的方法，既可对要素的材料、形式、搭接方式和开启方式进行选择，又可以对要素组合进行研究（图5-28～图5-30）。

通过对海棠书院实施方案的空间优化，形成更具辨识度和吸引力的优化方案，增加外界面玻璃幕墙的面积，不仅拓宽了表层空间的内部空间区域，而且最大限度地使沿街空间得以利用。使用者既可以从建筑外部更加直观地欣赏到建筑室内的陈设及灯光效果等，也可以从建筑室内体验外部的景观，创造良好的视觉环境。内外表层交界处的座椅布置，促进了内外人群互动，增强了空间的灵活性和趣味性，由此激活外表层空间，提升整体场地活力。

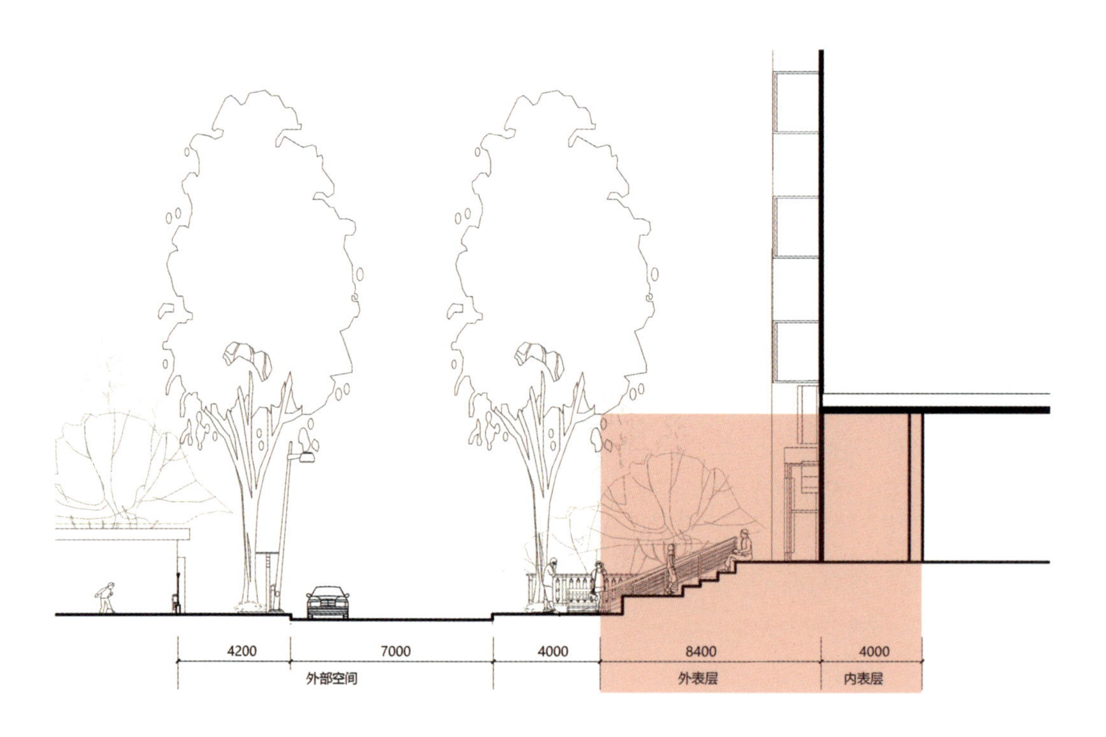

图5-28　海棠书院初始方案剖面图

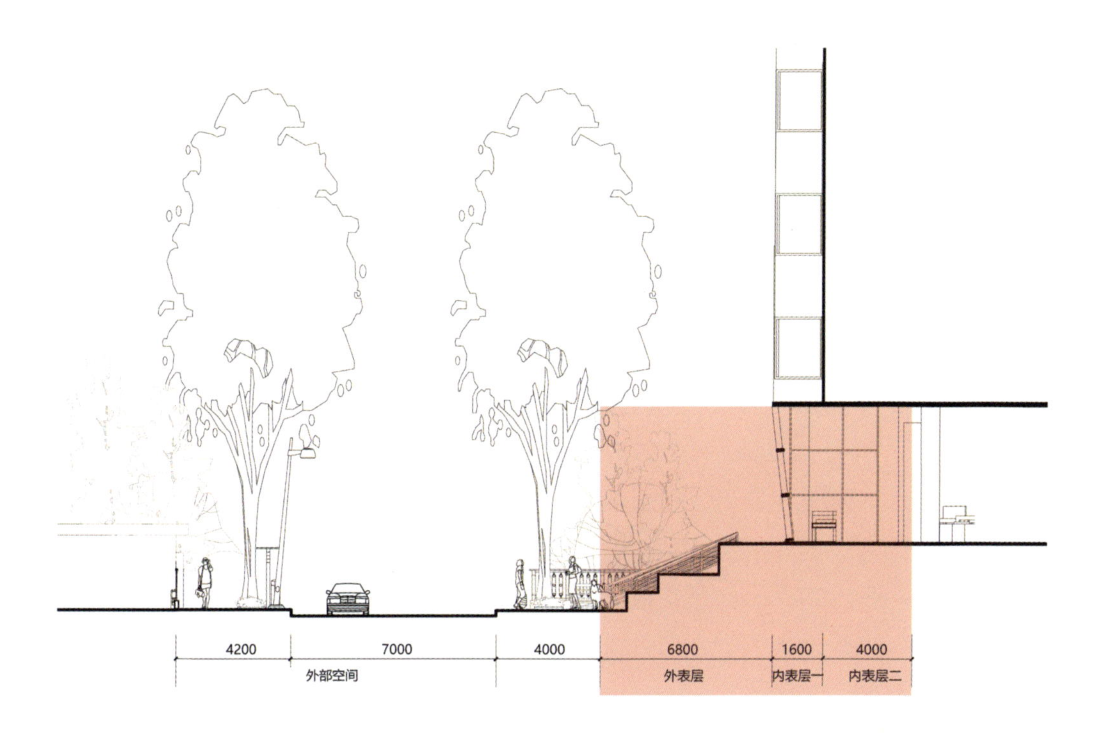

图5-29　海棠书院实施方案剖面图

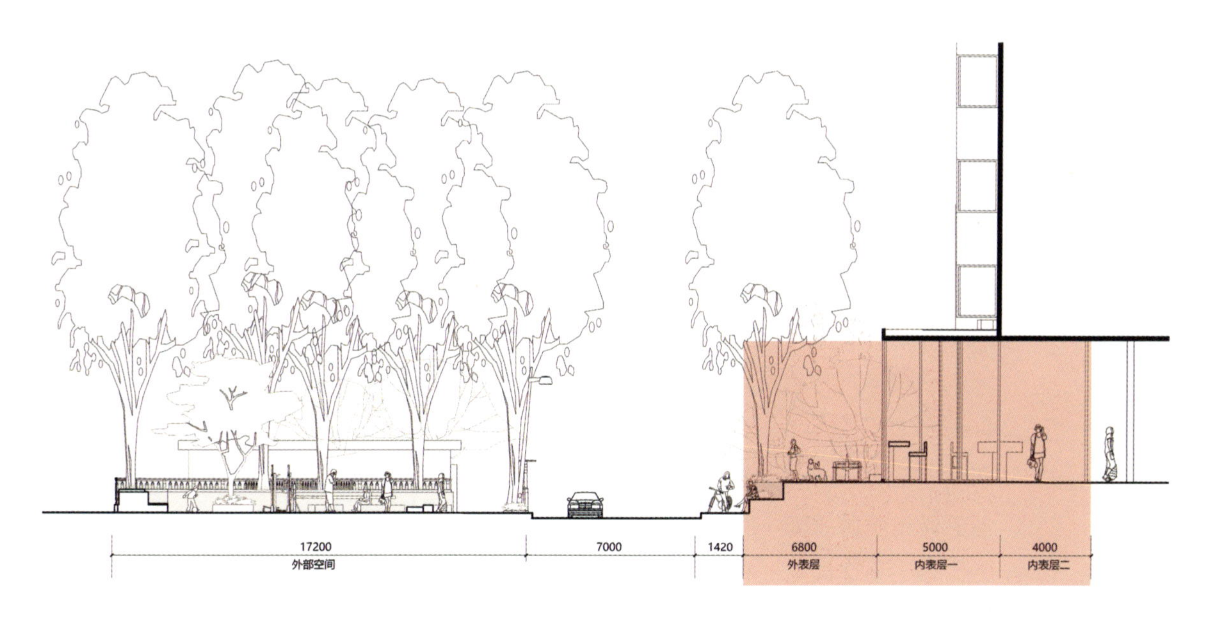

图5-30　海棠书院优化方案剖面图

5.3.2 生活型表层空间优化设计案例——万德庄大街火锅店

5.3.2.1 目标设定

“万德庄大街火锅店”属于住宅区底层商业，该改造项目采用表层空间优化设计的方法，打破街道的线型感，根据就餐时间的周期变化，设置停留休息、就餐等待、外卖窗口等空间，形成开敞、半开敞、半私密等不同氛围的表层空间。在满足社区商业需求的同时形成具有社区特色的场所空间。现有表层空间形式功能单一，以外部表层空间及店铺界面为主，改造后可根据时间性变化的人群需求，形成功能多样、特征鲜明、层次丰富的复合型表层空间（图5-31）。

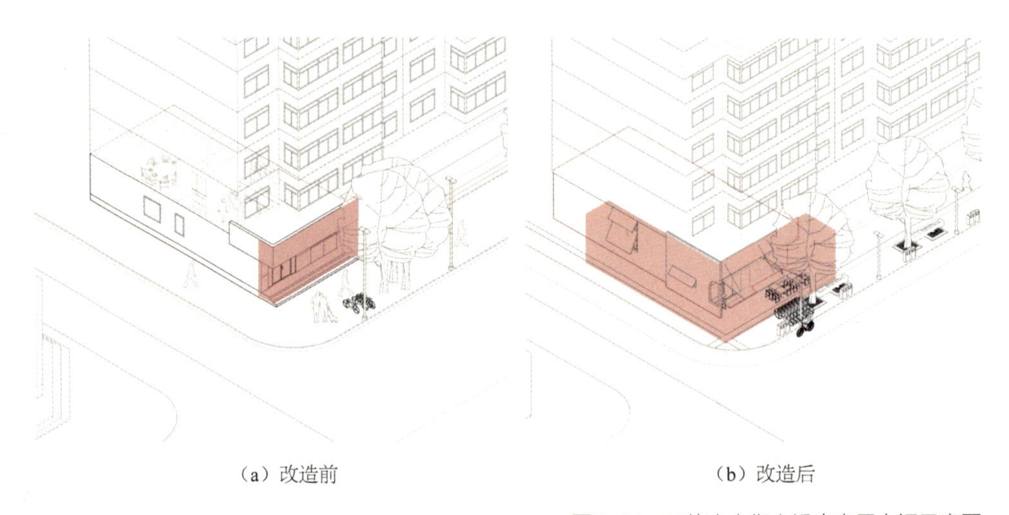

（a）改造前　　（b）改造后

图5-31　万德庄大街火锅店表层空间示意图

5.3.2.2 方案推进

（1）研究分析阶段

分析问题：该改造点位于天津市南开区万德庄大街136号红磡花园2号公寓底层，作为住宅区底商，与周边便利店、水果店以及其他餐饮等生活性商业设施毗邻，人群活动与时间的关联性凸显（图5-32）。该空间具有激活社区活力的潜力，但现有表层空间界面形式和功能单一。本设计以社区生活性商业空间为入手点，将建筑边界向外拓展形成表层空间，并赋予新功能，塑造丰富、有活力、有亲切感的城市街道界面，以承载城市居民日常的市井文化与生活记忆。

基于上述问题及目标，提出建筑表层空间改造的三个解决方案，并进行比较。方案设计从人的使用方式、行为及视觉体验角度探讨“边界层空间”的界面及要素构成，探讨近建筑尺度的外部空间及内部空间的双重关系，为居民活动提供空间，使该早点成为城市文化的重要组成部分，推动社区街道空间更新与改造向精准化、高效化、体验化的方向发展。

图5-32　万德庄大街火锅店周边环境

（2）形式生成阶段

从场地布局、表层界面、要素布局和表层空间可见性分析四个层面推进方案。对表层空间人群行为活动进行不同时间段的构思和设计，形成灵活且趣味性强的外界面形象。

① 场地布局。首先分析万德庄大街火锅店的场地条件及建筑与周围环境的关系，如街道宽度、步行道宽度、树池尺寸、活动场地等（图5-33）。

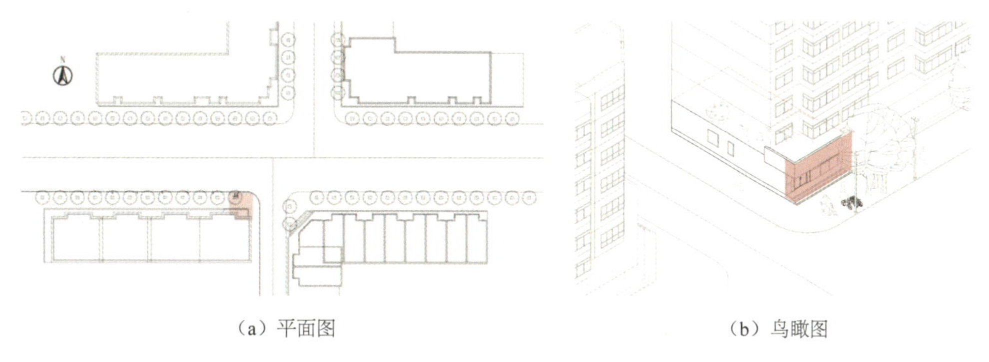

（a）平面图　　（b）鸟瞰图

图5-33　万德庄大街火锅店位置示意图

虽然火锅店的沿街界面通过檐下外廊空间与街道相接，但整体的被视程度高，尤其开放性厨房以招牌式的活动方式与外界互动，视线可达性好，具有一定吸引力。

② 表层界面。对表层界面的三个设计方案进行比较，具体如下。

方案一为初始方案，建筑表层空间即为建筑表皮及檐下空间。表层界面采用实墙开洞的形式，受剪力墙结构的限制，建筑结构即表皮，表层空间被挤压，几乎没有空间层的优化设计。但为满足等待就餐人群的需求，在火锅店室内南侧临街处设置等候区域（图5-34）。

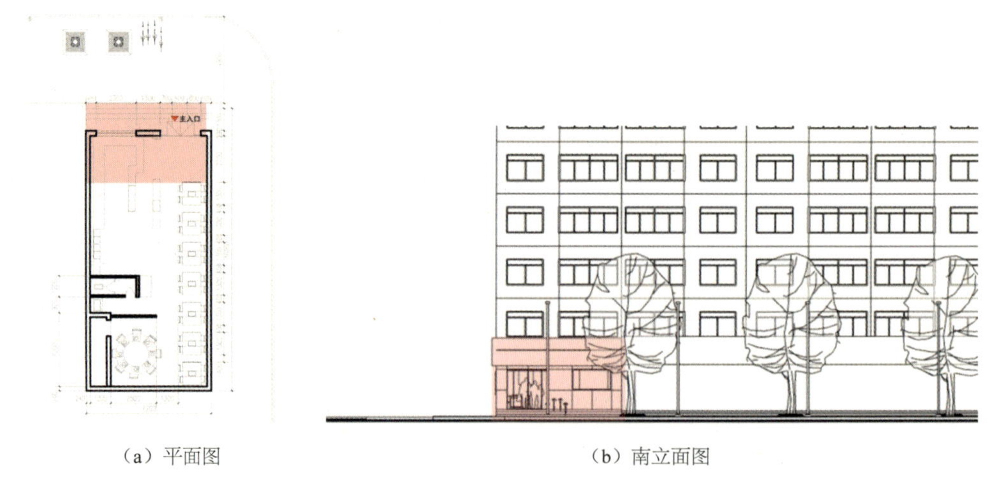

（a）平面图

（b）南立面图

图5-34　万德庄大街火锅店初始方案的表层界面

方案二是实施方案，丰富了建筑檐下空间的功能和界面形式，以提升街道活力，为社区居民提供活动场所（图5-35）。

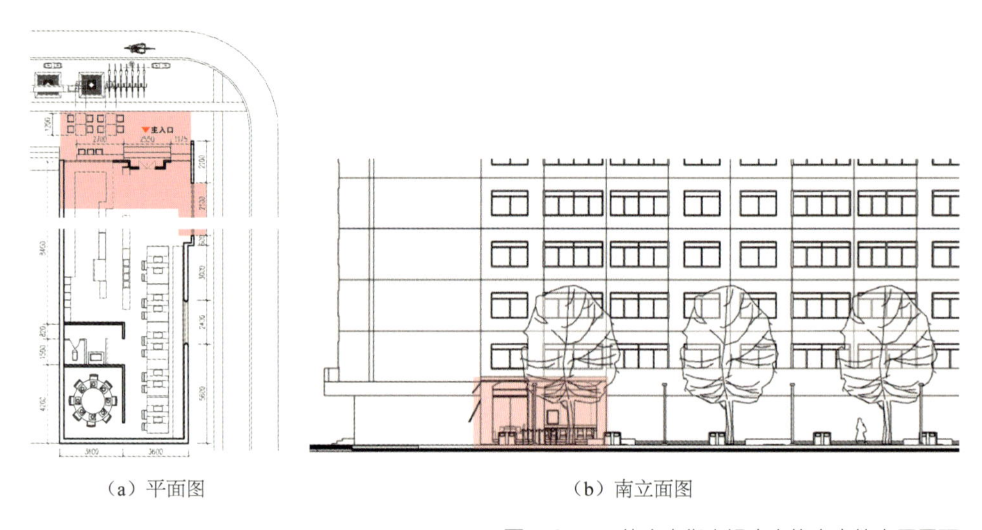

（a）平面图

（b）南立面图

图5-35　万德庄大街火锅店实施方案的表层界面

方案三是优化方案。方案将外表层空间延伸至街道，对表层界面进行立体化设计，通过增设3m宽的前廊就餐空间来增加表层空间的深度和层次，产生多功能表层空间；利用前廊形成的表层空间产生室外就餐场所，通过中央厨房的开敞式界面与室内产生互动，一方面增加商业吸引力，另一方面解决就餐高峰期一座难求的问题；在南向临街表层空间增加外卖窗口，便于外卖人员的取餐与等候；延伸到街面的悬挑雨篷，在晚上可作为小吃摊的顶棚界面，在白天可为等候就餐的人提供遮阳（图5-36）。

③ 要素布局。根据万德庄大街火锅店的初始方案、实施方案、优化方案三

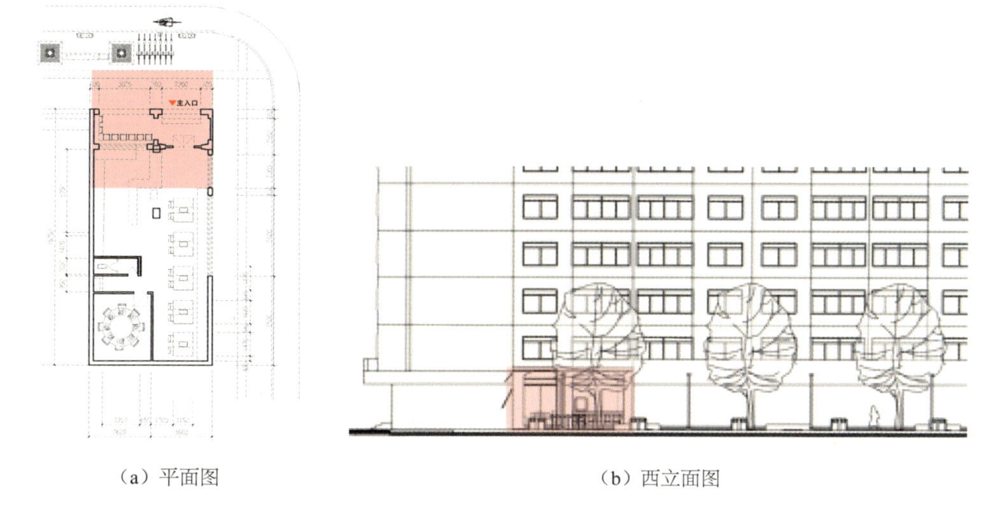

（a）平面图

（b）西立面图

图5-36　万德庄大街火锅店优化方案的表层界面

个方案（图5-37～图5-39）的平面布局，结合各自的表层空间特点进行要素配置，并按照界面要素、内部空间要素、外部空间要素对要素进行归类（表5-7～表5-9）。

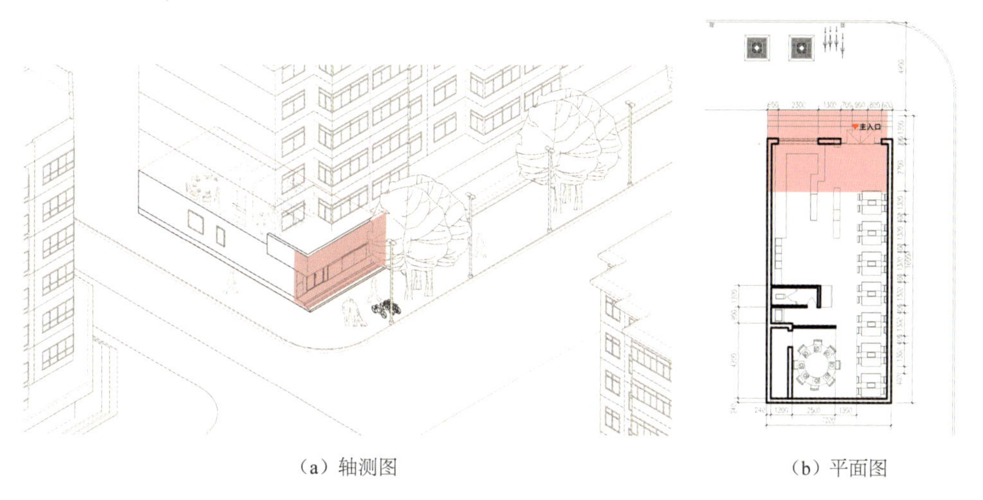

（a）轴测图

（b）平面图

图5-37　万德庄大街火锅店初始方案的要素布局

表5-7　万德庄火锅店初始方案的表层空间要素构成

目标层	大类	中类	小类
表层空间要素	界面要素	墙体	非承重墙，玻璃幕墙
		门窗	玻璃门窗，2300mm×1500mm耐候钢窗框
		柱子	400mm×400mm构造柱，钢筋混凝土
		楼板	150mm厚，出挑，钢筋混凝土
		梁	250mm×500mm钢筋混凝土圈梁

续表

目标层	大类	中类	小类
表层空间要素	内部空间要素	家具	靠背木质座椅28把
			长条形木质四人桌7张
			圆形木质八人桌1张
			单人靠背木质座椅8把
		楼梯	无
		绿植	鹅掌钱、常春藤、白鹤兰等若干盆栽植物组合（入口处）
		柱子	600mm × 400mm × 3500mm结构柱，钢筋混凝土
		格栅	无
		隔墙	180mm厚、3500mm高石膏板隔墙
	外部空间要素	招牌	防火板/标有小牛回家中文名称及LOGO
		橱窗	玻璃橱窗，透明白玻，开敞度高，1000mm × 2970mm耐候钢窗框
		绿植	1m × 1m树池2个
			行道树2棵
		楼梯	室外楼梯/芝麻灰火烧面大理石
			（无扶手）
		街具	电线杆2个、路灯1个、垃圾桶2个

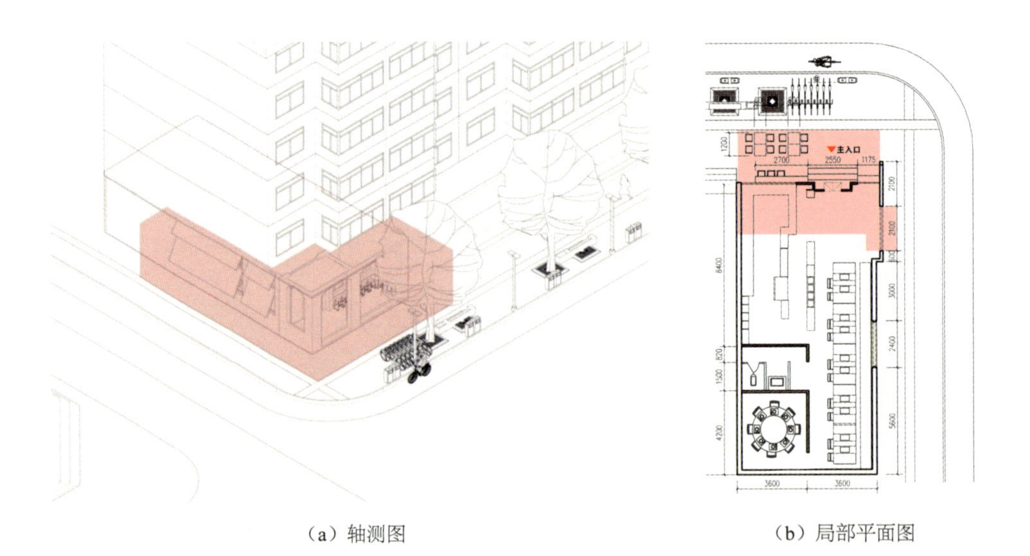

（a）轴测图　　（b）局部平面图

图5-38　万德庄大街火锅店实施方案的要素布局

表5-8　万德庄大街火锅店实施方案的表层空间要素构成

目标层	大类	中类	小类
表层空间要素	界面要素	墙体	非承重墙/玻璃幕墙
		门窗	玻璃门窗/2300mm × 1500mm耐候钢窗框/2400mm × 2200mm耐候钢窗框/2100mm × 500mm耐候钢窗框

续表

目标层	大类	中类	小类	
表层空间要素	界面要素	柱子	400mm × 400mm构造柱，钢筋混凝土	
		楼板	150mm厚，出挑，钢筋混凝土	
		梁	250mm × 500mm钢筋混凝土圈梁	
	内部空间要素	家具	表层空间内	靠背木质座椅11把
				正方形木质四人桌4张
			表层空间外	靠背木质座椅14把
				长方形木质四人桌7张
				圆形木质八人桌1张
				单人靠背木质座椅8把
				长条形靠墙木制长座椅1把
		楼梯	无	
		绿植	鹅掌钱、常春藤、白鹤兰等若干盆栽植物组合（入口处）	
		柱子	600mm × 400mm × 3500mm结构柱，钢筋混凝土	
		格栅	无	
		隔墙	180mm厚，3500mm高石膏板隔墙	
	外部空间要素	招牌	防火板，标有小牛回家中文名称及LOGO	
		橱窗	玻璃橱窗，透明白玻，开敞度高，1000mm × 2970mm耐候钢窗框	
		绿植	1m × 1m树池2个	
			行道树2棵	
		楼梯	室外楼梯/芝麻灰火烧面大理石	
			（无扶手）	

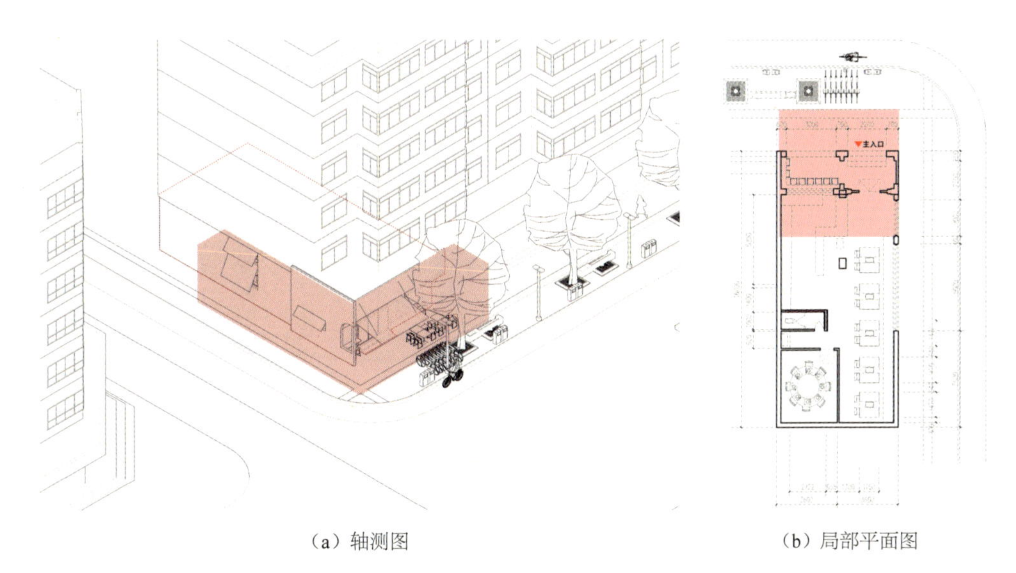

（a）轴测图　　（b）局部平面图

图5-39　万德庄大街火锅店优化方案的要素布局

表5-9　万德庄大街火锅店优化方案的表层空间要素构成

<table>
<tr><th>目标层</th><th>大类</th><th>中类</th><th colspan="2">小类</th></tr>
<tr><td rowspan="21">表层空间要素</td><td rowspan="5">界面要素</td><td>墙体</td><td colspan="2">非承重墙/玻璃幕墙</td></tr>
<tr><td>门窗</td><td colspan="2">玻璃门窗，2300mm × 1500mm耐候钢窗框，5000mm × 2200mm耐候钢窗框，2100mm × 2200mm耐候钢窗框</td></tr>
<tr><td>柱子</td><td colspan="2">400mm × 400mm构造柱/钢筋混凝土</td></tr>
<tr><td>楼板</td><td colspan="2">150mm厚/出挑/钢筋混凝土</td></tr>
<tr><td>梁</td><td colspan="2">250mm × 500mm/钢筋混凝土圈梁</td></tr>
<tr><td rowspan="7">内部空间要素</td><td rowspan="6">家具</td><td rowspan="3">表层空间内</td><td>无靠背钢质座椅8把</td></tr>
<tr><td>L形木质8人桌1张</td></tr>
<tr><td>取餐口台面板400mm × 400mm1个</td></tr>
<tr><td rowspan="3">表层空间外</td><td>靠背木质座椅14把</td></tr>
<tr><td>长方形木质四人桌7张</td></tr>
<tr><td>圆形木质八人桌1张
单人靠背木质座椅8把</td></tr>
<tr><td>楼梯</td><td colspan="2">无</td></tr>
<tr><td rowspan="8">外部空间要素</td><td>绿植</td><td colspan="2">常春藤、白鹤兰等若干盆栽植物组合（入口处）</td></tr>
<tr><td>柱子</td><td colspan="2">600mm × 400mm × 3500mm结构柱/钢筋混凝土</td></tr>
<tr><td>格栅</td><td colspan="2">无</td></tr>
<tr><td>隔墙</td><td colspan="2">180mm厚，3500mm高石膏板隔墙</td></tr>
<tr><td>招牌</td><td colspan="2">防火板，标有“小牛回家”中文名称及LOGO</td></tr>
<tr><td>橱窗</td><td colspan="2">玻璃橱窗，透明白玻，开敞度高，1000mm × 2970mm耐候钢窗框</td></tr>
<tr><td rowspan="2">绿植</td><td colspan="2">1m × 1m树池2个</td></tr>
<tr><td colspan="2">行道树2棵</td></tr>
</table>

④ 表层空间可见性分析。通过对万德庄火锅店实施方案的空间优化，形成更具吸引力的优化方案，最大限度地利用沿街空间改造建筑表层空间，对所优化方案及原建筑进行表层空间可见性分析及对比（图5-40 ～图5-42），分析结果如下。

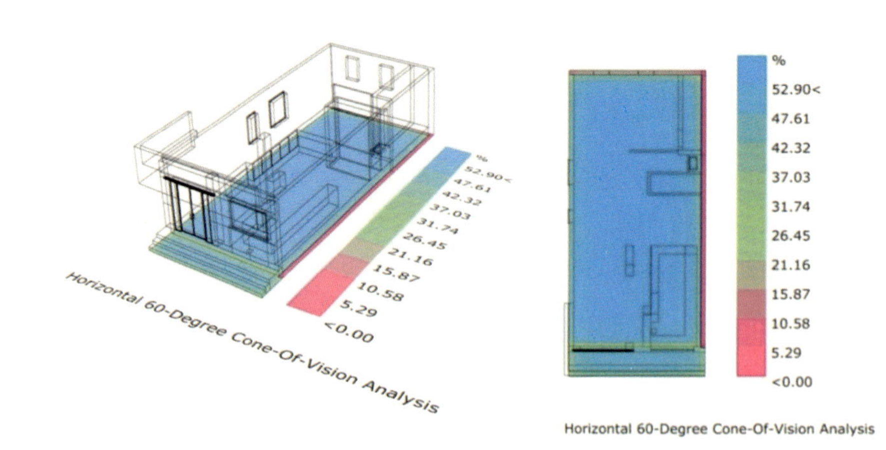

图5-40　万德庄大街火锅店初始方案可见性分析

由分析得出，改造后的两个方案建筑内部可见性都有所提高。初始方案可见性最高为52.9%，改造后，方案一的内部可见性最低为52.9%，在表层空间可见性达64.66%；方案二的建筑内部可见性最低为53.96%，表层空间可见性最高为85.17%，由此可证实表层空间的改造提高了室内可见性。

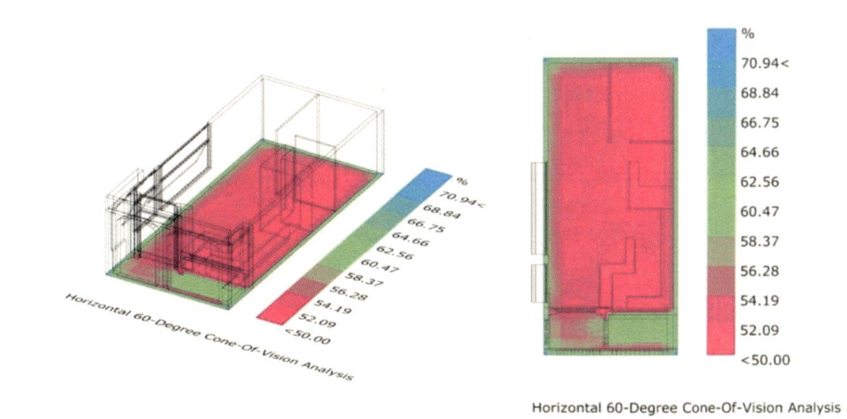

图5-41　万德庄大街火锅店实施方案可见性分析

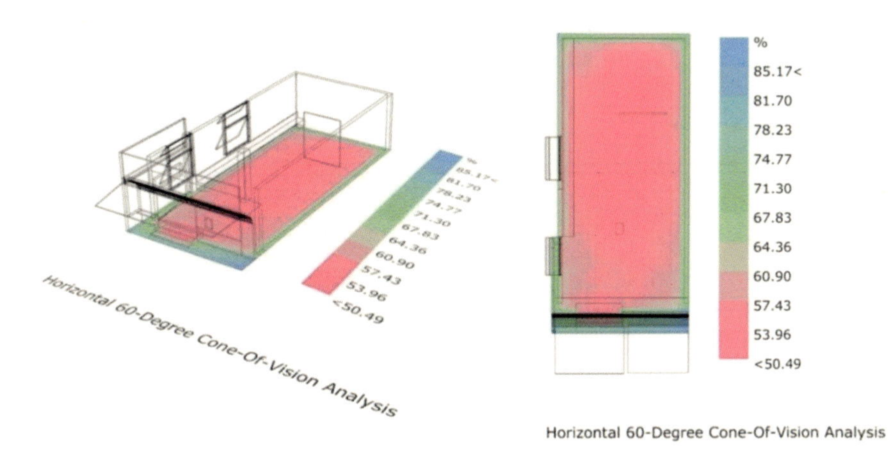

图5-42　万德庄大街火锅店优化方案可见性分析

（3）多方案比较

在原有方案的基础上，提出备选方案并进行对比。在分析的基础上对三个方案进行综合比较、评价，以选定最优方案。初始方案基于场地原有界面进行设计，实施方案是在初始方案的基础上扩大表层空间，由出挑雨篷与室外桌椅布置延伸表层空间；增加盲道与共享单车停放场地与景观空间等外部空间来增加室内外空间层次。优化方案不仅对建筑表层空间的内层进行拓展设计，而且对表层空间的外层空间环境及场地周围环境进行统一布局，为解决用餐高峰排队的问题，使用增设外部候餐空间等手段来使火锅店整体表层空间更具吸引力。贯通室内外视线，增设新功能空间可使火锅店的表层空间成为一个更具活力、更高舒适度的空间。最后，将其他方案的优点整合到最佳方案中，以符合人群使用需求。采用多方案比较的方法既可对要素的材料、形式、搭接方式和开启方式进行选择，又可以对要素组合进行研究（图5-43～图5-45）。

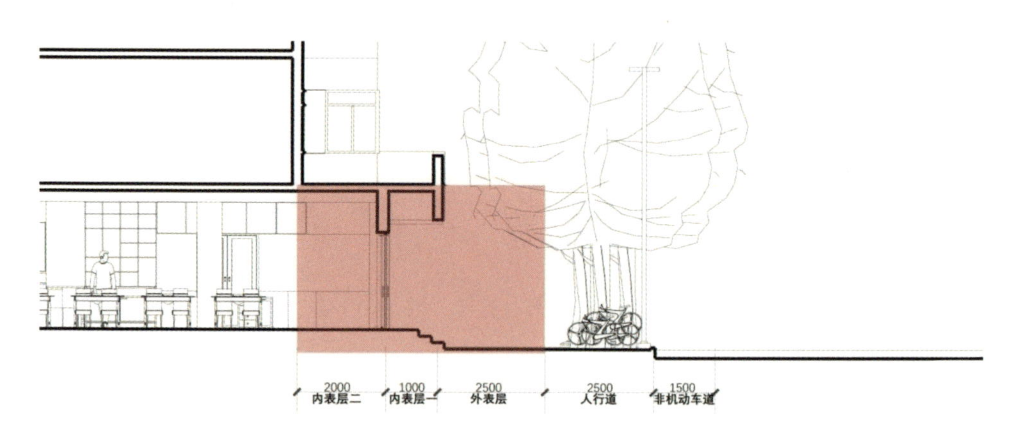

图5-43　万德庄大街火锅店初始方案剖面图

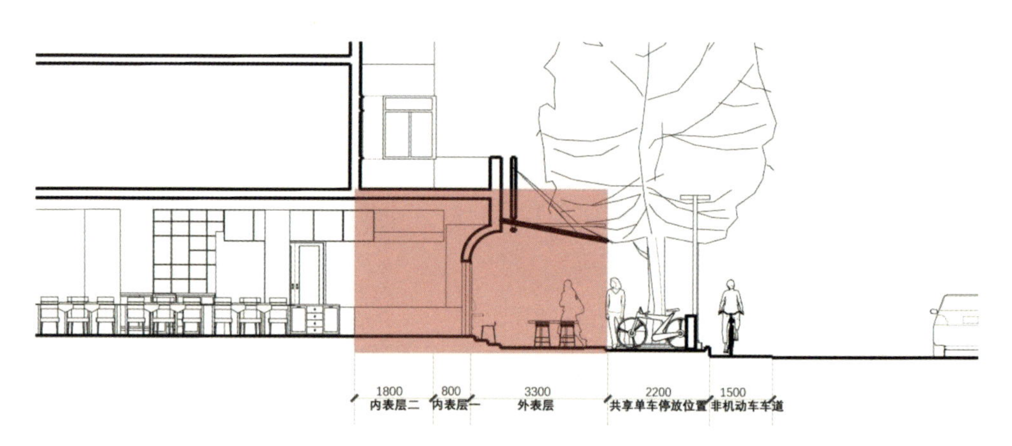

图5-44　万德庄大街火锅店实施方案剖面图

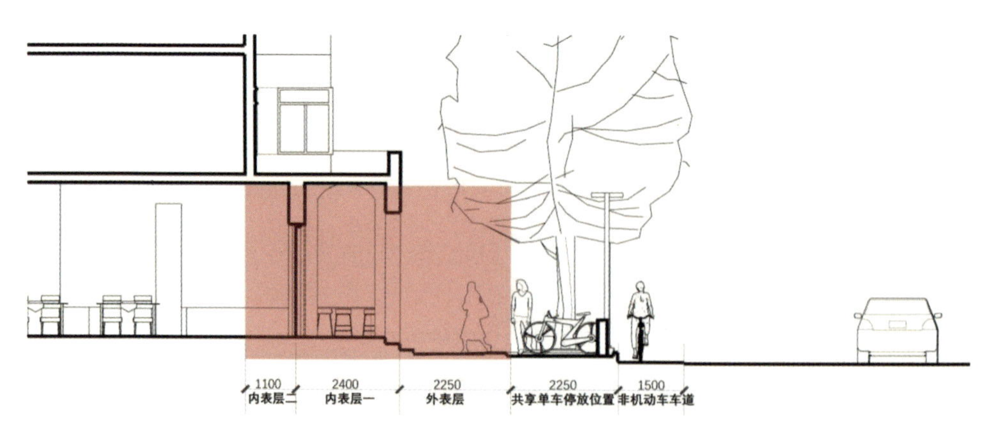

图5-45　万德庄大街火锅店优化方案剖面图

（4）综合评价

三个方案聚焦于外部表层空间与街道的关系以及其所承载的社区功能，通过不同的外部空间形式与功能预设，形成不同开放度的表层空间。初始方案保持建筑原始界面设计，在建筑内部的内表层空间设置家具；实施方案对外部表层空间进行功能拓展；优化方案是在满足建筑红线和道路红线的条件下，不仅扩展表层空间的内表层，而且对外表层也进行环境设计，提升建筑与街道空间的互动性，可在一天中的不同时段创造良好的居住情境。底层商业界面面向街道打开，形成对街道最为有效的监视，提高街道安全性。在非就餐时间，外部表层空间以通行功能为主；在就餐高峰期可提供一定的室外就餐空间，特别是在晚上通行需求量少的时间段，通过灯光、室外休闲设施以及可转动的顶棚布置，为社区居民提供极具市井烟火氛围的特色聚集空间。

5.3.3 商业型表层空间优化设计案例——“爱依服”服装店

5.3.3.1 目标设定

商业型表层空间通过界面以及与街道的互动发掘最大的商业价值和文化特质，以提升视觉吸引力、创造特色商业外部环境为目标。“爱依服”服装店是典型的商业街店铺，该改造项目采用表层空间优化设计的方法，现状设施齐全，但步行街高宽比小，缺少宜人尺度的活动空间。同时，临街商铺经过统一规划设计，风格相似，缺少特色节点空间。改造后将该店铺及其表层空间作为步行街的重要节点，创造出多功能富有特色的外部空间和界面，使人产生亲切、舒适、有趣的空间感受（图5-46）。

5.3.3.2 方案推进

（1）研究分析阶段

分析问题：该改造项目位于天津市和平区滨江道商业步行街上，是天津市最

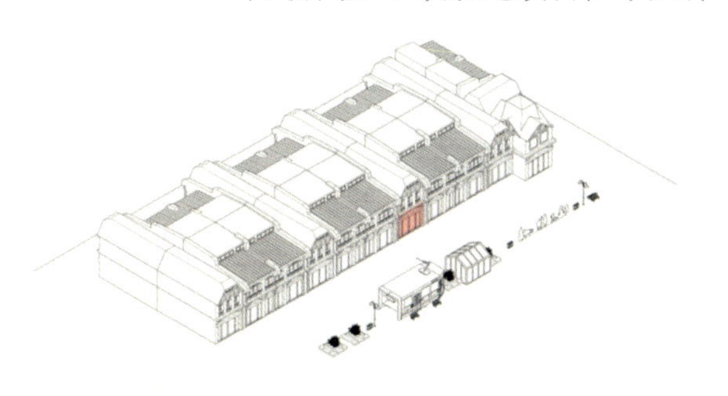

（a）改造前

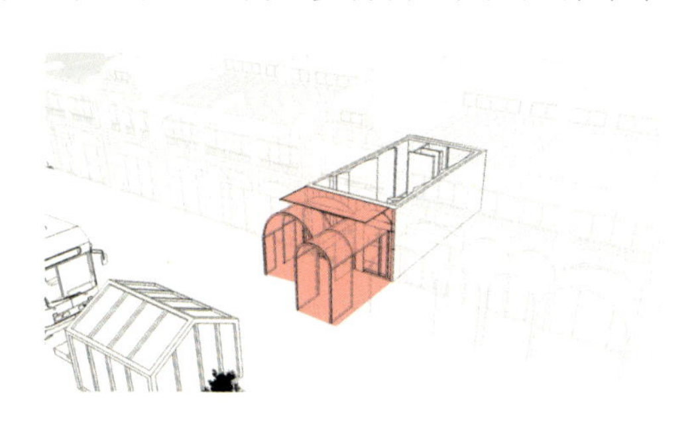

（b）改造后

图5-46 “爱依服”服装店表层空间示意图

繁华的商业街之一，周边是集休闲、娱乐、美食、购物于一体化的综合型商业中心，人群行为以购物消费为主（图5-47）。现状建筑表层空间形式功能单一，缺乏商业吸引力。本次设计以丰富表层空间功能、创造人性化尺度的建筑外部空间为入手点，一方面打破现有线型街道的单调乏味，另一方面借助外部表层空间对街道的作用，采用具有灵活性的模块化装置重新划分街道空间，以提升商业价值和宣传力度，创造出极具趣味性的个性化商业空间。

图5-47 “爱依服”服装店

基于上述问题及目标，提出建筑表层空间改造的三个解决方案。从人的使用方式、行为及视觉体验角度探讨“边界层空间”的界面及要素构成，探讨近建筑尺度的外部空间及内部空间的双重关系，以提升商业街区的城市价值，增加商业步行街体系的趣味性。

（2）形式生成阶段

从场地布局、表层界面、要素布局、表层空间可见性分析四个层面推进方案。对表层空间的人群行为活动进行构思和设计，形成有主题性和趣味性的外界面形象。

① 场地布局。该服装店位于天津市和平区滨江道步行街的中段，店铺周边业态以零售商业、综合型商场为主（图5-48）。店铺位于一座三层高建筑的首层，对面为天宝楼，两栋建筑中间为宽约25m的步行街，沿步行街中线分布路灯、木质座椅、垃圾箱、树池、零售商店等。

② 表层界面。对表层界面的三个设计方案进行比较，具体如下。

方案一为初始方案，建筑表层空间单调，建筑表皮充当表层空间。将实墙开洞并安装落地式玻璃门窗作为建筑的表层界面，虽然没有过渡空间，但在临街界面安装透明玻璃门窗，能在一定程度上起到商品展示、视线引导的作用（图5-49）。

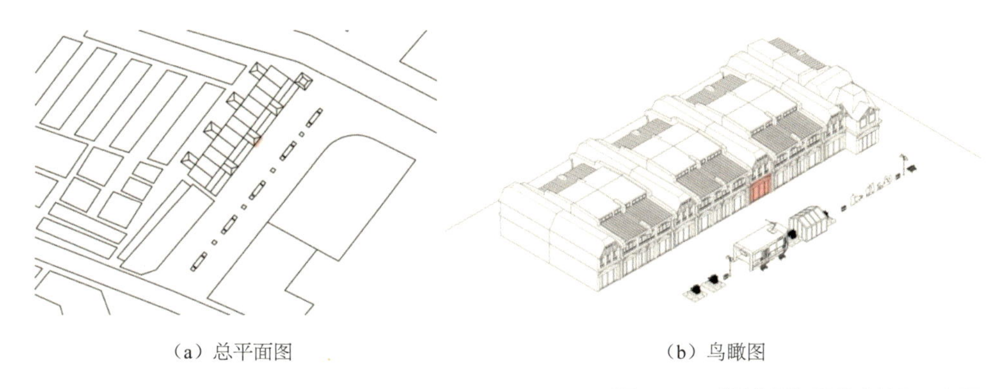

（a）总平面图　　（b）鸟瞰图

图5-48　“爱依服”服装店位置示意图

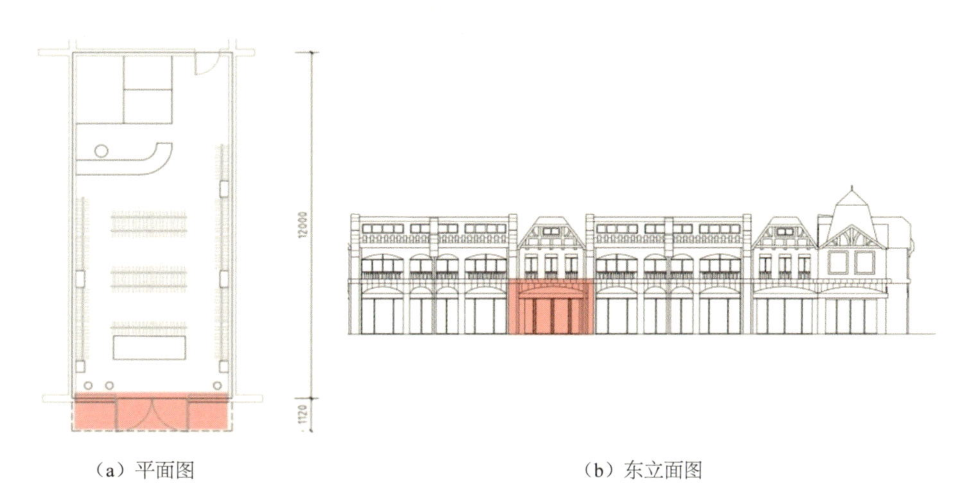

（a）平面图　　（b）东立面图

图5-49　“爱依服”服装店初始方案的表层界面

方案二为改造后的实施方案，将入口空间做凹入处理，结构与表皮之间形成空间层，增加表层空间面积，打破统一规划的商业街表层界面的单一性，提升商业竞争力和吸引力。将表层界面做立体化处理，丰富立面造型，增强商业活力。增加展示区、橱窗边角弧度化处理扩展了视域范围，橱窗开口的处理强调了服装展示的重点区域（图5-50）。

方案三是在前两个方案的基础上继续进行优化设计得到的优化方案。延续表层空间的改造思路，将建筑外界面继续向外扩3500～5300mm。更注重建筑外部空间环境的营造，在外部表层空间设置灵活装置，并在侧界面适当打断，形成雨篷的同时增强室内外人群的流动性（图5-51）。

③ 要素布局。根据“爱依服”服装店的初始方案、实施方案、优化方案三个方案的平面布局，结合各自的表层空间特点进行要素配置，并按照界面要素、内部空间要素、外部空间要素对要素进行归类（图5-52～图5-54，表5-10～表5-12）。

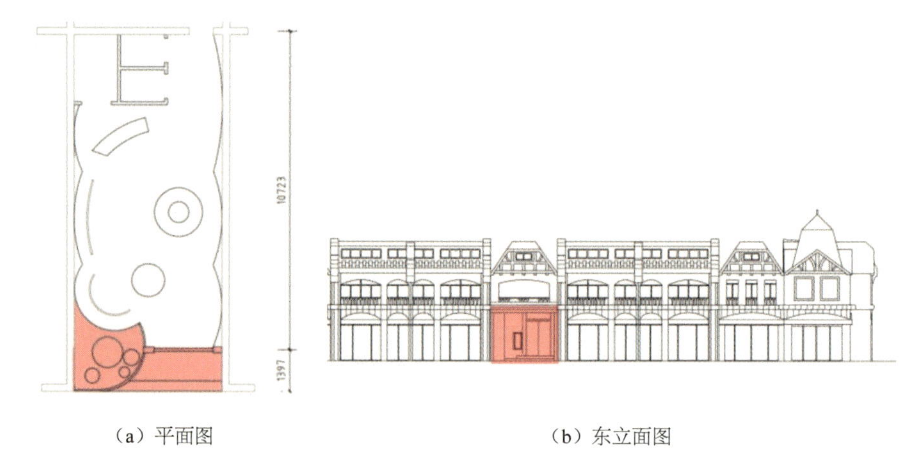

（a）平面图　　（b）东立面图

图5-50　“爱依服”服装店实施方案的表层界面

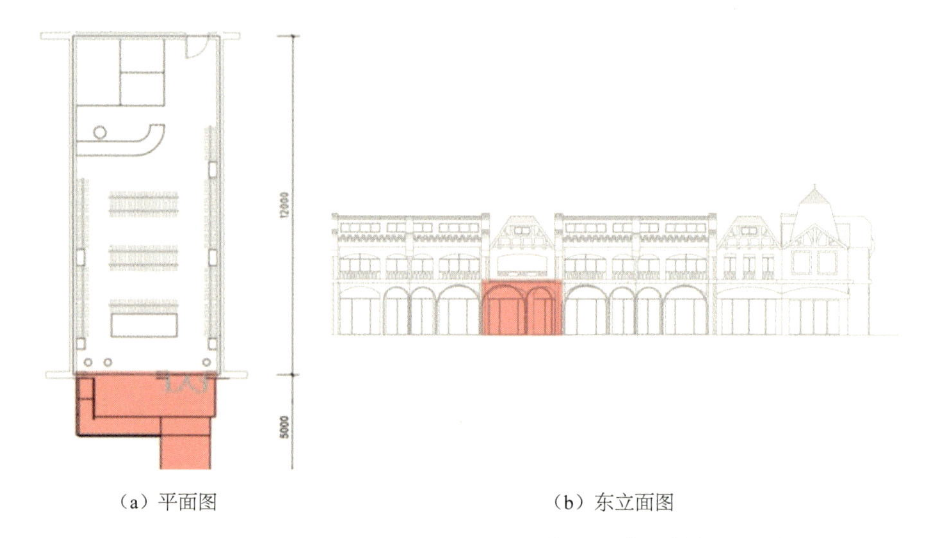

（a）平面图　　（b）东立面图

图5-51　“爱依服”服装店优化方案的表层界面

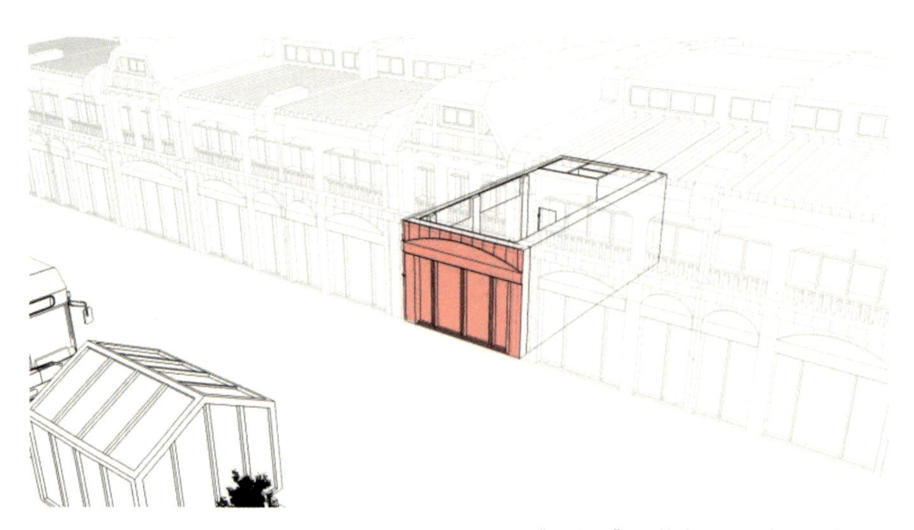

图5-52　“爱依服”服装店初始方案的要素布局

表5-10 “爱依服”服装店初始方案的表层空间要素布局

目标层	大类	中类	小类	
表层空间要素	界面要素	墙体	非承重墙，玻璃幕墙	
		门窗	玻璃门窗，4520mm×2930mm耐候钢窗框	
		柱子	240mm×180mm构造柱，钢筋混凝土	
		楼板	150mm厚，出挑，钢筋混凝土	
		梁	250mm×600mm，钢筋混凝土	
	内部空间要素	家具	靠窗布置	可移动式售衣架4个
				500mm×2100mm长条形木质售鞋架2个
			不靠窗布置	长条形售衣架16个
				木质工作台1个
			木质摆物架	
		楼梯	无	
		绿植	无	
		柱子	330mm×330mm×3500mm结构柱，钢筋混凝土	
		格栅	木质格栅屋顶，半开敞	
		隔墙	330mm厚、3600mm高石膏板隔墙	
	外部空间要素	招牌	防火板，标有“爱依服”中英文名称及LOGO	
		橱窗	玻璃橱窗，透明白玻，开敞度高，3340mm×2930mm耐候钢窗框	
		绿植	2m×2m树池4个	
		楼梯	无	
		街具	木制条形座椅6个	
			垃圾箱2个	
			树池4个	
			路灯2个	

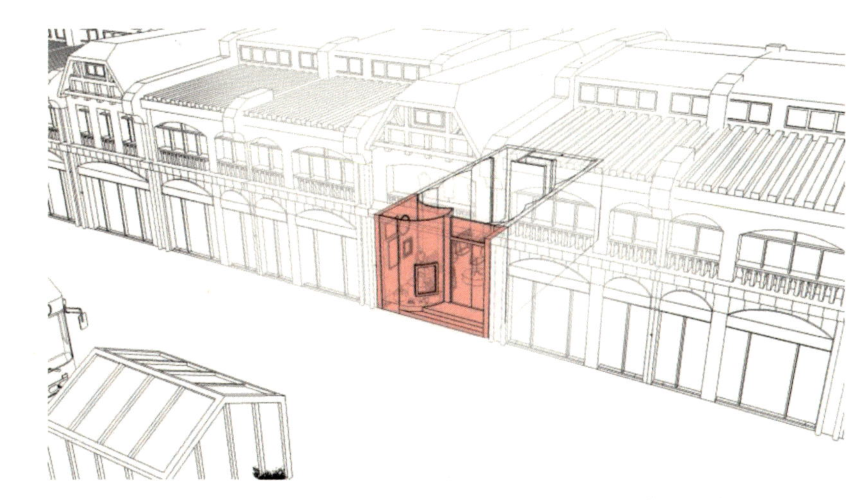

图5-53 “爱依服”服装店实施方案的要素布局

表5-11 “爱依服”服装店实施方案的表层空间要素布局

<table>
<tr><th>目标层</th><th>大类</th><th>中类</th><th colspan="2">小类</th></tr>
<tr><td rowspan="21">表层空间要素</td><td rowspan="5">界面要素</td><td>墙体</td><td colspan="2">非承重墙，玻璃幕墙</td></tr>
<tr><td>门窗</td><td colspan="2">玻璃门窗，4520mm × 2930mm耐候钢窗框</td></tr>
<tr><td>柱子</td><td colspan="2">240mm × 180mm构造柱，钢筋混凝土</td></tr>
<tr><td>楼板</td><td colspan="2">150mm厚，出挑，钢筋混凝土</td></tr>
<tr><td>梁</td><td colspan="2">250mm × 600mm，钢筋混凝土</td></tr>
<tr><td rowspan="8">内部空间要素</td><td rowspan="3">家具</td><td>靠窗布置</td><td>可移动式售衣架2个</td></tr>
<tr><td>不靠窗布置</td><td>长条形售衣架6个</td></tr>
<tr><td colspan="2">木质摆物架</td></tr>
<tr><td>楼梯</td><td colspan="2">无</td></tr>
<tr><td>绿植</td><td colspan="2">无</td></tr>
<tr><td>柱子</td><td colspan="2">330mm × 330mm × 3500mm结构柱，钢筋混凝土</td></tr>
<tr><td>格栅</td><td colspan="2">木质格栅屋顶，半开敞</td></tr>
<tr><td>隔墙</td><td colspan="2">330mm厚，3600mm高石膏板隔墙</td></tr>
<tr><td rowspan="8">外部空间要素</td><td>招牌</td><td colspan="2">防火板，标有“爱依服”中英文名称及LOGO</td></tr>
<tr><td>橱窗</td><td colspan="2">玻璃橱窗，透明白玻，开敞度高，3340mm × 2930mm耐候钢窗框</td></tr>
<tr><td>绿植</td><td colspan="2">2m × 2m树池4个</td></tr>
<tr><td>楼梯</td><td colspan="2">无</td></tr>
<tr><td rowspan="4">街具</td><td colspan="2">木质条形座椅6个</td></tr>
<tr><td colspan="2">垃圾箱2个</td></tr>
<tr><td colspan="2">树池4个</td></tr>
<tr><td colspan="2">路灯2个</td></tr>
</table>

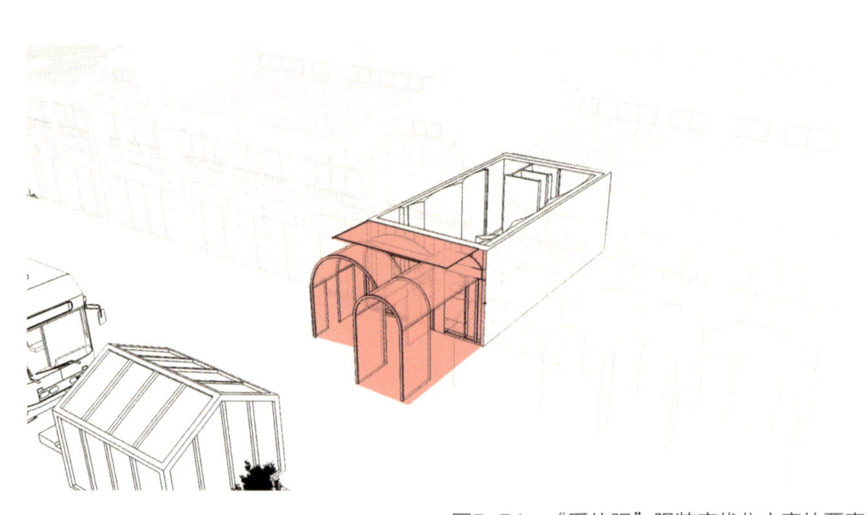

图5-54 “爱依服”服装店优化方案的要素布局

表5-12 “爱依服”服装店优化方案的表层空间要素构成

<table>
<tr><th>目标层</th><th>大类</th><th>中类</th><th colspan="2">小类</th></tr>
<tr><td rowspan="22">表层空间要素</td><td rowspan="5">界面要素</td><td>墙体</td><td colspan="2">非承重墙，玻璃幕墙</td></tr>
<tr><td>门窗</td><td colspan="2">玻璃门窗，4520mm×2930mm耐候钢窗框</td></tr>
<tr><td>柱子</td><td colspan="2">240mm×180mm构造柱，钢筋混凝土</td></tr>
<tr><td>楼板</td><td colspan="2">150mm厚，出挑，钢筋混凝土</td></tr>
<tr><td>梁</td><td colspan="2">250mm×600mm，钢筋混凝土</td></tr>
<tr><td rowspan="8">内部空间要素</td><td rowspan="3">家具</td><td>靠窗布置</td><td>可移动式售衣架2个</td></tr>
<tr><td>不靠窗布置</td><td>长条形售衣架6个</td></tr>
<tr><td colspan="2">木质摆物架</td></tr>
<tr><td>楼梯</td><td colspan="2">无</td></tr>
<tr><td>绿植</td><td colspan="2">无</td></tr>
<tr><td>柱子</td><td colspan="2">330mm×330mm×3500mm结构柱，钢筋混凝土</td></tr>
<tr><td>格栅</td><td colspan="2">木质格栅屋顶，半开敞</td></tr>
<tr><td>隔墙</td><td colspan="2">330mm厚、3600mm高石膏板隔墙</td></tr>
<tr><td rowspan="9">外部空间要素</td><td>招牌</td><td colspan="2">防火板，标有“爱依服”中英文名称及LOGO</td></tr>
<tr><td>橱窗</td><td colspan="2">玻璃橱窗，透明白玻，开敞度高，3340mm×2930mm耐候钢窗框</td></tr>
<tr><td>装置</td><td colspan="2">拱券形装置7个</td></tr>
<tr><td>绿植</td><td colspan="2">2m×2m树池4个</td></tr>
<tr><td>楼梯</td><td colspan="2">无</td></tr>
<tr><td rowspan="4">街具</td><td colspan="2">木质条形座椅6个</td></tr>
<tr><td colspan="2">垃圾箱2个</td></tr>
<tr><td colspan="2">树池4个</td></tr>
<tr><td colspan="2">路灯2个</td></tr>
</table>

④ 表层空间可见性分析。通过对“爱依服”服装店实施方案的空间优化，形成更具吸引力的优化方案，最大限度地利用沿街空间改造建筑表层空间，对优化方案及原建筑进行表层空间可见性分析及对比，分析结果如下（图5-55～图5-57）。

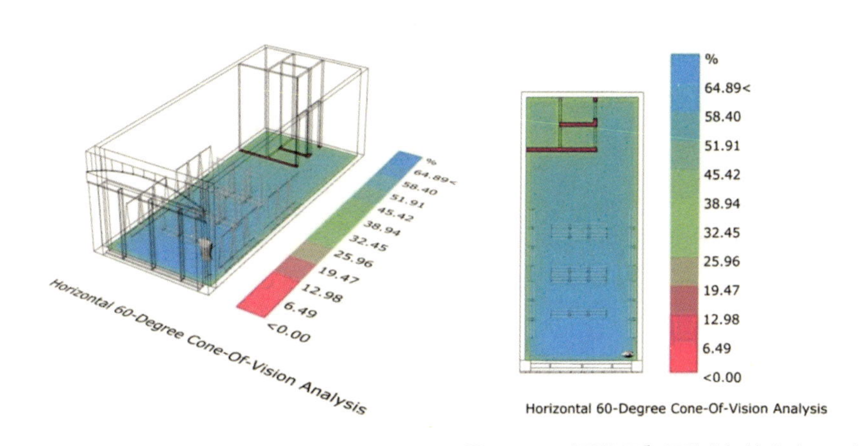

图5-55 “爱依服”服装店初始方案可见性分析

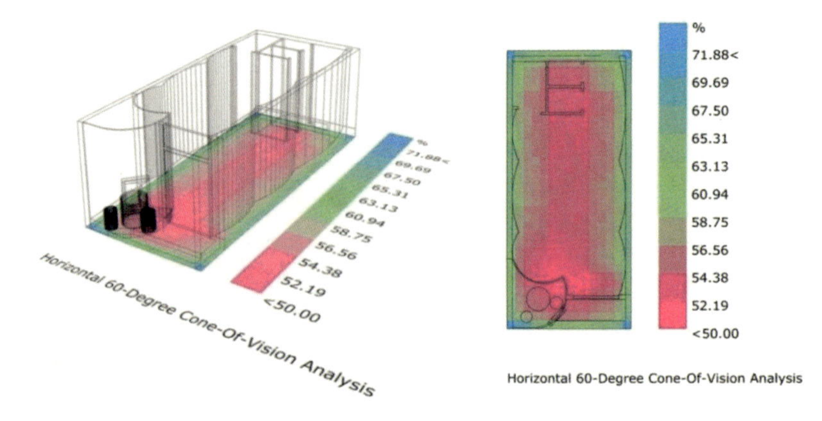

图5-56 “爱依服”服装店改造方案可见性分析

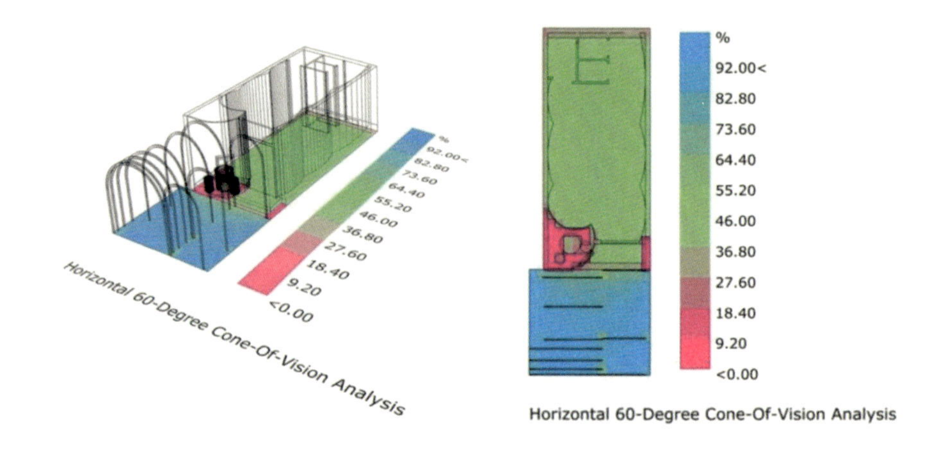

图5-57 “爱依服”服装店优化方案可见性分析

由以上分析得出，改造后的两个方案建筑内部可见性均有所提高。服装店初始方案可见性最高为64.89%，改造后，初始方案的内部可见性最低为52.19%，最高可见性达71.88%；方案二的建筑表层空间可见性最高为92%，由此可证实表层空间的改造提高了室内可见性。

（3）多方案比较

对原有方案进行对比并进行优化设计。在分析的基础上对三个方案进行综合比较、评价，以选定最优方案。初始方案基于场地原有界面进行设计，实施方案是在方案一的基础上对表层空间进行内凹处理并且提升商品可视性。优化方案不仅对建筑的内表层空间进行设计，而且还拓展到外表层空间，打破统一规划的商业街表层界面的单一性，使商业店铺整体表层空间更具有活力和竞争力。在保证人行流线畅通的前提下，在外表层空间设置造型优美、材质通透的雨篷，可增加表层空间美观度，连通内外表层空间，使商铺空间更具有吸引力。最后，将其他方案的优点整合到最佳方案中，以符合人的使用要求。采用多方案比较的方法既可对要素的材料、形式、搭接方式和开启方式进行选择，又可以对要素组合进行研究（图5-58～图5-60）。

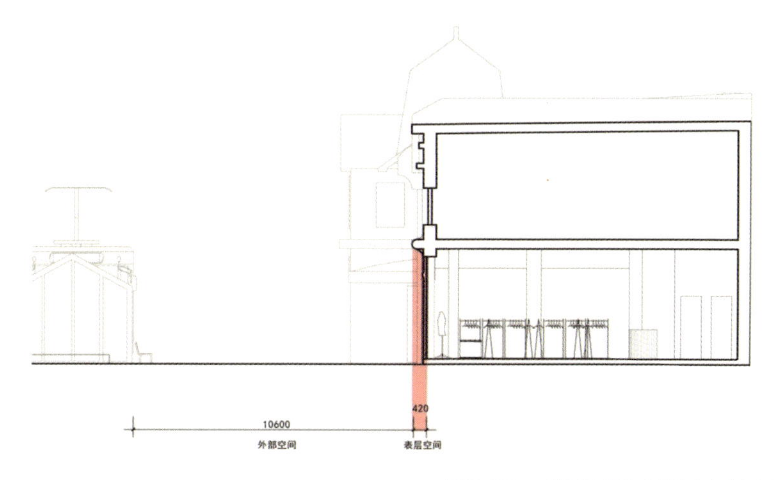

图5-58　“爱依服”服装店初始方案剖面图

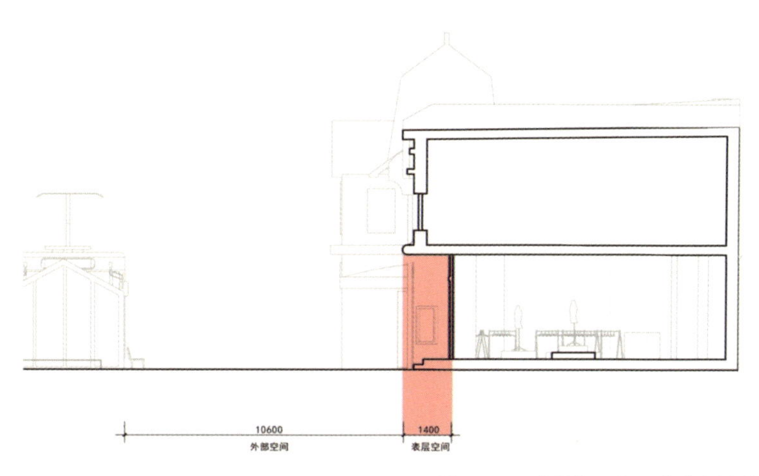

图5-59　“爱依服”服装店实施方案剖面图

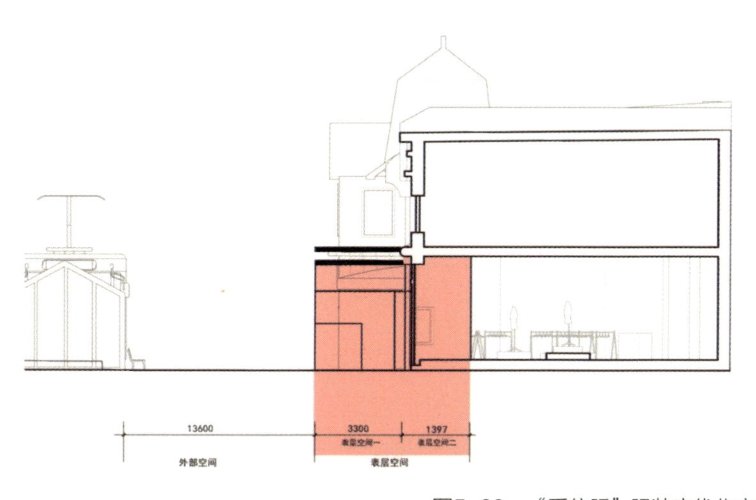

图5-60　“爱依服”服装店优化方案剖面图

通过对滨江道商业步行街节点的表层空间优化设计，形成了一个更具有竞争力和活力的方案。表层空间改造使商业街的内表层空间更具有视线可达性，使用者可在行进时观察商铺内部陈设及环境，增加了临街商铺的商品展示机会，对提升商铺经济效益具有促进作用。此外，在外表层空间增设灵活通透的雨篷能增加沿街空间的趣味性和吸引力，进一步扩大店铺客流吸引力，激发外表层空间活力，创造经济价值。

（4）综合评价

三个方案通过对建筑表层界面的处理，形成了不同尺度的表层空间，带给人们不同的心理体验。初始方案保持建筑原始界面设计，临街商铺表层界面以透明的落地门窗作为主要构成要素，能够保证一定的商品展示功能；实施方案打破原有建筑表层空间的单一性，在建筑入口处设立凹形空间，增强入口空间的可识别性，同时采用大面积的玻璃橱窗营造视线可达性更强的商品展示空间，提升吸引力；优化方案在满足各项建筑指标和用地指标的情况下，在方案二表层空间改造的基础上，对外表层空间增设透明材质的可移动装置，形成内外双重空间。增强了建筑表层空间的内外联动性，增加来访人群的停留时间，从而促进店铺的经济效益。

5.4 本章小结

本章延续前文对建筑表层空间设计方法的叙述，对建筑表层空间由表及里的设计流程和原则进行分析，基于对现代主义建筑“从功能出发由内而外进行设计”的思考，针对当前临街商铺表层空间的现状，对边界空间分别采取分隔、激发、孤立、增加媒介等措施，提出底层界面设置与协调、空间类型选择与重组、使用效率评价与提升、空间氛围营造与调控的表层空间优化设计原则。以视域分析的方法对表层空间的开敞度进行优化设计。研究中以分析建筑表层空间构成要素对人群驻足行为的影响为重点，选取生活型表层空间和商业型表层空间作为研究样本，分别从目标设定、方案推进、信息反馈三方面对建筑表层空间优化方法进行阐述。其中，“方案推进”为本章的核心内容，主要按照场地布局、表层界面、内外要素、人群模拟四个步骤对所选建筑表层空间的初始方案、实施方案和优化方案进行比较分析，探索建筑表层空间优化设计的新方法。

表层空间优化的城市更新与改造，强调表层空间优化“方法”，本章对建筑表层空间优化方法、原则和流程进行阐述。基于表层空间的属性特征（第2章提及）对其进行了分类，分别从界面、空间、活动、体验等角度对表层空间的设计原则和优化原则进行限定。表层空间的设计流程始于分析和评价，其内容包括要素分类、视觉分析、使用偏好评价。由分类可以推导出表层空间类型，基于不同类型设定不同设计流程。设计流程包括三大步骤：要素信息集成、空间拓扑关系、人群行为分析，通过对要素系统、界面系统、内部空间、外部空间、位置信息、活动类型的分析，最后整合成量化分析。

“表层空间设计方案推进”为本章的核心内容，研究中分别选取“天津大学海棠书院”和“万德庄大街火锅店”为生活型表层空间设计研究样本，以“‘爱依服’服装店”为商业型表层空间设计研究样本，按照形式生成阶段、行为空间匹配阶段和综合阶段的顺序阐述建筑表层空间构成要素对人群驻足行为的影响。在海棠书院表层空间设计中，方案一基于场地原有界面进行设计，方案二和方案三是在原方案的基础上分别对建筑表层空间的内、外两层空间进行优化设计，试图实现室内外贯通，并且对外表层空间环境及场地进行统一布局，使海棠书院整体表层空间更具吸引力。万德庄大街火锅店设计借助出挑雨篷和室外桌椅等空间要素使表层空间向外延伸，并且通过增设盲道、增设共享单车停放场地、配置植物景观等手段增加外部空间的层次。商业型表层空间研究中的滨江道“爱依服”服装店表层空间设计主要包括两方面：一方面是在原始方案的基础上对入口空间进行内凹处理，提高店铺入口的可识别性，同时采用新的内凹界面营造商品展示空间，增加可视性；另一方面，在方案三中通过在外表层空间增设造型优美、材质通透的雨篷，连通内外表层空间，增强整体美观度，提升店铺吸引力。

第6章

总结与展望

如今全球一体化的趋势越来越明显，不仅表现在经济、科技，还表现在城市建设、文化传播等各个方面。现在的商业店面多被国际化的品牌Logo所占据，同质化严重，所以在步行街临街店铺的打造上更应凸显当地的文化特色。与商业步行街相比，选择逛商业综合体的人群更注重购物的综合服务性和方便高效的体验。本书主要探讨的建筑表层空间，是与街道相邻，连接室内外的空间层。然而，表层空间不仅指建筑与街道之间形成的这一层室内外空间，在建筑与建筑之间（内街）、建筑空间内部（大空间中的小空间，如大型购物中心的内街）同样也存在表层空间，因此表层空间的研究也有很多扩展的可能。研究过程发现，类似“心脏”的核心空间在疫情防控影响下客流量大幅减少；类似“皮肤”的表层空间在吸引客流，在提升商业吸引力方面作用明显。

6.1 总结

笔者在建筑表层空间认知、要素提取、感知三个主要层面开展研究，均得到了明确结论。主要结论和研究成果包括以下内容：建筑表层空间确实存在，由“界面”向“空间”转变的趋势明显；当今城市商业空间设计由物质空间布局向人群体验视角转变，临街商业建筑表层空间的吸引力大于其内部空间；室内、室外双视角下的人群驻留行为是表层空间设计的落脚点；表层空间的设计方法与一般建筑设计方法存在较大差异，遵循由表及里的设计流程。

本书从东西方建筑边界观比较入手，分析建筑边界的文化差异，并梳理表层空间的发展和演化脉络，提出由于现代主义建筑的出现，对表层空间的关注开始从实体向空间进行转化。将表层空间的物理空间与人群行为进行类比，对建筑表层空间进行深入研究。以建筑学视角对表层空间类型及现状进行系统性调研与分析，对表层空间要素与人群行为匹配进行深入挖掘，对表层空间的实践案例进行梳理，提出针对性的品质提升策略。通过对建筑表层空间的整体研究，总结出如下几点结论。

（1）由界面到边界层

将研究视野聚焦到城市“表层”的“薄”空间。基于边界层理论模型，界定与解析建筑边界的概念，强调建筑边界非线、非面，而是空间体。对建筑表层空间的研究基于对建筑边界的综述，提出建筑边界是建筑与城市空间的边界，是连接室内与室外空间的空间要素、实体要素和人群行为的复合体。通过对其属性及特征的分析，建立建筑边界的三种原型：涂黑空间、层透空间与廊空间。针对三种类型的表层空间选取经典案例进行分析，为系统性思维解析及设计方法的构建提供依据。商业吸引力多体现于临街建筑的表层空间。在大量实地调研案例的基础上，按照街道属性对商业建筑进行分类，将商业建筑分为商业型、生活型和旅游型三大类17小类。对表层空间界面、构成要素及人群行为类型具体分析，根据空间操作方式、空间功能属性、空间界面透明度对建筑表层空间进行交叉分类。

（2）由物质空间到人群体验视角

近年来，对表层空间的探讨从对表皮及双层表皮形式操作的关注，到建筑边界的空间性及使用效率，再到从空间的物理属性和社会属性两个层面重新思考表面的文化性。国外更早关注建筑边界处人的体验，认为边界是重要的人群活动场所。中国传统建筑空间对边界的阐述多从体验出发，如古典园林、传统建筑的院落空间及要素。不难发现，建筑边界将发展为模糊、能互动、具有复合功能的“空间”，从某种意义上讲建筑边界理论的发展是对中国传统空间认知的一种回归。其中，建筑表层空间引发了街道中多种类型的活动和多样体验，满足多种功能需求。本书进行建筑表层空间“空间性”层面的探讨，关注建筑界面构成要素体系影响人群视觉感知和行为活动的机会——对“人”的关注为表层空间研究带来了新的可能性——进而探讨近建筑尺度“人-建筑-环境”一体化的问题。

（3）室内、室外双视角下的人群驻留行为

本书同时分析建筑表层对建筑内层空间与外部街道空间使用者的影响，并对不同业态的商铺和不同类型人群的影响差异进行对比。对建筑表层空间要素的视觉感知与人群行为及空间分布之间的相关性进行研究。用grasshoper（GH）技术进行可视域分析。将空间句法和GH技术与问卷调查和行为注记相结合，探究表层空间视觉要素与使用者主观视觉感知之间的关系。由调查研究可知，商业型的受访人群以休闲娱乐和商业购物为主，人群更关注表层空间的美观性和实用性。而生活型的受访人群以就餐和朋友聚会为主，更关注店铺主题是否鲜明。临街商铺表层空间的开敞度与步行街舒适性呈正相关，表层空间底层界面的协调性与整体满意度呈正相关。在室外，人群更喜欢在透明门窗旁、开敞门窗旁及主入口附近停留。在室内，表层空间的使用频率更高，近半数的受访者倾向选择靠窗区域就座，而且多为中短期停留行为。临街商铺表层空间是视野范围好和景观环境好的区域，让人感觉更舒适，使人愿意停留。

通过对两组样本评价者的社会属性进行分析发现，商业型（滨江道）与生活型（万德庄）商业空间的使用人群的出行目的存在差异。商业型以休闲娱乐和商业购物为主，其使用人群更关注美观性和实用性。生活型以就餐和朋友聚会为主，其使用人群更关注店铺是否主题鲜明。生活型商业空间的通勤人数较多。生活型人群出行目的与性别无关，与年龄、职业、受教育程度和同行人数的关系均非常显著。虽然两条街道分属不同类型的临街商铺表层空间，使用人群的出行目的也不相同，但评价曲线的趋势拟合度较高，证明二者在空间感知上存在相似性，具有同样的印象偏好。用主成分分析法提取滨江道3个主成分因子：繁华因子、环境因子和开敞度因子；提取万德庄5个主成分因子：开敞度因子、丰富度因子、环境因子、趣味因子和繁华因子。分别与表层空间底层界面的协调性、舒适性、侧界面的透明性进行相关性分析，得出开敞度因子与协调性、舒适性、透明性的满意度均呈正相关。底层界面协调性、人行道舒适性、底层商业店面透明性与整体满意度呈正相关。开敞度因子与舒适性和透明性的相关性较高。根据问卷调查分析可知，商业型和生活型商业空间的使用人群的出行目的不同，二者表层空间的一般吸引要素也存在差异。但主要吸引要素基本相同：停留偏好均为透明门窗旁和开敞门窗旁。通过现场观测的行为注记显示：人群多在透明门窗旁、开敞门窗旁及主入口附近停留。用实测数据与问卷调查数据对比，发现结论基本一致。停留偏好与性别、年龄、职业、受教育程度和同行人数均无显著性差异。通过视域分析，证明表层空间是视野好的区域，商业型商业空间的表层空间视野要明显优于生活型商业空间。

表层空间是视野范围好和景观环境好的区域。来访者总体舒适度与视觉环境、视野范围、景观效果、光线效果的相关性均非常显著。所以，视野范围好、景观效果好的地方人感觉更舒适，更吸引人在此停留。性别对总体舒适度、视觉环境、视野范围、景观、光线效果等方面的影响不显著。表层空间既能提供使用者在宜人尺度的小空间内停留的安全感，又能满足观看街景的需求，更能产生空间的围合感，使人愿意停留。

（4）由表及里与由内而外结合的设计流程

传统建筑学以明确的功能分区为基础，对建筑平面及内部空间由内而外地进行设计。现代主义建筑倡导立面反映功能，立面成为设计的最后一道工序。而当今城市及建筑的发展强调复合功能空间，弱化、模糊空间边界。从外部空间视角研究视觉环境吸引要素机制，可以将视域分析运用到城市外部空间环境、临街商铺表层空间和单元空间的优化设计中，进行三维展示或实时变化修改，通过局部设计，可以引导使用者在此处驻足休憩、观景，形成内外空间互动。设计流程始于分析和评价，其内容包括：要素分类、视觉分析、使用偏好评价。由分类可以推导出表层空间类型，基于不同的类型设定不同的设计流程。设计流程包括三大步骤：要素信息集成、空间拓扑关系、人群行为分析。分析要素系统、界面系统、内部空间、外部空间、位置信息、活动类型，最后整合成量化分析。

基于分析和评价结果对表层空间优化设计进行决策。在思考建筑表层空间优化的同时，既要考虑建筑表里的关系，也应顾及与周边环境的各种因素的协调。

采取内外双向有机结合的方式实现动态平衡。目前，城市发展正进入“存量时代”，许多房企开始进入城市空间更新领域。让内部与外部空间互相渗透，能够为城市创造充满活力的活动场域。

（5）局限性

本研究课题尚存在如下局限性。

① 本书提出以人的体验研究表层空间的新视角，但人的感官体验包括视觉、味觉、嗅觉、听觉、触觉等，本书主要从人的视觉体验角度探究表层空间视觉吸引要素与使用者主观视觉感知之间的关系，用视域分析方法对表层空间的可视域范围进行可视化研究，并结合问卷调查和行为注记，从室内和室外两个角度研究人的驻留行为。本书对人的其他感官体验没有展开互动式或综合性研究。

② 由于本书的研究主要基于文献综述和大量实地调研案例，对天津49处商业场所进行预调研，并重点调研天津市多条典型商业街：滨江道商业街、万德庄大街、鼓楼、古文化街、意风街区、五大道和西南角大街，在样本数量上稍显不足。希望在今后研究中，在可能条件下尽量增大研究样本数量，使研究结果更全面、更准确。

6.2 展望

今天的城市进入到这样一种状态：边界越来越模糊，生活的场景发生在城市的各个角落。“乐活”是城市充满活力和幸福感的必要条件和考核指标，更切合当代中国的需求。社会的未来正在变化：家庭作为社会的最基本单元，平均规模变小；人口结构也发生着改变，儿童越来越少，老人不断增加。未来许多工作已经无须考虑社会性和创造性的因素，由于技术的发展，工作场所发生改变，工作负担和工作时间相应减少。这样，人们有了更多的闲暇时间。所以，以汽车交通为主的钟摆式交通模型将被以生活圈为中心的步行系统所取代，综合性、消遣性的城市生活将逐渐呈现。生活圈中的步行街无论在范围、创造性还是趣味性方面都在不断发展。建筑表层空间的吸引力要素将直接影响人们的整体满意度，人与建筑共生的趋势越来越明显。借助技术的力量，建筑的骨骼、神经乃至血肉都在与人们的工作和生活融为一体。人们在探索建筑边界的过程中赋予建筑和人一样的生命力。设计与技术为建筑乃至城市提供了无限多的可能，而更多的商业机会和模式也在其中应运而生。

本书只对临街商铺表层空间进行研究，没有对商业综合体的室内表层空间展开研究。如果把与城市街道相邻的这部分商业步行街称为外街，把室内游览路径的这部分称作内街，那么内街与外街类似，同样也存在表层空间，室内与人群游览路径相结合的这部分也是表层商铺空间。可以从外部空间视角研究边界空间的表层，亦可从室内视角研究大空间中的小空间表层。外街的表层空间视觉吸引要素在一定程度上也适用于内街的表层空间。事实上如今诸多商业综合体中的店面布置与室外店面的设计手法如出一辙，只是在物理环境方面（风、光、热）室内与室外会有所不同。本书研究的建筑表层空间对室内店铺表层空间也有可借鉴之处。相应地，商业步行街的表层空间研究也可以从室外向室内进行拓展。

目前完成的研究是关于临街建筑表层空间的研究，对于是否可将其拓展为对商业综合体内街表层空间形式的研究，提出以下几点问题，以待继续探讨与深化。

① 对主体感知与客体要素（物质属性）的相关性研究，还需要对视觉吸引要素做进一步的阐释，并面向未来，对要素进行具体解析。

② 商业街作为吸引外地游客的主战场，应体现地方特色，成为城市名片。然而，如果将这些特色移植到室内，商业内街的表层空间应更注重主题鲜明，店面特色、空间趣味性和开敞度。

③ 运用视域分析的方法使视域范围可视化，只能对表层空间进行优化设计筛选，但不能进行定量的测量。如不能准确测出表层空间视域范围好的区域与开窗位置的距离。所以，如果能完善技术方法的缺陷，可以进一步使可视域范围测量精准化。

建筑是城市记忆的载体，建筑边界如同“面具”一样，形成城市表情。当今的命题是建筑设计如何轻、柔地介入城市空间。本书尝试论述这层“面具”成为承载人日常活动的“空间”的可能性。重新定义公共性与私密性，创造二者融合的可能性，空间的流动不仅可以提升城市建筑的使用效率，而且还是对“表面”的重新定义。建筑表面作为外部空间界面的作用已逐渐弱化，取而代之的是可供使用的空间。古人用“衣锦衣，裳锦裳”来形容人体与外界“之间”的空间，建筑的内与外也应当从另一个维度来认知“之间”的空间。建筑边界关于表层空间的探讨改变了以往对实体和封闭性的关注，以营造舒适性和安全感为核心内容，浅空间带来的建筑空间的极限问题更具讨论价值。如今框架结构的广泛应用使其边界空间存在诸多变化的可能性。在挖掘传统空间智慧的基础上，提供多种表层空间模式，可以让城市迎来一个“变脸”的新契机。

在“物我两忘”的语境下认知建筑边界，东西方已经达成共识，这是对传统建筑经验进行知识重构的开端，研究者也正在试图得到开放性的结论。城市建设将迎来化整为零的新时代。

参考文献

[1] 扬·盖尔．人性化的城市 [M]．欧阳文，徐哲文，译．北京：中国建筑工业出版社，2010．

[2] 梁雪，肖连旺．城市空间设计 [M]．天津：天津大学出版社，2000．

[3] 海德格尔．演讲与论文集 [M]．孙周兴，译．北京：生活·读书·新知三联书店，2005．

[4] 袁野．城市住区的边界问题研究 [D]．北京：清华大学，2010．

[5] 朱文一．空间符号城市 [M]．北京：中国建筑工业出版社，1993．

[6] 黑川雅之．依存与自立 [M]．张颖，译．石家庄：河北美术馆出版社， 2014．

[7] 常怀生．建筑环境心理学 [M]．台北：田园城市，1995．

[8] 胡一可，苑思楠，孙德龙．体验中的建筑 [M]．天津：天津大学出版社，2019．

[9] 付永栋．基于信息时代的建筑空间资源配置研究 [D]．深圳：深圳大学，2017．

[10] Unwin S．Twenty-Five Buildings Every Architect Should Understand： A Revised and Expanded Edition of Twenty Buildings Every Architect Should Understand[M]．London：Routledge，2014．

[11] 文丘里．建筑的复杂性与矛盾性 [M]．北京：中国建筑工业出版社，1991．

[12] 王其亨．风水：中国古代建筑的环境观 [J]．美术大观，2015，(11)：97-100．

[13] 丁沃沃． 回归建筑本源：反思中国的建筑教育 [J]． 建筑师， 2009，(04)：85-92．

[14] 张锦秋．传统空间意识与空间美——建筑创作中的思考 [J]．建筑学报，1990，(10)：34-35．

[15] 杨思声，关瑞明．中国传统建筑中的“中介空间”[J]．南方建筑，2002，(02)：85-87．

[16] 谢祥辉．沿街建筑边界的双重性研究 [D]．杭州：浙江大学，2002．

[17] 戴志中，等．城市中介空间 [M]．南京：东南大学出版社，2003．

[18] 罗苨．城市街道空间的复合界面研究 [D]．长沙：湖南大学，2004．

[19] 刘英．城市公共化中介空间 [D]．上海：同济大学，2006．

[20] 邹晓霞．商业街道表层研究 [J]．建筑学报，2006，(07)：15-18．

[21] 李静波．内外之中间领域作为建筑界面的形式操作 [D]．重庆：重庆大学，2015．

[22] 沈晓恒，洪勤．弗兰克·达菲的办公建筑设计思想介绍 [J]． 新建筑，2018，(04)：54-57．

[23] Sitte C．City Planning According to Artistic Principles[M]．New York：Rizzoli，1986．

[24] Baker G．Le Corbusier-an Analysis of Form[M]．Beijing：Taylor & Francis，2017．

[25] 高亦兰．建筑外部空间形态研究提纲 [J]．世界建筑，1998，4：81-85．

[26] Kisho Kurokawa．Architecture of Gray[J]．World Architecture，1984，(06)：104-105．

[27] 陈洁．浅析亚历山大《建筑模式语言》中的空间研究 [D]．北京：清华大学，2007．

[28] 藤本壮介．建筑诞生的时刻 [M]．张钰，译．桂林：广西师范大学出版社，2013．

[29] 柯林·罗，罗伯特·斯拉茨基．透明性 [M]．金秋野，王又佳，译．北京：中国建筑工业出版社，2007．

[30] 文丘里．建筑的复杂性与矛盾性 [M]．周卜颐，译．北京：中国水利水电出版社，2006．

[31] 柯林·罗．拼贴城市 [M]．北京：中国建筑工业出版社，2003．

[32] Momoyo K, Junzo K, Yoshiharu T. Made in Tokyo[M]. Tokyo：Kajima Institute，2006.

[33] http：//kingo. t．u-tokyo. ac. jp/ohno/po/article_Folder/ruikei_Folder/ruikei. html. 東京の〈表層〉の類型性に関する研究 / 表層論の枠組み 1997.

[34] 大野秀敏．周縁に力がある——都市・東京の歴史的空間構造 [J]．建築文化 (466)，1985(08)：78-82.

[35] 陣内秀信．東京の空間人類学：ちくま学芸文庫 [M]．東京：筑摩書房，1992.

[36] 方向．建筑双层表皮的空间结构及视觉界面研究 [D]．天津：天津大学，2009.

[37] 孔宇航，宋睿琦，胡一可．“之间”：中西方建筑边界综述及表层空间认知 [J]．中国建筑教育，2020,(01)：131-138.

[38] 杨本廷．新旧《建筑工程建筑面积计算规范》的对比分析 [J]．城市勘测，2015，(02)：144-147.

[39] 胡一可，丁梦月，王志强，张可．计算机视觉技术在城市街道空间设计中的应用 [J]．风景园林，2017，(10)：50-57.

[40] 德普拉泽斯．建构建筑手册 [M]． 任铮钺，等，译．大连：大连理工大学出版社，2014．6：256-260.

[41] 张在元．边缘空间：建筑与城市设计方法 [M]．北京：中国青年出版社，2002：166-167.

[42] 罗景文．基于城市公共空间构成的建筑界面设计研究 [D]．广州：华南理工大学，2019.

[43] 荆其敏，张丽安．城市空间与建筑立面 [M]．武汉：华中科技大学出版社，2011：41.

[44] 宋睿琦．城市更新中临街建筑表层空间概念的内涵研究 [J]．建筑与文化，2023，(12)：152-155.

[45] 陈国锋．基于语义分析法的居住街区商业街道表层研究 [D]．南京：南京工业大学，2016.

[46] Kurokawa K．Architecture of Gray[J]．World Architecture，1984，(06)：104-105.

[47] Braham W W， Hale J． Rethinking Technology：A Reader in Architectural Theory[M]．New York：Routledge，2007.

[48] 胡一可，宋睿琦．数字技术与建筑美学 [J]．建筑与文化，2014，（1）：95-96.

[49] 詹越．日本当代建筑空间界面研究 [D]．天津：天津大学，2018.

[50] 郑时龄，薛密．黑川纪章 [M]．北京：中国建筑工业出版社，1997.

[51] 张乐敏，张若曦，殷彪，等．基于眼动跟踪的商业化历史街道风貌感知研究——以厦门沙坡尾骑楼街为例 [J]．城市建筑，2021，18，(16)：111-118，148.

[52] 郭屹民．作为结构的建筑表层：结构与建筑一体化的设计策略 [J]．建筑学报，2019，(06)：90-98.

[53] 徐磊青，康琦．商业街的空间与界面特征对步行者停留活动的影响——以上海市南京西路为例 [J]．城市规划学刊，2014(03)：104-111.

[54] 张章，徐高峰，李文越，等．历史街道微观建成环境对游客步行停驻行为的影响——以北京五道营胡同为例 [J]．建筑学报，2019，(03)：96-102.

[55] 简艳．城市街道空间控制方法及相关指标探讨 [J]．上海城市规划，2019(05)：82-87.

[56] 王灏翔．地域文化视角下城市街道建筑立面改造设计方法研究——以巴彦淖尔市新华大街为例 [J]．城市建筑，2020，17(02)：78-80.

[57] 孙良，宋静文，滕思静，等．步行商业街界面形态类型与感知量化研究 [J]．规划师，2020，36(13)：87-92.

[58] Janson A, Tigges F. Fundamental Concepts of Architecture: The Vocabulary of Spatial Situations[M]. Walter de Gruyter, 2014.

[59] 文丘里．建筑的复杂性与矛盾性 [M]．周卜颐，译．北京：中国水利水电出版社，2006.

[60] Ruan X．What Can Be Taught in Architectural Design?-Parti，Poch é and Felt Qualities[J]．Frontiers of Structural and

Civil Engineering，2010，(4)：450-455．

[61]　柯林 · 罗，罗伯特 · 斯拉茨基．透明性 [M]．金秋野，王又佳，译．北京：中国建筑工业出版社，2008．

[62]　金秋野．1955：勒 · 柯布西耶不在美国 [J]．建筑师，2007，(06)：73-78．

[63]　谢宗哲．建筑家伊东丰雄 [M]．台北：天下远见，2010．

[64]　李兴钢，张音玄，付邦保．表皮与空间——北京复兴路乙 59-1 号改造 [J]．建筑学报，2008，(12)：58-64．

[65]　郭屹民．结构制造：日本当代建筑形态研究 [M]． 上海：同济大学出版社，2016．

[66]　藤本壮介．原初的な未来の建築 [M]．东京：INAX 出版社，2008．

[67]　王彦杰．解读建筑中的廊空间 [D]．南京：东南大学，2004．

[68]　曾桎锐．树木种植手册 [M]．台中：台湾爱树保育协会，2014．

[69]　芦原义信．外部空间设计 [M]．尹培桐，译．北京：中国建筑工业出版社， 1988．

[70]　韦宝伴．城市道路的人性化空间 [D]．广州：华南理工大学，2013．

后记

又是一年毕业季，蝉始鸣，荷花香，雨露甘，桃李坠。回望多年工作和求学的漫漫长路，感慨良多。本书是在本人的博士学位论文和多年研究的基础上撰写而成的，本书的撰写和出版得到了天津市教委科研计划项目（2024SK143）与天津仁爱学院—天津大学教师发展基金合作项目（FZ231009）的大力支持，行文至此，心中满是感激。

首先，由衷地感谢我的导师孔宇航教授的悉心指导，让我能够顺利完成工作室的科研工作。孔宇航教授严谨的治学态度和科学的工作方法给了我极大的帮助和影响。同时，孔老师在学习和生活上也给予了我很大的关心和帮助，在此向孔老师表示衷心的谢意。

其次，我要感谢天津大学建筑学院11号工作室的胡一可教授、辛善超老师，感谢天津大学建筑学院的严建伟教授、赵建波教授、青木信夫教授、张玉坤教授、汪丽君教授、曾鹏教授、冯刚教授、杨菁老师，感谢河北工业大学的舒平教授，浙江省建科建筑设计院的陈安华老师以及日本九州大学的范懿老师。几位老师对于我的科研工作和本书写作都提出了许多宝贵意见，在写作过程中给予我许多启发和帮助。

再次，在天津大学建筑学院11号工作室学习工作期间，王志强、张真真、连海涛、孙婷、赵亚敏、张兵华、王安琪、朱海鹏、周子涵、陈扬、张楠等同学给予了我精神上的支持和鼓励，就论题与我进行探讨，在此表达感谢。李鹏飞、王垒、张天霖、耿华雄、刘润童、邱诗尧、张文正、周盘龙、苑馨宇、张浩、张航、李致、温雯、甘宇田、李睿哲、曹宇超、康志浩、栾峰峰、孙硕琦等同学对本书中的现场调研、问卷数据整理工作给予了热情帮助，在此我诚挚地表达感激之情。感谢建筑工程学院的陈林博士、材料科学与工程学院的官翔宇同学，与我多次讨论，让我有了跨学科思维。感谢天津仁爱学院建筑学院的同仁们给予我工作上的支持和鼓励！

最后，要特别感谢我的父母宋健生先生和刘秀华女士，感谢他们的养育之恩，是他们的勤劳和朴实让我既能仰望星空，又能脚踏大地。感谢我的丈夫和两个可爱的女儿，他们的默默支持使我能够专心完成学业并安心工作，他们的爱和理解是我前进的最大动力。

谨以此书献给所有给予我关心和帮助的师长与朋友们！生如夏花绚丽绽，阳光炽热映芳华。愿此书能为未来城市更新之路贡献微薄之力。本书不足之处，欢迎同行们批评指正。希望市列珠玑，户盈罗绮，店铺林立，商品琳琅，聚拢人间烟火气！

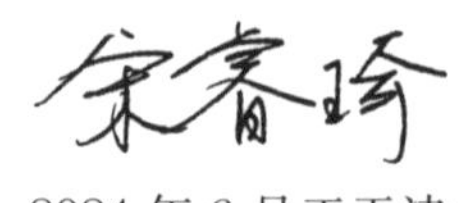

2024年6月于天津

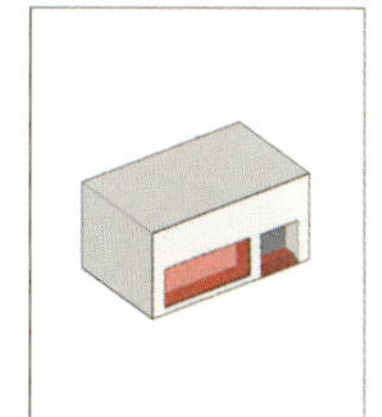

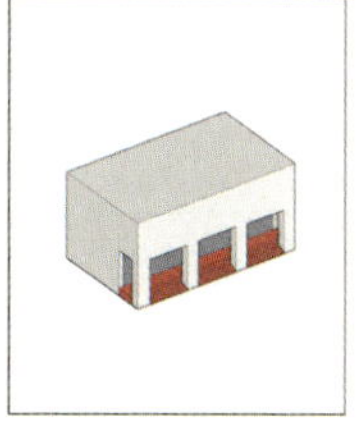

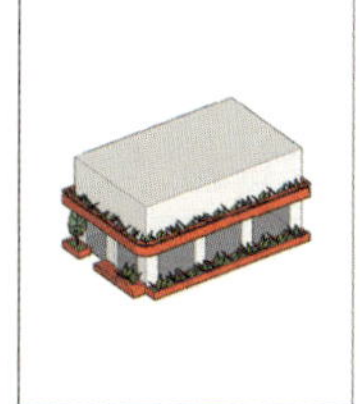

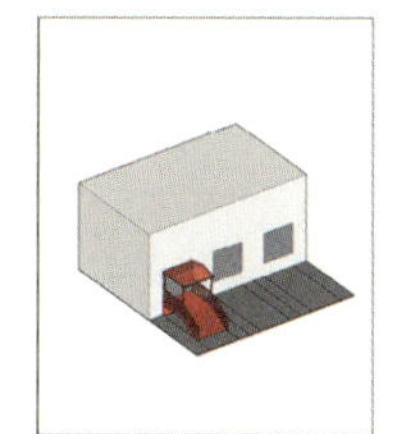

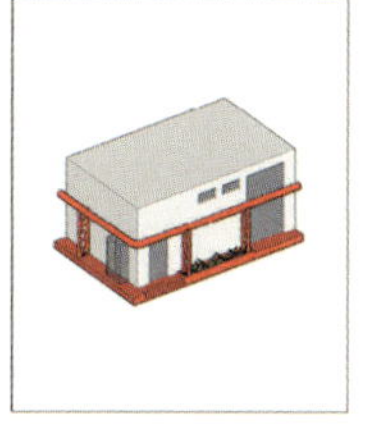

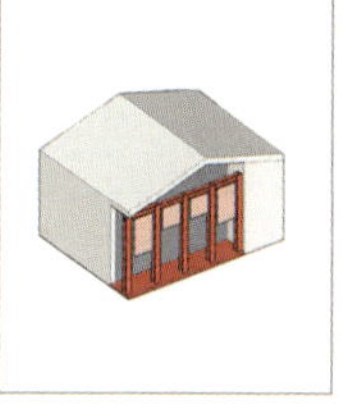

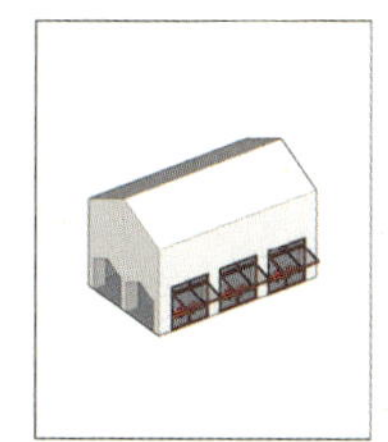

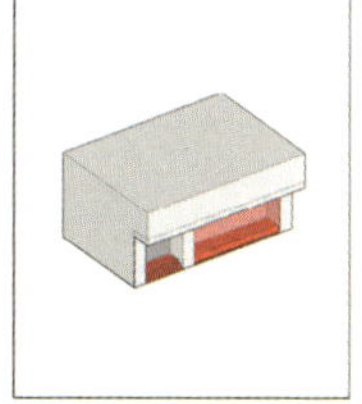

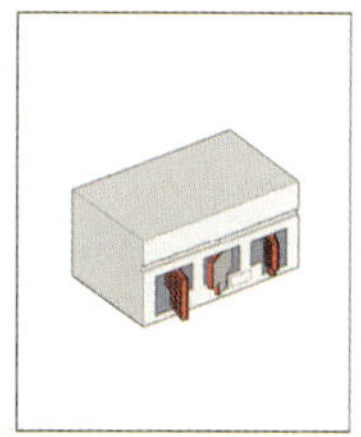

BOOK FAIR
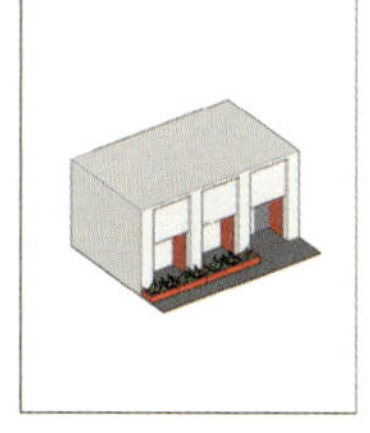

GREYBOX

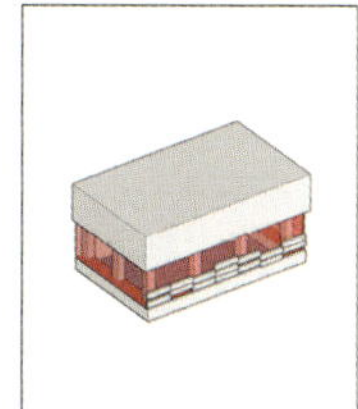

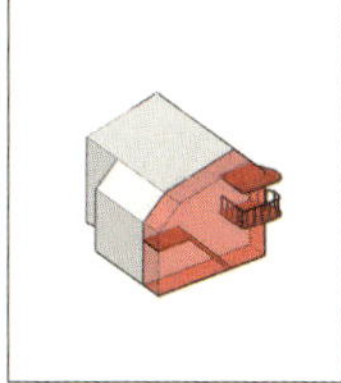